对外经济贸易大学中央高校基本科研业务费专项资金资助

多媒体技术教程

——Photoshop 和 Flash

王树西　编著

U0213555

对外经济贸易大学出版社

中国·北京

图书在版编目（CIP）数据

多媒体技术教程：Photoshop 和 Flash / 王树西编著
. —北京：对外经济贸易大学出版社，2015（2020.2 重印）
ISBN 978-7-5663-1459-8

Ⅰ.①多… Ⅱ.①王… Ⅲ.①图象处理软件–高等学
校–教材②动画制作软件–高等学校–教材　Ⅳ.
①TP391.41

中国版本图书馆 CIP 数据核字（2015）第 213782 号

多媒体技术教程
——Photoshop 和 Flash

王树西　编著

责任编辑：史伟明

对 外 经 济 贸 易 大 学 出 版 社

北京市朝阳区惠新东街 10 号　　邮政编码：100029
邮购电话：010-64492338　　发行部电话：010-64492342
网址：http://www.uibep.com　　E-mail：uibep@126.com

北京九州迅驰传媒文化有限公司印装　　新华书店经销
成品尺寸：185mm×260mm　　17.5 印张　　404 千字
2015 年 11 月北京第 1 版　　2020 年 2 月第 3 次印刷

ISBN 978-7-5663-1459-8
印数：4 001-4 600 册　　定价：38.00 元

内 容 简 介

　　本书以 Photoshop CS6、Flash CS6 为软件环境，以实战的方式，讲解了 Photoshop、Flash 的具体应用。具体包括 Photoshop 基本操作、Photoshop 高级进阶、Flash 基本操作、Flash 高级进阶等。本书大量使用实例进行演示，按照"提出问题、分析问题、解决问题、知识融合"的思路，力求通俗易懂，将相关的理论知识融合在这些实例中。

　　本书例题丰富、深入浅出、通俗易懂，适合普通高校、实践和工程类院校学生在学习多媒体应用时选用，是高等院校学生和 IT 领域在职人员学习多媒体应用的理想教材和工具书，也可供那些需要多媒体应用技术的人员参考。为了便于初学者快速入门，本书在讲解过程中尽可能使用通俗易懂的语言。

前　　言

　　《多媒体设计》这门课程已经开设多年，学生迫切需要一本合适的教材。于是，在现有课件的基础上，结合多年教学经验，我们编写了这部教材。

　　本部教材的内容包括：Photoshop CS6 基本操作、Photoshop CS6 高级进阶、Flash CS6 基本操作、Flash CS6 高级进阶等。本教材注重实战，也就是注重讲解实例，注重实际应用。

　　本部教材所需软件为：Photoshop CS6、Flash CS6。安装上述软件的操作系统是 Windows 7。

　　本书中的课件（练习资料）源于本书作者在长期教学研究中的积累。

目　　录

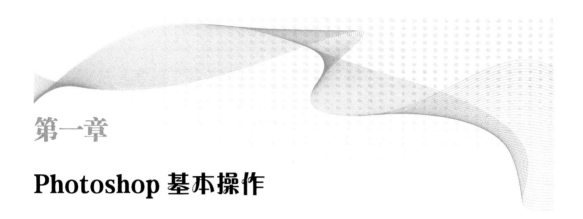

第一章

Photoshop 基本操作

本章介绍 Photoshop 的基本操作，包括介绍 Photoshop CS6 软件的界面、Photoshop CS6 的基本工具等。本书所用的图片，全都来自于网络。

第一节　Photoshop CS6 界面

打开软件 Photoshop CS6，界面如图 1.1.1 所示。

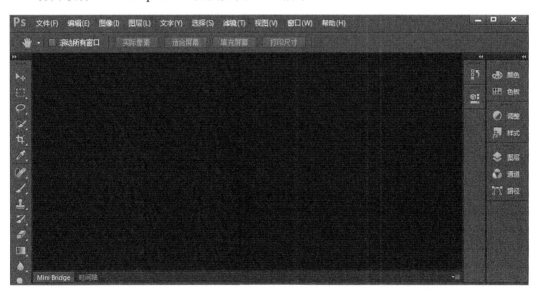

图 1.1.1　Photoshop CS6 界面

下面详细介绍 Photoshop CS6 开始界面的具体细节。

1. Photoshop CS6 的图标

左上角的 **Ps**，是 Photoshop CS6 的图标。"Ps"是"Photoshop"的缩写。

2. 菜单栏

图标的右边，是 Photoshop CS6 的菜单栏，如图 1.1.2 所示。

| 文件(F) | 编辑(E) | 图像(I) | 图层(L) | 文字(Y) | 选择(S) | 滤镜(T) | 视图(V) | 窗口(W) | 帮助(H) |

图 1.1.2   Photoshop CS6 菜单栏

菜单栏包括如下菜单：文件（F）、编辑（E）、图像（I）、图层（L）、文字（Y）、选择（S）、滤镜（T）、视图（V）、窗口（W）、帮助（H）。

3. 工具属性栏

菜单栏的下面，是 Photoshop CS6 的工具属性栏。当在工具箱中选择一个工具的时候，工具属性栏中就会出现这个工具的一系列属性，如图 1.1.3 所示。

图 1.1.3   Photoshop CS6 工具属性栏

4. 工具箱

工具属性栏的左下方，就是工具箱，里面有各种工具。工具箱可以隐藏起来。点击"窗口"→"工具"，工具箱就隐藏起来，再次点击"窗口"→"工具"，工具箱就重新出现。点击向右的双箭头，工具箱就会变宽，双箭头变成向左；点击向左的双箭头，工具箱就会变窄，双箭头变成向右。

工具箱可以移动，用鼠标拖动工具箱的 ，可以移动工具箱，使得工具箱浮动于工作区之上。如果想让工具箱附着在 Photoshop CS6 界面的最左侧，应拖动工具箱，一直拖到界面的最左侧，左侧出现一个淡蓝色的竖条，这个时候松开鼠标，工具箱就附着在界面的最左侧了。Photoshop 工具很多，会在后面的例子中择要讲解。下面粗略介绍一下工具箱中的各个工具。

（1）移动工具 。通过这个工具，可以移动图片、选定区域等。

（2）矩形选框工具 。通过这个工具，可以选择矩形区域。用鼠标按住这个图标不放，就会弹出 4 个同组的选框工具：矩形选框工具、椭圆选框工具、单行选框工具、单列选框工具。可以根据不同的需要选择合适的工具。

（3）套索工具 。通过这个工具，可以选择不规则的图片区域。用鼠标点击这个图标并按住不放，或者点击图标右下方的那个白色的三角形，就会弹出 3 个同组的工具：套索工具、多边形套索工具、磁性套索工具。

（4）快速选择工具 。通过这个工具，可以选择相近的图片区域。用鼠标按住这个图标不放，就会弹出 2 个同组的选择工具：快速选择工具、磁性套索工具。

（5）裁剪工具 。通过这个工具，可以裁剪某个图片区域。用鼠标按住这个图标不放，就会弹出 4 个同组的裁剪工具：裁剪工具、透视裁剪工具、切片工具、切片选择工具。

（6）吸管工具 。通过这个工具，可以抽取图片某一点的颜色，并设置为前景色。用鼠标按住这个图标不放，就会弹出 4 个同组的吸管工具：吸管工具、颜色取样器工具、标尺工具、注释工具。

（7）污点修复画笔工具。通过这个工具，可以修复污点。用鼠标按住这个图标不放，就会弹出 5 个同组的污点修复画笔工具：污点修复画笔工具、修复画笔工具、修补工具、内容感知移动工具、红眼工具。

（8）画笔工具。通过这个工具，可以进行涂抹操作。用鼠标按住这个图标不放，就会弹出 4 个同组的画笔工具：画笔工具、铅笔工具、颜色替换工具、混合器画笔工具。

（9）仿制图章工具。通过这个工具，可以仿制图片区域，也可以通过这个工具，使得某一处图片区域同周围的景色融为一体，也就是用周围的图片替换掉某一处图片区域。用鼠标按住这个图标不放，弹出两个同组的仿制图章工具：仿制图章工具、图案图章工具。

（10）历史记录画笔工具。通过这个工具，可以查看之前的操作。用鼠标按住这个图标不放，弹出两个同组的历史记录画笔工具：历史记录画笔工具、历史记录艺术画笔工具。

（11）橡皮擦工具。通过这个工具，可以擦除某一块图片区域。用鼠标按住这个图标不放，就会弹出 3 个同组的橡皮擦工具：橡皮擦工具、背景橡皮擦工具、魔术橡皮擦工具。

（12）渐变工具。通过这个工具，可以对一个图片区域进行颜色渐变操作。用鼠标按住这个图标不放，就会弹出两个同组的渐变工具：渐变工具、油漆桶工具。

（13）模糊工具。通过这个工具，可以进行模糊操作。用鼠标按住这个图标不放，就会弹出 3 个同组的模糊工具：模糊工具、锐化工具、涂抹工具。

（14）减淡工具。通过这个工具，可以对某个图片区域进行颜色减淡操作，使得图片区域颜色变得亮起来。用鼠标按住这个图标不放，就会弹出 3 个同组的减淡工具：减淡工具、加深工具、海绵工具。

（15）钢笔工具。通过这个工具，可以画出不规则的区域。用鼠标按住这个图标不放，就会弹出 5 个同组的钢笔工具：钢笔工具、自由钢笔工具、添加锚点工具、删除锚点工具、转换点工具。

（16）横排文字工具。通过这个工具，可以从左向右方向写字。用鼠标按住这个图标不放，就会弹出 4 个同组的文字工具：横排文字工具、直排文字工具、横排文字蒙版工具、直排文字蒙版工具。

（17）路径选择工具。通过这个工具，可以选择路径。用鼠标按住这个图标不放，就会弹出两个同组的路径选择工具：路径选择工具、直接选择工具。

（18）矩形工具。通过这个工具，可以画出来一个矩形。用鼠标按住这个图标不放，就会弹出 6 个同组的矩形工具：矩形工具、圆角矩形工具、椭圆工具、多边形工具、直线工具、自定义形状工具。

（19）抓手工具。通过这个工具，可以移动一个较大的图片。用鼠标按住这个图标不放，就会弹出两个同组的抓手工具：抓手工具、旋转视图工具。

（20）缩放工具。通过这个工具，可以对图片进行缩放。

（21）设置前景色、背景色工具。有一个黑色的大方块，一个白色的大方块，这是前景色和背景色，点击黑色的大方块，可以选择前景色的颜色；点击白色的大方块，可以选择背景色的颜色。有一个黑色的小方块、一个白色的小方块，这是默认的前景色和背景色。点击弯曲的双箭头，前景色和背景色可以互换。在英文状态下，点击键盘上的"X"键，也可以互换前景色和背景色。

（22）以快速蒙版模式编辑工具⬜。通过这个工具，可以进入快速进行蒙版模式编辑。

（23）更改屏幕模式工具⬜。用鼠标按住这个图标不放，就会弹出 3 个同组的更改屏幕模式工具：标准屏幕模式、带有菜单栏的全屏模式、全屏模式。

5. 工作区

界面中间大片的黑色区域，是工作区。图片将在工作区中打开，图片也可以浮在工作区的上面。工具箱以及各种面板，可以浮动在工作区的上面。

6. 面板

在工作区的右面，有很多的面板。例如，点击"窗口"→"图层"，就会弹出"图层"面板；点击"窗口"→"通道"，就会弹出"通道"面板；点击"窗口"→"路径"，就会弹出"路径"面板；点击"窗口"→"画笔"，就会弹出"画笔"面板；点击"窗口"→"色板"，就会弹出"色板"面板。其中，"图层、通道、路径"这三个面板放在同一组中。

通过鼠标拖拽这些面板，可以使得面板浮动在工作区的上面，并且可以移动面板的位置。

第二节 红 眼 工 具

本节练习红眼工具。将"1–红眼工具.jpg"图片中的红眼珠，变成黑眼珠。

1. 操作步骤

（1）在 Photoshop CS6 中打开图片"1–红眼工具.jpg"。

可以点击"文件"→"打开"，在"第一章"目录下找到图片文件"1–红眼工具.jpg"，打开这个图片。

也可以将"1–红眼工具.jpg"这个图片，用鼠标拖拽到 Photoshop CS6 的工作区，然后松开鼠标，同样可以打开图片"1–红眼工具.jpg"。

在这张图片中，一位穿淡蓝色上衣的医生，在给一位穿着红色上衣的老人诊疗。医生的两个眼球都是红色的，这就形成了红眼现象。

（2）在工具箱中，用鼠标点击"污点修复画笔工具" 🖌。用鼠标按住这个图标不放，就会弹出 5 个同组的污点修复画笔工具：污点修复画笔工具、修复画笔工具、修补工具、内容感知移动工具、红眼工具。点击其中的"红眼工具" 👁。选择红眼工具之后，工具属性栏中，出现红眼工具的属性，可以设置相应的参数，如图 1.2.1 所示。

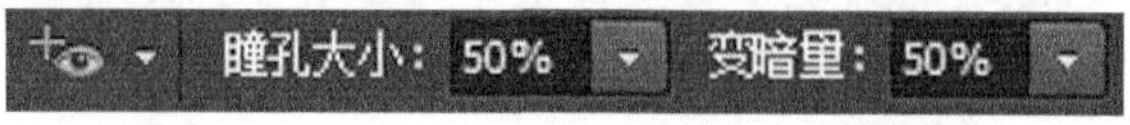

图 1.2.1 "红眼工具"对应的工具属性栏

（3）把光标移动到图片中，光标变成一个"＋"号，右下方有一个小眼睛。

（4）将光标移动到左眼红色眼珠的上面，光标中的"＋"瞄准红色眼珠，点击鼠标左键。左眼珠从红色变成黑色。

（5）将光标移动到右眼红色眼珠的上面，光标中的"＋"瞄准红色眼珠，点击鼠标左键。右眼珠从红色变成黑色。

（6）点击"文件"→"存储为"，在弹出的"存储为"对话框中，点击"文件名"右边的文本框，输入"1-红眼工具-处理后.jpg"，点击"格式"右边的下拉列表，选择"JPEG（*.JPG，*.JPEG，*.JPE）"，点击"保存"按钮，如图 1.2.2 所示。

（7）弹出来"JPEG 选项"对话框，默认参数如下："图像选项"中"品质"为"10"、"最佳"；"格式选项"为"基线"。点击"确定"按钮，如图 1.2.3 所示。

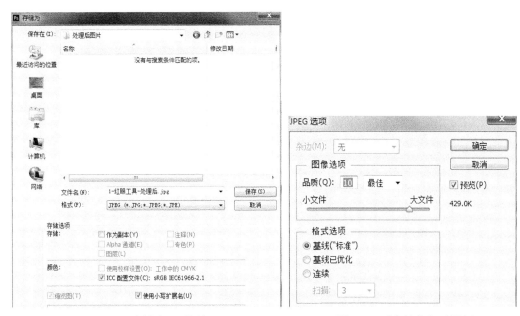

图 1.2.2　"存储为"对话框　　　　　　图 1.2.3　"存储为"对话框

2．说明

（1）照片中为什么会出现"红眼"？

"红眼"是指在用闪光灯拍摄特写时，在照片上眼睛的瞳孔呈现红色斑点的现象。比较通行的解释是：在比较暗的环境中，眼睛的瞳孔会放大，如果闪光灯的光轴和相机镜头的光轴比较近，强烈的闪光灯光线会通过人的眼底反射入镜头，眼底有丰富的毛细血管，这些血管是红色的，所以就形成了红色的光斑。在使用和镜头距离较近的内置闪光灯时容易发生这种现象。通俗一点的解释就是，当人长时间地待在较黑暗的环境中，瞳孔为适应视觉需要而放大，这时如果闪光灯的位置与人的眼睛一般高低，被摄者又是正面对着镜头，瞳孔与灯处于同一直线，那么在拍摄时，当闪光灯的强光照射到眼睛时，就会直射视网膜，其红色的反射光（当然也有可能是别的颜色）就很有可能进入相机的拍摄视角，从而产生"红眼"。

5

（2）选择"红眼工具" 📷，点击红眼部分，光标中的"+"应该瞄准红眼部分，然后再点击。为了消除红眼，一般来说，点击鼠标左键一次就够了，不要多次点击鼠标左键，否则容易造成"乌眼青"。

（3）按"Ctrl+Z"组合键可以反悔一次，回到上次的操作。

（4）按"Ctrl+Alt+Z"可以多次反悔，恢复到之前的某个状态。

（5）在没有保存之前，按"F12"键，可以将图片恢复到初始状态。也就是说，按"F12"键，可以使得图像直接恢复到原始状态。

（6）工具属性栏位于菜单栏的下方。在进行图像的制作时，当选择不同工具后，可以对该工具的属性进行进一步的设置。这种操作可以通过属性栏来完成。

（7）在 Photoshop CS6 中打开一个图片，在英文状态下，点击"F"键，可以切换不同的屏幕模式：标准屏幕模式、带有菜单栏的全屏模式、全屏模式。

（8）在 Photoshop CS6 中打开一个图片，按住空格键不放，出现抓手工具🖐，可以临时使用。

（9）点击"Tab"键，可以显示或隐藏面板、工具栏。

第三节　减淡工具

本节练习减淡工具，使"1–减淡工具.jpg"图片中的面部变得亮一些。

1. 操作步骤

（1）在 Photoshop CS6 中打开图片"1–减淡工具.jpg"。

可以点击"文件"→"打开"，在"第一章"目录下找到图片文件"1–减淡工具.jpg"，打开这个图片。也可以将"1–减淡工具.jpg"这个图片，用鼠标拖拽到 Photoshop CS6 的工作区，然后松开鼠标，同样可以打开图片"1–减淡工具.jpg"。

在这张图片中，一位女士坐在椅子上面，室内光线比较暗。

（2）在工具箱中，用鼠标点击"减淡工具" 🔍。选择减淡工具之后，工具属性栏中，出现减淡工具的属性，可以设置相应的参数，如图 1.3.1 所示。

图 1.3.1　"减淡工具"对应的工具属性栏

（3）在工具属性栏中，点击打开"画笔预设"选取器，也就是点击 📷，移动"大小"下面的滑块，将"大小"调整到"79 像素"左右。

（4）将鼠标移动到图片中女士的脸上面，光标变成圆圈。用鼠标在脸上轻轻地涂抹，女士的面部就会变亮。

（5）点击"文件"→"存储为"，在弹出的"存储为"对话框中，点击"文件名"右边的文本框，输入"1–减淡工具–处理后.jpg"，点击"格式"右边的下拉列表，选择"JPEG（*.JPG，*.JPEG，*.JPE）"，点击"保存"按钮。

（6）在弹出来"JPEG 选项"对话框中，点击"确定"按钮。

2．说明

女士面部确实变亮了。在"减淡工具"对应的工具属性栏中，可以适当增大画笔。

第四节　色相/饱和度

本节练习色相/饱和度。（1）将"1–色相饱和度.bmp"图片中的白色衬衫，变成其他颜色。（2）将"1–色相饱和度 2.jpg"中两个小孩的衣服颜色互换。

1．操作步骤 1

（1）在 Photoshop CS6 中打开图片"1–色相饱和度.bmp"。

可以点击"文件"→"打开"，在"第一章"目录下找到图片文件"1–色相饱和度.bmp"，从而打开这个图片。也可以将"1–色相饱和度.bmp"这个图片，用鼠标拖拽到 Photoshop CS6 的工作区，然后松开鼠标，同样可以打开图片"1–色相饱和度.bmp"。这个图片中，一位男士穿着白色的衬衫。

（2）点击工具箱中的快速选择工具 。选择"快速选择"工具之后，工具属性栏中，出现"快速选择"工具的属性，可以设置相应的参数，如图 1.4.1 所示。

图 1.4.1　"快速选择工具"对应的工具属性栏

（3）用鼠标点击男士的衬衫，选中男士的衬衫，衬衫的周围，蚂蚁线在闪烁。

（4）点击"图像"→"调整"→"色相/饱和度"。在弹出的"色相/饱和度"对话框中进行设置。点击对话框右下方"着色"前面的复选框→移动"色相"下面的滑动块，选择颜色→移动"饱和度"下面的滑动块，调整颜色的饱和度→移动"明度"下面的滑动块，调整颜色的明亮度，如图 1.4.2 所示。

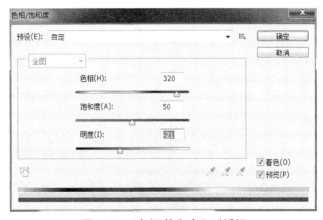

图 1.4.2　"色相/饱和度"对话框

（5）点击"确定"按钮。

（6）按"Ctrl+D"组合键，取消选择，蚂蚁线消失。

（7）点击"文件"→"存储为"，在弹出的"存储为"对话框中，点击"文件名"

右边的文本框，输入"1–色相饱和度.jpg"，点击"格式"右边的下拉列表，选择"JPEG（*.JPG，*.JPEG，*.JPE）"，点击"保存"按钮。

（8）在弹出来"JPEG 选项"对话框中，点击"确定"按钮。

2. 说明 1

（1）因为衬衫为白色，颜色较为统一，所以易于用快速选择工具选择。选择之后，被选择区域蚂蚁线在闪烁。

（2）"Ctrl+D"取消选择，蚂蚁线消失。

（3）在"色相/饱和度"对话框中，必须首先点击右下方"着色"前面的复选框，然后再调整"色相、饱和度、明度"的值。一般通过滑块调整，也可以直接输入数字。

3. 操作步骤 2

（1）在 Photoshop CS6 中打开图片"1–色相饱和度 2.jpg"。这个图片中，左边的小孩穿着黄色的衣服，右边的小孩穿着红色的衣服。

（2）点击工具箱中的快速选择工具 。选择"快速选择"工具之后，工具属性栏中，出现"快速选择"工具的属性，可以设置相应的参数，如图 1.4.3 所示。

图 1.4.3　"快速选择工具"对应的工具属性栏

（3）用鼠标多次点击，选中左边小孩黄色的衣服，衣服的周围有蚂蚁线在闪烁。

（4）点击"图像"→"调整"→"色相/饱和度"。在弹出的"色相/饱和度"对话框中进行设置。点击对话框右下方"着色"前面的复选框→移动"色相"下面的滑动块，选择颜色→移动"饱和度"下面的滑动块，调整颜色的饱和度→移动"明度"下面的滑动块，调整颜色的明亮度，如图 1.4.4 所示。

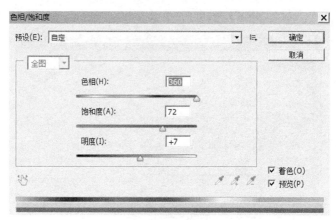

图 1.4.4　"色相/饱和度"对话框

（5）点击"确定"按钮。

（6）按"Ctrl+D"组合键，取消选择，蚂蚁线消失。

（7）目前仍然处于选中快速选择工具状态。用鼠标多次点击，选中右边小孩红色的衣服，衣服的周围，蚂蚁线在闪烁。

（8）点击"图像"→"调整"→"色相/饱和度"。在弹出的"色相/饱和度"对话框中进行设置。点击对话框右下方"着色"前面的复选框→移动"色相"下面的滑动块，选择颜色→移动"饱和度"下面的滑动块，调整颜色的饱和度→移动"明度"下面的滑动块，调整颜色的明亮度，如图 1.4.5 所示。

图 1.4.5　"色相/饱和度"对话框

（9）点击"确定"按钮。

（10）按"Ctrl+D"组合键，取消选择，蚂蚁线消失。

（11）点击"文件"→"存储为"，在弹出的"存储为"对话框中，点击"文件名"右边的文本框，输入"1–色相饱和度 2–处理后.jpg"，点击"格式"右边的下拉列表，选择"JPEG（*.JPG，*.JPEG，*.JPE）"，点击"保存"按钮。

（12）在弹出来"JPEG 选项"对话框中，点击"确定"按钮。

4．说明 2

（1）通过快速选择工具，选择图像区域。可以通过调整快速选择工具的画笔大小，精细选择图像区域。

（2）点击"图像"→"调整"→"色相/饱和度"，在对话框中，必须首先点击右下方的"着色"前面的复选框。

（3）调整"色相"下面的滑块，调整到合适的颜色。

（4）调整"饱和度"下面的滑块，调整到合适的饱和度。

（5）调整"明度"下面的滑块，调整到合适的明亮度。

（6）快速选择工具的一个重要好处是快速选择，可以对颜色相近的区域快速选择。

第五节　亮度/对比度

本节练习亮度/对比度。使"1–亮度对比度.jpg"图片中的女士身体部分亮度增加。

1．操作步骤 1

（1）在 Photoshop CS6 中打开图片"1–亮度对比度.jpg"。这个图片中，女士身体部分较为阴暗，需要增加亮度。

（2）点击"图像"→"调整"→"亮度/对比度"。弹出来"亮度/对比度"对话框。

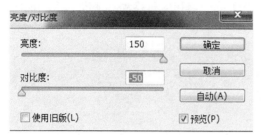

图 1.5.1 "亮度/对比度"对话框

（3）在"亮度/对比度"对话框中进行设置。向右移动"亮度"下面的滑块，向左移动"对比度"下面的滑块，如图 1.5.1 所示。

（4）点击"确定"按钮。

（5）点击"文件"→"存储为"，在弹出的"存储为"对话框中，点击"文件名"右边的文本框，输入"1–亮度对比度–处理后.jpg"，点击"格式"右边的下拉列表，选择"JPEG（*.JPG，*.JPEG，*.JPE）"，点击"保存"按钮。

（6）在弹出来"JPEG 选项"对话框中，点击"确定"按钮。

2. 说明 1

（1）可以看到，不但图片中女士的身体部分变得明亮了，而且图片中女士周围的环境同时变得明亮了。

（2）如果只是进行简单的操作，上述操作是可以的。如果只是想让女士的身体部分变亮，周围环境保持不变，那就需要选中女士的身体部分，然后点击"图像"→"调整"→"亮度/对比度"。

3. 操作步骤 2

通过本操作，让女士的身体部分变亮，周围的环境保持不变。

（1）在 Photoshop CS6 中打开图片"1–亮度对比度.jpg"。这个图片中，女士身体部分较为阴暗，需要增加亮度。

（2）选择"磁性套索工具" ，在工具属性栏中，点击"频率"右边的文本框，输入"100"，回车，如图 1.5.2 所示。

图 1.5.2 "磁性套索工具"对应的工具属性栏

（3）用"磁性套索工具"选择女士的身体轮廓。

首先用光标点击女士身体轮廓的某一点，然后沿着女士的身体轮廓，轻轻的移动鼠标，女士身体轮廓上，会出现一系列的小方块，像磁铁一样吸附在女士的身体轮廓周围。鼠标转一圈回来之后，双击初始点击时候的小方块，女士身体轮廓的周围，就会出现蚂蚁线在闪烁，表示选中了女士的轮廓。

现在的问题在于：女士身体轮廓有很多地方多选了，而且女士的臂弯部分没有被选中。

（4）在工具箱中点击"快速选择工具" ，在对应的工具属性栏中，点击"添加到选区"工具 ，单击打开"画笔"选取器 ，将"大小"设置为 7 像素左右，如图 1.5.3 所示。

图 1.5.3 "快速选择工具"对应的工具属性栏

（5）用"快速选择工具"，多次点击，选中女士臂弯部分，和女士身体部分漏选处。

（6）在对应的工具属性栏中，点击"从选区减去"工具，点击并消除女士轮廓多余的选择部分。如果不点击"从选区减去"工具，那么可以按住"Alt"键不放，消除女士轮廓多余的选择部分。

（7）点击"图像"→"调整"→"亮度/对比度"。弹出来"亮度/对比度"对话框。

（8）在"亮度/对比度"对话框中进行设置。向右移动"亮度"下面的滑块，向左移动"对比度"下面的滑块，如图 1.5.4 所示。

（9）点击"确定"按钮。

（10）按"Ctrl+D"取消选择。

（11）点击"文件"→"存储为"，在弹出的"存储为"对话框中，点击"文件名"右边的文本框，输入"1–亮度对比度–处理后 2.jpg"，点击"格式"右边的下拉列表，选择"JPEG（*.JPG，*.JPEG，*.JPE）"，点击"保存"按钮。

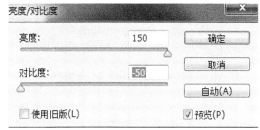

图 1.5.4 "亮度/对比度"对话框

（12）在弹出来"JPEG 选项"对话框中，点击"确定"按钮。

4. 说明 2

（1）女士的身体部分变亮，周围环境保持不变。

（2）本节主要练习如何使用磁性套索工具、快速选择工具，选中图片的某个部分，如何增加选择部分，以及如何减少多余的已选择部分。

第六节 透视裁剪工具

本节练习裁剪工具。（1）将"1–透视裁剪工具.jpg"图片中的窗户，增加透视程度。（2）将图片"1–透视裁剪工具 2.jpg"中的雪橇，突出显示。

1. 操作步骤 1

（1）在 Photoshop CS6 中打开图片"1–透视裁剪工具.jpg"。这个图片中，窗户的上下部分宽度不一样，希望通过裁剪工具，让窗户的上下部分一样大，增加透视效果。

（2）在工具箱里面，选择"透视裁剪工具"，对应的工具属性栏如图 1.6.1 所示。

图 1.6.1 "透视裁剪工具"工具属性栏

（3）用鼠标选择窗户。选择部分为矩形，不能完全覆盖整个窗户。选择区域颜色较亮，区域之外较暗。

（4）选择区域有 8 个控制点，每个控制点是一个小方块。

用鼠标拖动选择区域左上角的控制点，使得左上角的那个控制点小方块和图片中窗户的左上角那个点重合。

图 1.6.2　调整选择区域

用鼠标拖动选择区域右上角的控制点，使得右上角的那个控制点小方块，和图片中窗户的右上角那个点重合。

用鼠标拖动选择区域左下角的控制点，使得左下角的那个控制点小方块，和图片中窗户的左下角那个点重合。

用鼠标拖动选择区域右下角的控制点，使得右下角的那个控制点小方块，与图片中窗户的右下角那个点重合，如图 1.6.2 所示。

（5）按回车键。

（6）点击"文件"→"存储为"，在弹出的"存储为"对话框中，点击"文件名"右边的文本框，输入"1–透视裁剪工具–处理后.jpg"，点击"格式"右边的下拉列表，选择"JPEG（*.JPG，*.JPEG，*.JPE）"，点击"保存"按钮。

（7）在弹出来的"JPEG 选项"对话框中，点击"确定"按钮。

2. 说明 1

（1）本节主要练习透视裁剪工具，此工具增加图片（或者图片某个部分）的透视程度。

（2）用透视裁剪工具选择图片某一部分之后，选择区域的周围有 8 个控制点，每个控制点是一个小方块。可以通过鼠标，拖动这些控制点，特别是左上角控制点、左下角控制点、右上角控制点、右下角控制点。

3. 操作步骤 2

（1）在 Photoshop CS6 中打开图片"1–透视裁剪工具 2.jpg"。这个图片中，一位滑雪手正在用雪橇进行滑雪运动，希望达到突出雪橇的效果，可以通过透视裁剪工具完成。

（2）在工具箱里面，选择"透视裁剪工具"。

（3）用鼠标选择滑雪人。选择部分为矩形，不能完全覆盖整个窗户。选择区域颜色较亮，区域之外较暗。

（4）选择区域有 8 个控制点，每个控制点是一个小方块。

用鼠标拖动选择区域左下角的控制点，使得左下角的控制点小方块，向右水平移动。

用鼠标拖动选择区域右下角的控制点，使得右下角的控制点小方块，向左水平移动。

拖动之后，选择区域变成一个梯形，上面宽，下面窄，如图 1.6.3 所示。

（5）按回车键。

（6）点击"文件"→"存储为"，在弹出的"存储为"对话框中，点击"文件名"右边的文本框，输入"1–透视裁剪工具 2–处理后.jpg"，点击"格式"右边的下拉列表，选择"JPEG（*.JPG，*.JPEG，*.JPE）"，点击"保存"按钮。

（7）在弹出来"JPEG 选项"对话框中，点击"确定"按钮。

图 1.6.3 调整选择区域

4. 说明 2

（1）选择一块区域之后，是一个矩形。

（2）如果要突出下面的雪橇，那么调整选择区域，将左下角的控制点向右平行移动、将右下角的控制点小方块向左平行移动，使得选择区域上面宽、下面窄。

（3）如果要突出上面的人，那么调整选择区域，将左上角的控制点向右平行移动、将右上角的控制点小方块向左平行移动，使得选择区域上面窄、下面宽。

第七节 变 形

本节练习变形工具。将"1–变形.jpg"图片中的小狗进行变形，使得它更可爱。

1. 操作步骤

（1）在 Photoshop CS6 中打开图片"1–变形.jpg"。这个图片中有一条小狗，希望通过变形，让小狗显得更胖、更可爱。

（2）按"Ctrl+A"组合键，全选图片。

（3）点击"编辑"→"变换"→"变形"，小狗图片被分成 9 块，有 12 个控制点，每个控制点是一个小方块，如图 1.7.1 所示。

（4）用鼠标拖动网格线，特别是中间两条竖线、中间两条横线，使得小狗更胖、更可爱。

（5）按回车键。网格线消失，小狗图片的周围蚂蚁线在闪烁。

图 1.7.1 选择图片，然后"编辑"—"变换"—"变形"

（6）按"Ctrl+D"取消蚂蚁线。

（7）点击"文件"→"存储为"，在弹出的"存储为"对话框中，点击"文件名"右边的文本框，输入"1–变形–处理后.jpg"，点击"格式"右边的下拉列表，选择"JPEG（*.JPG，*.JPEG，*.JPE）"，点击"保存"按钮。

（8）在弹出来"JPEG 选项"对话框中，点击"确定"按钮。

2. 说明

首先全选图片，然后点击"编辑"→"变换"→"变形"，拖动图片周围的网格线，对图片进行变形操作，达到预期效果。

第八节 标 尺 工 具

本节练习标尺工具。（1）将"1-标尺工具.jpg"图片中的比萨斜塔变正。（2）将图片"1-标尺工具 2.bmp"中的大楼变正。

1. 操作步骤 1

（1）在 Photoshop CS6 中打开图片"1-标尺工具.jpg"。

（2）在工具箱中选择标尺工具 ，对应的工具属性栏如图 1.8.1 所示。

mmm ▾ X: 0.00 Y: 0.00 W: 0.00 H: 0.00 A: 0.0° L1: 0.00 L2: □ 使用测量比例 拉直图层 清除

图 1.8.1　标尺工具的工具属性栏

（3）将光标移动到图片中，光标的右下角有个标尺的图标。用鼠标点击比萨斜塔的某一层左侧边缘，向右拖动鼠标，到比萨斜塔的同层右侧边缘停止，画出一条直线，如图 1.8.2 所示。

图 1.8.2　拖拽标尺工具画线

（4）在工具属性栏中，点击"拉直图层"按钮 拉直图层 。

（5）点击"文件"→"存储为"，在弹出的"存储为"对话框中，点击"文件名"右边的文本框，输入"1-标尺工具-处理后.jpg"，点击"格式"右边的下拉列表，选择"JPEG（*.JPG，*.JPEG，*.JPE）"，点击"保存"按钮。

（6）在弹出来"JPEG 选项"对话框中，点击"确定"按钮。

2. 说明 1

（1）标尺工具和吸管工具，在同一个工具组中。

（2）用标尺工具拉一条线段，然后点击"拉直图层"按钮。这条直线将变得水平。

3. 操作步骤 2

（1）在 Photoshop CS6 中打开图片"1-标尺工具 2.bmp"。

（2）在工具箱中选择标尺工具 ，对应的工具属性栏如图 1.8.3 所示。

mmm ▾ X: 0.00 Y: 0.00 W: 0.00 H: 0.00 A: 0.0° L1: 0.00 L2: 拉直图层 清除

图 1.8.3　标尺工具的工具属性栏

（3）将光标移动到图片中，光标的右下角有个标尺的图标。用鼠标点击阳台的左上角，向右拖动鼠标，到阳台的右上角停止，画出一条直线，如图 1.8.4 所示。

（4）在工具属性栏中，点击"拉直图层"按钮 拉直图层 。

图 1.8.4　拖拽标尺工具画线

（5）点击"文件"→"存储为"，在弹出的"存储为"对话框中，点击"文件名"右边的文本框，输入"1-标尺工具 2-处理后.jpg"，点击"格式"右边的下拉列表，选择"JPEG（*.JPG，*.JPEG，*.JPE）"，点击"保存"按钮。

（6）在弹出来"JPEG 选项"对话框中，点击"确定"按钮。

4. 说明 2

（1）阳台左上角这个点，与阳台右上角这个点，画一条直线，这条线应该是水平的。

第九节 仿制图章工具

本节练习仿制图章工具。（1）将"1–仿制图章工具.JPG"图片中的小丑鱼，再画一条。（2）将"1–仿制图章工具 2.JPG"图片中林荫道中的女士，融入周围的景色中。（3）将"1–仿制图章工具 3.JPG"图片中的女士，消除面部皱纹、暗斑、肉瘤。

1. 操作步骤 1

（1）在 Photoshop CS6 中打开图片"1–仿制图章工具.JPG"。可以通过点击"窗口"→"图层"查看图层情况，现在只有一个图层："背景"图层。这是一条小丑鱼，通过仿制图章工具，复制一条小丑鱼，在同一个图层里面。

（2）在工具箱中选择"仿制图章工具" ，对应的工具属性栏如图 1.9.1 所示。

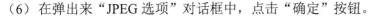

图 1.9.1 仿制图章工具对应的工具属性栏

（3）把光标移动到图片中，光标变成一个圆圈。按住"Alt"键不放，光标变成一个瞄准器。把光标移动到鱼嘴的位置，按住 Alt 键不放，光标变成一个瞄准器，点击鱼嘴。

（4）松开 Alt 键，把光标移动到图片的右下方，在移动鼠标过程中，光标（圆圈）中有一个红色的小圆圈。

（5）按住鼠标左键，进行涂抹。在涂抹过程中，可以看到在小丑鱼的身上，有一个加号随着移动，可以根据加号的位置调整涂抹的方向。

（6）涂抹之后，图片的右下方复制了一条小丑鱼，现在仍然只有一个"背景"图层。

（7）点击"文件"→"存储为"，在弹出的"存储为"对话框中，点击"文件名"右边的文本框，输入"1–仿制图章工具–处理后.JPG"，点击"格式"右边的下拉列表，选择"JPEG（*.JPG，*.JPEG，*.JPE）"，点击"保存"按钮。

（8）在弹出来"JPEG 选项"对话框中，点击"确定"按钮。

2. 说明 1

（1）可以通过仿制图章工具，在同一个图层复制图像。

（2）用仿制图章工具复制图像，也可以看做是：用一个图片区域，覆盖另一个图片区域。

（3）按住 Alt 键不放，然后点击需要复制的图像区域（目标图像区域）。然后松开 Alt 键，把光标移动到复制的位置，按住鼠标左键，轻轻地涂抹。

（4）在涂抹过程中，目标图像区域有一个加号在移动，表示目前涂抹的是目标图像区域的什么位置，可以根据加号的位置调整涂抹的方向。

3. 操作步骤 2

（1）在 Photoshop CS6 中打开图片"1–仿制图章工具 2.jpg"。这个图片中，一位女士在林荫道里面。尝试通过仿制图章工具，用周围的景色覆盖这位女士，使得这位女士"融合"在周围的景色中。

（2）在工具箱中选择"仿制图章工具" ，对应工具属性栏如图 1.9.2 所示。

图 1.9.2 仿制图章工具对应的工具属性栏，画笔较小

（3）把光标移动到图片中，光标变成一个圆圈。

（4）按住"Alt"键不放，光标变成一个瞄准器。点击女士头部的右侧附近。松开 Alt 键。用鼠标水平涂抹女士的头部。多次重复这个过程。

（5）按住"Alt"键不放，光标变成一个瞄准器。点击女士头部的左侧附近。松开 Alt 键。用鼠标水平涂抹女士的头部。多次重复这个过程。

（6）按住"Alt"键不放，光标变成一个瞄准器。点击女士肩部的右侧附近。松开 Alt 键。用鼠标水平涂抹女士的肩部。多次重复这个过程。

（7）按住"Alt"键不放，光标变成一个瞄准器。点击女士肩部的左侧附近。松开 Alt 键。用鼠标水平涂抹女士的肩部。多次重复这个过程。

（8）按住"Alt"键不放，光标变成一个瞄准器。点击女士上半身的右侧附近。松开 Alt 键。用鼠标水平涂抹女士的上半身。多次重复这个过程。

（9）按住"Alt"键不放，光标变成一个瞄准器。点击女士上半身的左侧附近。松开 Alt 键。用鼠标水平涂抹女士的上半身。多次重复这个过程。

（10）按住"Alt"键不放，光标变成一个瞄准器。点击女士下半身的右侧附近。松开 Alt 键。用鼠标水平涂抹女士的下半身。多次重复这个过程。

（11）按住"Alt"键不放，光标变成一个瞄准器。点击女士下半身的左侧附近。松开 Alt 键。用鼠标水平涂抹女士的下半身。多次重复这个过程。

（12）检查一下涂抹之后的图片。如果某些地方涂抹的不够自然，进行修正。原则是：用旁边的图片区域，对图片区域进行覆盖。

（13）点击"文件"→"存储为"，在弹出的"存储为"对话框中，点击"文件名"右边的文本框，输入"1–仿制图章工具 2–处理后.JPG"，点击"格式"右边的下拉列表，选择"JPEG（*.JPG，*.JPEG，*.JPE）"，点击"保存"按钮。

（14）在弹出来"JPEG 选项"对话框中，点击"确定"按钮。

4．说明 2

（1）用周围的图片区域进行覆盖。

（2）点击右边附近的图片区域，然后水平涂抹。

（3）点击左边附近的图片区域，然后水平涂抹。

（4）涂抹的幅度一般不宜太大。

（5）涂抹的效果，要"融入"周围的景色。

（6）一般主张水平涂抹。

5．操作步骤 3

（1）在 Photoshop CS6 中打开图片"1–仿制图章工具 3.jpg"。消除这位女士面部的皱纹。

（2）在工具箱中选择"仿制图章工具" ，对应工具属性栏如图 1.9.3 所示。

图 1.9.3　仿制图章工具对应的工具属性栏

（3）把光标移动到鼻子肉瘤的旁边，按住 Alt 键不放，点击肉瘤旁边好的皮肤。松开 Alt 键，用鼠标点击肉瘤。如果肉瘤没有完全消失，那么重复上述动作。

（4）把光标移动到皱纹的旁边，按住 Alt 键不放，点击皱纹旁边好的皮肤。松开 Alt 键，用鼠标点击皱纹。如果皱纹没有完全消失，那么重复上述动作。

（5）把光标移动到暗斑的旁边，按住 Alt 键不放，点击暗斑旁边好的皮肤。松开 Alt 键，用鼠标点击暗斑。如果暗斑没有完全消失，那么重复上述动作。

（6）总之，使用"仿制图章工具"，按住 Alt 不放，点击皱纹、暗斑、肉瘤旁边好的皮肤，然后松开 Alt，用鼠标点击皱纹、暗斑、肉瘤。多次重复上述动作，直到消除所有的皱纹、暗斑、肉瘤，直到女士的脸部皮肤光滑为止。

（7）本例中，适合用鼠标点击皱纹、暗斑、肉瘤，不适合用鼠标涂抹皱纹、暗斑、肉瘤。

（8）点击"文件"→"存储为"，在弹出的"存储为"对话框中，点击"文件名"右边的文本框，输入"1–仿制图章工具 3–处理后.JPG"，点击"格式"右边的下拉列表，选择"JPEG（*.JPG，*.JPEG，*.JPE）"，点击"保存"按钮。

（9）在弹出来"JPEG 选项"对话框中，点击"确定"按钮。

6. 说明 3

也可以通过修复画笔工具 。对应的工具属性栏如图 1.9.4 所示。

图 1.9.4　修复画笔工具对应的工具属性栏

第十节　椭圆选框工具

本节练习椭圆选框工具。（1）在"1–椭圆选框工具.JPG"图片中，用椭圆选框工具，选中老者的右眼珠，并将右眼珠复制粘贴到左眼珠位置。（2）在"1–椭圆选框工具 2.JPG"图片中，用椭圆选中新娘，并做一个模糊肖像的效果。

1. 操作步骤 1

（1）在 Photoshop CS6 中打开图片"1–椭圆选框工具.JPG"。图片中有一个身穿蓝黑色衣服的老者，右眼明显小于左眼。有 1 个图层："老者"图层。

（2）图片左下方有个可编辑的文本框 66.67% ，点击这个文本框，将"66.67%"改为"100%"，然后回车。

（3）在工具箱中点击"椭圆选框工具" ，对应的工具属性栏如图 1.10.1 所示。注意，"羽化"的值必须为"0 像素"。

图 1.10.1 椭圆选框工具对应的工具属性栏

（4）用椭圆选框工具，选择老者的右眼珠。右眼珠周围，蚂蚁线在闪烁。

（5）按"Ctrl+C"复制。按"Ctrl+V"粘贴。出现一个新的图层"图层 1"。双击"图层 1"这 3 个字，使之处于可编辑状态，输入"眼珠"两个字，回车。现在有 2 个图层："眼珠"图层、"老者"图层。

（6）点击"眼珠"图层。在工具箱中，点击"移动工具" ，用鼠标拖动眼珠，把眼珠移动到左眼珠位置。可以使用上下左右键进行微调。

（7）点击"文件"→"存储为"，在弹出的"存储为"对话框中，点击"文件名"右边的文本框，输入"1–椭圆选框工具–处理后.JPG"，点击"格式"右边的下拉列表，选择"JPEG（*.JPG，*.JPEG，*.JPE)"，点击"保存"按钮。

（8）在弹出来"JPEG 选项"对话框中，点击"确定"按钮。

2．说明 1

（1）本例中选择眼珠，点击椭圆选框工具，在工具属性栏中进行设置，羽化值为 0 像素。

（2）选择眼珠之后，"Ctrl+C"复制，"Ctrl+V"粘贴。增加一个新的眼珠所在的图层。

（3）点击这个眼珠图层，为了移动眼珠，必须在工具箱中点击"移动工具"。可以用鼠标移动眼珠，也可以用上下左右键进行微调。

3．操作步骤 2

（1）在 Photoshop CS6 中打开图片"1–椭圆选框工具 2.JPG"，图片中有一个新娘。做一个椭圆形的新娘肖像，椭圆形肖像有边缘模糊的效果。

（2）在工具箱中选择"椭圆选框工具" 。

（3）在工具属性栏中，点击"羽化:"右边的文本框，输入"10 像素"，然后回车。对应的工具属性栏如图 1.10.2 所示。

图 1.10.2 椭圆选框工具对应的工具属性栏

（4）用椭圆选框工具选择新娘的肖像，选择区域为长椭圆形，蚂蚁线在闪烁。用鼠标拖动选择区域，可以移动选择区域（属性栏中为"新选区" ）。

（5）按"Ctrl+C"组合键，复制选择区域。

（6）点击"文件"→"新建"，或者按"Ctrl+N"组合键，新建一个文件。在弹出的"新建"对话框中，名称为"新娘肖像"，"预设"的右边，在下拉列表中选择"1–椭圆选框工具 2.JPG"，如图 1.10.3 所示。新建的 Photoshop 文件，宽和高都等于"1–椭圆选框工具 2.JPG"。点击"确定"按钮。

（7）在新建的 Photoshop 文件"新娘肖像"中，按"Ctrl+V"键粘贴。粘贴之后的新娘肖像，周围轮廓有模糊的效果。

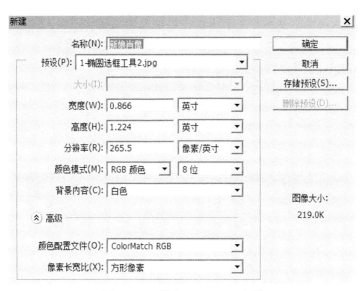

图 1.10.3　新建 Photoshop 文件

（8）点击"文件"→"存储为"，在弹出的"存储为"对话框中，点击"文件名"右边的文本框，输入"1–椭圆选框工具 2–处理后.JPG"，点击"格式"右边的下拉列表，选择"JPEG（*.JPG，*.JPEG，*.JPE）"，点击"保存"按钮。

（9）在弹出来"JPEG 选项"对话框中，点击"确定"按钮。

4．说明 2

（1）在 Photoshop 中已经打开一个文件（如"1–椭圆选框工具 2.JPG"）的前提下，如果想新建一个文件，其长、宽等同于已经打开文件的长、宽，那么在弹出的"新建"对话框中，在"预设"的右边的下拉列表中，选择这个文件的名字（如"1–椭圆选框工具 2.JPG"）。那么新建的 Photoshop 文件的宽度、高度，将被自动设置为已经打开文件的宽度、高度。

（2）新建一个文件，可以点击"文件"→"新建"，也可以按快捷键"Ctrl+N"。

（3）选择椭圆选框工具，在属性栏中进行设置，设置羽化值。选择图像区域，按"Ctrl+C"进行复制，在另外一个文件中按"Ctrl+V"粘贴。粘贴之后的图片轮廓模糊。如果事先没有设置羽化值，可以在选择之后，点击"选择"→"修改"→"羽化"，设定羽化值。

5．操作步骤 3

（1）在 Photoshop CS6 中打开图片"1–椭圆选框工具–肖像.JPG"，图片中有一个女士。做一个椭圆形的女士肖像，椭圆形肖像有边缘模糊的效果。

（2）在工具箱中选择"椭圆选框工具" ⬭。

（3）在工具属性栏中，点击"羽化："右边的文本框，输入"10 像素"，然后回车。对应的工具属性栏如图 1.10.4 所示。

图 1.10.4　椭圆选框工具对应的工具属性栏

（4）用椭圆选框工具选择女士的肖像，选择区域为长椭圆形，蚂蚁线在闪烁。用鼠标拖动选择区域，可以移动选择区域（属性栏中为"新选区" 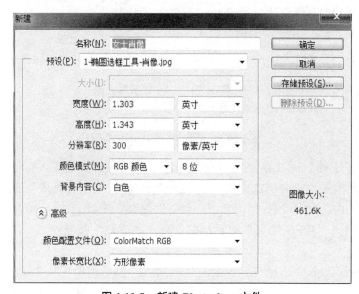）。

（5）按"Ctrl+C"组合键，复制选择区域。

（6）点击"文件"→"新建"，或者按"Ctrl+N"组合键，新建一个文件。在弹出的"新建"对话框中，名称为"女士肖像"。在"预设"的右边，下拉列表中选择"1-椭圆选框工具 2.JPG"，如图 1.10.5 所示。新建的 Photoshop 文件，宽和高都等于"1-椭圆选框工具 2.JPG"。点击"确定"按钮。

图 1.10.5　新建 Photoshop 文件

（7）在新建的 Photoshop 文件"女士肖像"中，按"Ctrl+V"键粘贴。粘贴之后的新娘肖像，周围轮廓有模糊的效果。

（8）点击"文件"→"存储为"，在弹出的"存储为"对话框中，点击"文件名"右边的文本框，输入"1-椭圆选框工具-女士肖像处理后.JPG"，点击"格式"右边的下拉列表，选择"JPEG（*.JPG，*.JPEG，*.JPE）"，点击"保存"按钮。

（9）在弹出来"JPEG 选项"对话框中，点击"确定"按钮。

第十一节　图　　层

本节练习图层工具。

（1）在 Photoshop 中打开一个图片，点击"窗口"→"图层"，可以查看图层面板。

（2）图层面板是浮动的，可以用鼠标拖动图层面板到合适的位置。图层面板、通道面板、路径面板，通常在同一个浮动面板之内。

（3）图层面板的右下方，从右向左，第 1 个图标，是"删除图层"。

（4）图层面板的右下方，从右向左，第 2 个图标，是"创建新图层"。

（5）图层面板的右下方，从右向左，第 3 个图标，是"创建新组"。

（6）图层面板的右下方，从右向左，第 4 个图标，是"创建新的填充或调整图层"。

（7）图层面板的右下方，从右向左，第 5 个图标，是"添加图层蒙版"。

（8）图层面板的右下方，从右向左，第 6 个图标，是"添加图层样式"。

（9）每个图层，前面有个小眼睛图标，点击这个小眼睛图标，小眼睛图标消失，这个图层隐藏起来。再次点击小眼睛图标的位置，小眼睛图标再次出现，这个图层出现。

（10）每个图层，小眼睛图标的右边，是图层缩览图，如。是这个图层的缩览。

（11）每个图层，图层缩览图右边的文字，是图层的名称。双击图层的名称，可以使得图层的名称处于可编辑状态，从而修改图层的名称。

（12）点击一个图层，右上方不透明度，可以调整。

（13）图层左上方，"设置图层的混合模式"，可以调整。

（14）点击一个图层，上方有个锁图标。如果这个图层没有被锁定，那么点击这个锁图标之后，图层的右边有个锁图标。此时，再次点击锁图标，图层右边的锁图标消失。

（15）如果一个图层是背景图层，而且右边有一个锁图标，这属于带锁的背景图层。如果需要对这个图层进行操作，双击这个背景图层，弹出来一个"新建图层"对话框，在"名称"右边的文本框中，设置图层的名称，然后点击"确定"按钮，如图 1.11.1 所示。

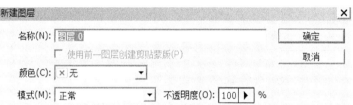

图 1.11.1　双击带锁的背景图层，新建图层

第十二节　快速选择工具

本节练习快速选择工具。用快速选择工具，可以快速选择颜色相近的图片区域。

1. 操作步骤

（1）在 Photoshop 中，同时打开两个图片："1-快速选择工具-摩托车.jpg"、"1-快速选择工具-水果蔬菜.jpg"。分别拖动两个图片左上角的标签，两个图片浮动在工作区上方。本练习的目的，是新建一个文件，"抠"出摩托和这些蔬菜、水果，然后放在这个文件中。

（2）按"Ctrl+N"快捷键，或者点击"文件"→"新建"，新建一个文件。在弹出的文本框中进行设置。点击"名称"右边的文本框，输入"摩托、水果、蔬菜"。宽度为800 像素，高度为 800 像素，分辨率为 72 像素，颜色模式为 RGB 颜色，背景内容为白色。RGB 颜色，俗称三基色，就是三种基本颜色：Red、Green、Blue。其他各种颜色，都可以从这三种基本颜色调和而来。点击"确定"按钮。

（3）新建的这个空白文件，左下角有个文本框，里面是"66.67%"。点击这个文本框，将其中的内容改为"100%"，然后回车。

（4）打开"1–快速选择工具–水果蔬菜.jpg"这个文件。在工具箱中点击"快速选择"工具，对应的"工具属性栏"如图 1.12.1 所示。

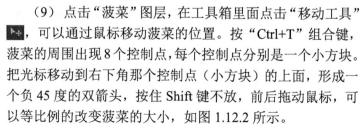

图 1.12.1 "快速选择工具"对应的工具属性栏

（5）把光标移动到打开的图片"1–快速选择工具–水果蔬菜.jpg"中，光标变成圆形。用鼠标点击那个李子，李子被选中，蚂蚁线在闪烁，按"Ctrl+C"复制。

（6）打开那个新建的文件"摩托、水果、蔬菜"，目前有一个图层："背景"图层。按"Ctrl+V"组合键粘贴。也可以这样操作：打开"1–快速选择工具–水果蔬菜.jpg"和新建的文件"摩托、水果、蔬菜"，这两个文件都浮动在 Photoshop 的工作区上面。在工具箱中点击"移动工具" ，然后用鼠标拖拽"1–快速选择工具–水果蔬菜.jpg"中那个被选中的李子，拖拽到新建的文件"摩托、水果、蔬菜"中，然后松开鼠标，这样，那个被选中的李子，就复制粘贴到新建的文件"摩托、水果、蔬菜"中了。

现在"摩托、水果、蔬菜"中有两个图层："背景"、"图层 1"。双击"图层 1"这么几个字，使得这几个字处于可编辑状态，输入"李子"，然后回车。现在"摩托、水果、蔬菜"中有两个图层："背景、李子"。

（7）打开图片"1–快速选择工具–水果蔬菜.jpg"，按"Ctrl+D"，取消选择，蚂蚁线消失。在工具箱中点击"快速选择"工具，用鼠标点击那个菠菜，多点击几次，选中那个菠菜，蚂蚁线在闪烁。按"Ctrl+C"复制。

（8）打开那个新建的文件"摩托、水果、蔬菜"，目前有 2 个图层："背景、李子"。按"Ctrl+V"组合键粘贴。也可以这样操作：打开"1–快速选择工具–水果蔬菜.jpg"和新建的文件"摩托、水果、蔬菜"，这两个文件都浮动在 Photoshop 的工作区上面。在工具箱中点击"移动工具" ，然后用鼠标拖拽"1–快速选择工具–水果蔬菜.jpg"中那个被选中的菠菜，拖拽到新建的文件"摩托、水果、蔬菜"中，然后松开鼠标，这样，那个被选中的菠菜，就复制粘贴到新建的文件"摩托、水果、蔬菜"中了。

现在"摩托、水果、蔬菜"中有 3 个图层："背景、李子、图层 1"。双击"图层 1"这么几个字，使得这几个字处于可编辑状态，输入"菠菜"，然后回车。现在"摩托、水果、蔬菜"中有 3 个图层："背景、李子、菠菜"。

图 1.12.2 按"Ctrl+T"，菠菜周围出现 8 个控制点

（9）点击"菠菜"图层，在工具箱里面点击"移动工具" ，可以通过鼠标移动菠菜的位置。按"Ctrl+T"组合键，菠菜的周围出现 8 个控制点，每个控制点分别是一个小方块。把光标移动到右下角那个控制点（小方块）的上面，形成一个负 45 度的双箭头，按住 Shift 键不放，前后拖动鼠标，可以等比例的改变菠菜的大小，如图 1.12.2 所示。

把光标移动到任何一个控制点的旁边（注意，是旁边），光标变成弯曲的双箭头，旋转菠菜，使得菠菜的根部在下面。按"Enter"键，确认操作。

（10）打开图片"1-快速选择工具–水果蔬菜.jpg"，按"Ctrl+D"，取消选择，蚂蚁线消失。在工具箱中点击"快速选择"工具，用快速选择工具选择那个葡萄。这里稍微有些麻烦，因为葡萄的"把"，就是葡萄的蒂较小，选择的时候需要较小的画笔；而葡萄较大，选择的时候需要较大的画笔。

在工具箱中点击"快速选择"工具，在工具属性栏中进行设置。画笔的大小设为8，工具属性栏如图 1.12.3 所示。

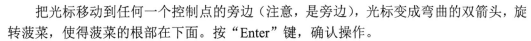

图 1.12.3　"快速选择工具"对应的工具属性栏

点击葡萄的蒂，葡萄的蒂被选中，周围蚂蚁线在闪烁。点击葡萄，大约点击 4 次之后，选中葡萄以及葡萄的蒂，周围蚂蚁线在闪烁。按"Ctrl+C"复制。

（11）打开那个新建的文件"摩托、水果、蔬菜"，目前有 3 个图层："背景、李子、蔬菜"。按"Ctrl+V"组合键粘贴。也可以这样操作：打开"1-快速选择工具–水果蔬菜.jpg"和新建的文件"摩托、水果、蔬菜"，这两个文件都浮动在 Photoshop 的工作区上面。在工具箱中点击"移动工具"，然后用鼠标拖拽"1-快速选择工具–水果蔬菜.jpg"中那个被选中的葡萄，拖拽到新建的文件"摩托、水果、蔬菜"中，然后松开鼠标，这样，那个被选中的葡萄，就复制粘贴到新建的文件"摩托、水果、蔬菜"中了。

现在"摩托、水果、蔬菜"中有 4 个图层："背景、李子、菠菜、图层1"。双击"图层1"这么几个字，使得这几个字处于可编辑状态，输入"葡萄"，然后回车。现在"摩托、水果、蔬菜"中有 4 个图层："背景、李子、菠菜、葡萄"。

（12）点击"葡萄"图层，在工具箱里面点击"移动工具"，可以通过鼠标移动菠菜的位置。按"Ctrl+T"组合键，葡萄的周围出现 8 个控制点，每个控制点分别是一个小方块。把光标移动到右下角那个控制点（小方块）的上面，形成一个负 45 度的双箭头，按住 Shift 键不放，前后拖动鼠标，可以等比例的改变葡萄的大小。把光标移动到任何一个控制点的旁边（注意，是旁边），光标变成弯曲的双箭头，旋转葡萄，使得葡萄的根部在下面。按"Enter"键，确认操作。点击"葡萄"图层，点击"编辑"→"变换"→"水平翻转"，葡萄可以水平反转。

（13）打开"1-快速选择工具–摩托车.jpg"这个文件。在工具箱中点击"快速选择"工具，对应的"工具属性栏"如图 1.12.4 所示。点击选择空白区域，包括点击摩托车轮毂之间的空白区域。这里有些小技巧：如果多选择了某些区域（比如摩托车的左上角），需要删除这些区域，那么按住"Alt"键不放，点击那些需要删除的区域。点击"选择"→"反向"，选中摩托车。按"Ctrl+C"复制。

（14）打开那个新建的文件"摩托、水果、蔬菜"，目前有 4 个图层："背景、李子、蔬菜、葡萄"。按"Ctrl+V"组合键粘贴。也可以这样操作：打开"1-快速选择工具–摩托车.jpg"和新建的文件"摩托、水果、蔬菜"，这两个文件都浮动在 Photoshop 的工作区上面。在工具箱中点击"移动工具"，然后用鼠标拖拽"1-快速选择工具-摩托车.jpg"中那个被选中的摩托车，拖拽到新建的文件"摩托、水果、蔬菜"中，然后松开鼠标，这样，那个被选中的摩托车，就复制粘贴到新建的文件"摩托、水果、蔬菜"中了。

现在"摩托、水果、蔬菜"中有 5 个图层："背景、李子、菠菜、葡萄、图层 1"。双击"图层 1"这么几个字，使得这几个字处于可编辑状态，输入"摩托"，然后回车。现在"摩托、水果、蔬菜"中有 5 个图层："背景、李子、菠菜、葡萄、摩托"。

（15）点击"摩托"图层，在工具箱里面点击"移动工具"，可以通过拖拽鼠标移动摩托的位置。按"Ctrl+T"组合键，摩托的周围出现 8 个控制点，每个控制点分别是一个小方块。把光标移动到右下角那个控制点（小方块）的上面，形成一个负 45 度的双箭头，按住 Shift 键不放，前后拖动鼠标，可以等比例的改变摩托的大小。把光标移动到任何一个控制点的旁边（注意，是旁边），光标变成弯曲的双箭头，旋转摩托，使得摩托的头部向上。按"Enter"键，确认操作。点击"摩托"图层，点击"编辑"→"变换"→"水平翻转"，摩托可以水平反转。

（16）点击"背景"图层。点击"编辑"→"填充"。在弹出的"填充"对话框中，点击"使用"右边的下拉列表，在列表中点击"颜色"，如图 1.12.4 所示。

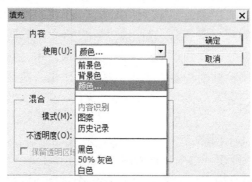

图 1.12.4 "快速选择工具"对应的工具属性栏

（17）在弹出的"拾色器（填充颜色）"对话框中选择粉红色，如图 1.12.5 所示。点击"确定"按钮。

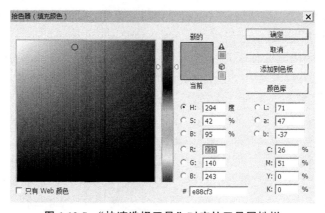

图 1.12.5 "快速选择工具"对应的工具属性栏

在"填充"对话框中点击"确定"按钮。

（18）点击"文件"→"存储为"，在弹出的"存储为"对话框中，点击"文件名"右边的文本框，输入"摩托、水果、蔬菜.jpg"，点击"格式"右边的下拉列表，选择"JPEG（*.JPG，*.JPEG，*.JPE）"，点击"保存"按钮。

（19）在弹出来"JPEG 选项"对话框中，点击"确定"按钮。

2．说明：快捷键

（1）组合键 Ctrl+C，复制。"Ctrl"是"Control"，控制，"C"是 Copy，复制。

（2）组合键 Ctrl+V，粘贴。

（3）组合键 Ctrl+Z，反悔一次。

（4）Ctrl+Delete 和 Alt+Delete 进行背景色和前景色的填充。

Ctrl+BackSpace 和 Alt+BackSpace 进行背景色和前景色的填充。

F12 使得图像直接恢复到原始状态。

（5）[和] 这两个键用来调整笔刷粗细（英文输入状态）。

（6）Shift+[和 Shift+] 用来调整笔刷的硬度。

（7）Z、H、B 这三个键用来切换缩放（Zoom）、手型工具（Hand）和笔刷（Brush）。

（8）Z 为放大（Zoom），Alt+Z 为缩小。

（9）相同按 Ctrl+"+"键以及"－"键分别也可为放大和缩小图像。

（10）对于选框工具，按住 Shift 后，是添加选区；按住 Alt 后，删除选区。

（11）对于选框工具，如果在框选选区期间，按住 Alt，则会以鼠标起始点为中心，设定选区；如果按住 Shift，则选区为正圆形或正方形；按住 Space 键，则可以平移选区。

（12）Tab 键可以显示或隐藏面板。

（13）在英文状态下，按"X"键，可以前景色、背景色切换。

（14）Ctrl+Z，可以回退一步操作。

（15）Shift+Ctrl+Z，向前一步操作；Alt+Ctrl+Z，向后一步操作。

（16）F：标准屏幕模式、带有菜单栏的全屏模式、全屏模式。

（17）空格：临时使用抓手工具。

第十三节　魔　棒　工　具

（1）在 Photoshop 中打开图片："1-魔棒工具-冲浪者.jpg"，现在有一个"背景"图层。本练习的目的，是用魔棒工具选择"视觉秀"这几个字，并复制粘贴。然后通过添加图层样式，对这几个字修饰。

（2）图片左下角是有个文本框，里面是"100%"。点击这个文本框，将其中的内容改为"200%"，然后回车，这样便于操作。

（3）在工具箱中选择魔棒工具，对应的工具属性栏如图 1.13.1 所示。

图 1.13.1　"魔棒工具"对应的工具属性栏

（4）按住 Shift 键不放，点击"视觉秀"这三个字的轮廓，包括"视"字上面那个点，以及"觉"左边的那个撇。选中这三个字的轮廓，蚂蚁线在闪烁。

（5）按"Ctrl+C"复制，按"Ctrl+V"粘贴。现在有两个图层："背景、图层 1"。双击"图层 1"这几个字，使之处于可编辑状态，输入"视觉秀"三个字，然后回车。现在有两个图层："背景、视觉秀"。

（6）点击"视觉秀"图层，在工具箱里面点击"移动工具"，通过拖拽鼠标移动这三个字的位置，拖拽到图片的中间位置。这说明通过魔棒工具，可以选择文字，复制粘贴文字，从而把文字从图片中"抠"出来。

（7）点击"视觉秀"图层。按"Ctrl+T"组合键，这三个字的周围出现 8 个控制点，每个控制点分别是一个小方块。把光标移动到右下角那个控制点（小方块）的上面，形成一个负 45 度的双箭头，按住 Shift 键不放，前后拖动鼠标，可以等比例的改变这三个字的大小。把光标移动到任何一个控制点的旁边（注意，是旁边），光标变成弯曲的双箭头，旋转这三个字。按"Enter"键，确认操作。

（8）点击"视觉秀"图层，图层面板的下方有一个"添加图层样式"图标 $fx.$，点击这个图标，在弹出的选项列表中点击第一项"混合选项"。弹出来一个"图层样式"对话框。

（9）在弹出的"图层样式"对话框中进行设置。

点击"斜面和浮雕"这几个字，"视觉秀"这几个字就有浮雕的效果，而且"斜面和浮雕"这几个字前面的复选框被勾选。右边有很多参数，可以调试一下，看不同的文字效果。

点击"内阴影"这几个字，"视觉秀"这几个字就有内阴影，而且"内阴影"这几个字前面的复选框被勾选。右边有很多参数，可以调试一下，看不同的文字效果。

点击"内发光"这几个字，"视觉秀"这几个字就有内阴影，而且"内发光"这几个字前面的复选框被勾选。右边有很多参数，可以调试一下，看不同的文字效果。

点击"光泽"这几个字，"视觉秀"这几个字就有内阴影，而且"光泽"这几个字前面的复选框被勾选。右边有很多参数，可以调试一下，看不同的文字效果。

点击"外发光"这几个字，"视觉秀"这几个字就有内阴影，而且"外发光"这几个字前面的复选框被勾选。右边有很多参数，可以调试一下，看不同的文字效果。

点击"投影"这几个字，"视觉秀"这几个字就有内阴影，而且"投影"这几个字前面的复选框被勾选。右边有很多参数，可以调试一下，看不同的文字效果。

还有其他选项，可以试着点击一下，尝试不同的文字效果。对话框如图 1.13.2所示。

（10）点击"确定"按钮。

（11）点击"文件"→"存储为"，在弹出的"存储为"对话框中，点击"文件名"右边的文本框，输入"1-魔棒工具-冲浪者.jpg"，点击"格式"右边的下拉列表，选择"JPEG（*.JPG，*.JPEG，*.JPE）"，点击"保存"按钮。弹出"JPEG 选项"对话框，点击"确定"按钮。通过图层面板中的添加图层样式，可以修饰文字，从而达到不同文字效果。

图 1.13.2 "图层样式"对话框

第十四节 渐 变 工 具

（1）点击"文件"→"新建"，或者按快捷键"Ctrl+N"，新建一个 Photoshop 文件。名称为"彩虹"，宽度为 800 像素，高度为 800 像素，分辨率为 72 像素，颜色模式为 RGB 颜色，背景内容为白色。点击"确定"按钮。

（2）新建的这个空白文件，左下角有个文本框，里面是"66.67%"。点击这个文本框，将其中的内容改为"100%"，然后回车。现在有一个图层："背景"图层。

（3）在工具箱中点击渐变工具▣，对应的工具属性栏如图 1.14.1 所示。

图 1.14.1 渐变工具的工具属性栏

（4）在工具属性栏中，点击"渐变编辑器"▣，也就是工具属性栏中那个长方形，打开"渐变编辑器"对话框。"渐变编辑器"对话框中有"预设"两个字，右边有一个齿轮图标✿，点击这个齿轮图标，在弹出的下拉列表中点击倒数第二项"特殊效果"，如图 1.14.2 所示。

（5）弹出来一个"渐变编辑器"对话框，问"是否用特殊效果中的渐变替换当前的渐变？"点击"追加"按钮，如图 1.14.3 所示。

（6）在"渐变编辑器"对话框中，"预设"区域中，增加了好几个渐变，最后一项是"罗素彩虹"，如图 1.14.4 所示。

（7）在"预设"区域中点击最后一项渐变"罗素彩虹"，然后点击"确定"按钮。

（8）在工具属性栏中，"渐变编辑器"的右边有 5 种渐变方式：线性渐变▣、径向渐变▣、角度渐变▣、对称渐变▣、菱形渐变▣。点击第二种渐变方式：径向渐变▣。

图 1.14.2 "渐变编辑器"对话框

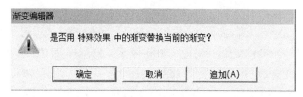

图 1.14.3 "渐变编辑器"询问对话框

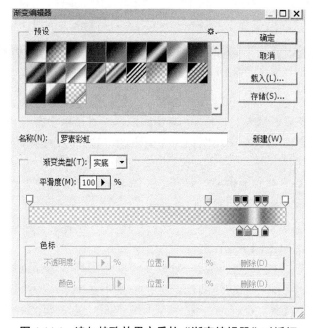

图 1.14.4 追加特殊效果之后的"渐变编辑器"对话框

（9）点击画布中央位置，按住 Shift 键不放，拉一条线段。因为按住 Shift 键不放，所以拉出来的线是直线，这条线段的长度，就是画出来的圆的半径。

（10）点击"套索工具"，在"工具属性栏"中，点击"羽化"右边的文本框，输入"10 像素"，回车，也就是设置羽化值为 10 像素，如图 1.14.5 所示。

图 1.14.5　套索工具对应的工具属性栏

（11）用鼠标选择圆形彩虹下半部分（需要删除掉），蚂蚁线在闪烁。

（12）按"Delete"键，弹出来一个"填充"对话框。点击"使用"右边的下拉列表，选择"白色"，点击"模式"右边的下拉列表，选择"正常"，点击"不透明度"右边的文本框，输入 100，如图 1.14.6 所示。点击"确定"按钮。

（13）按"Ctrl+D"，取消选择。

（14）点击"文件"→"存储为"，在弹出的"存储为"对话框中，点击"文件名"右边的文本框，输入"彩虹.jpg"，点击"格式"右边的下拉列表，选择"JPEG（*.JPG，*.JPEG，*.JPE）"，点击"保存"按钮。

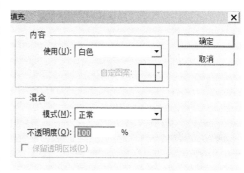

图 1.14.6　"填充"对话框设置

（15）在弹出来"JPEG 选项"对话框中，点击"确定"按钮。

渐变工具有 5 种不同的渐变方式，每个分别实验一次，观察不同的效果。

第十五节　文 本 工 具

本节练习文本工具。

（1）点击"文件"→"新建"，或者按快捷键"Ctrl+N"，新建一个 Photoshop 文件。名称为"文本"，宽度为 800 像素，高度为 800 像素，分辨率为 72 像素，颜色模式为 RGB 颜色，背景内容为白色，如图 1.15.1 所示。点击"确定"按钮。

（2）新建的这个空白文件，左下角有个文本框，里面是"66.67%"。点击这个文本框，将其中的内容改为"100%"，然后回车。现在有一个图层："背景"图层。

（3）在工具箱中点击文本工具，在工具属性栏中，点击"设置字体系列"，输入"隶书"，回车。点击"设置字体大小"，选择"72 点"。点击"设置消除锯齿的方法"，选择"浑厚"，点击"设置文本颜色"，选择黑色。对应的工具属性栏如图 1.15.2 所示。

（4）点击空白工作区，输入"扇形文字"，新增一个图层"图层 1"。点击"图层 1"，"图层 1"变成"扇形文字"。点击"扇形文字"图层，在文本工具属性栏中点击"创建文字变形"图标，在弹出的"变形文字"对话框中进行设置。点击"样式"右边的下拉列表，选择"扇形"，选择"水平"。分别调整"弯曲、水平扭曲、垂直扭曲"下边的

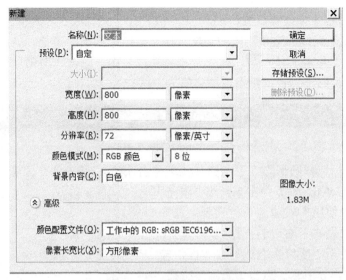

图 1.15.1 新建文件对话框

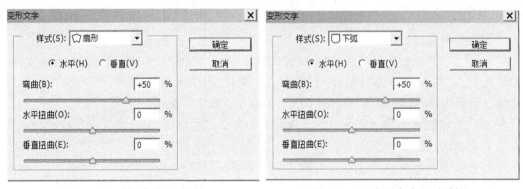

图 1.15.2 文本工具属性栏

滑块，查看不同的效果，如图 1.15.3 所示。点击"确定"按钮。

（5）点击空白工作区，输入"下弧文字"，新增一个图层"图层 1"。点击"图层 1"，"图层 1"变成"下弧文字"。点击"扇形文字"图层，在文本工具属性栏中点击"创建文字变形"图标，在弹出的"变形文字"对话框中进行设置。点击"样式"右边的下拉列表，选择"下弧"，选择"水平"。分别调整"弯曲、水平扭曲、垂直扭曲"下边的滑块，查看不同的效果，如图 1.15.4 所示。点击"确定"按钮。

图 1.15.3 "变形文字"对话框	图 1.15.4 "变形文字"对话框

（6）点击空白工作区，输入"上弧文字"，新增一个图层"图层 1"。点击"图层 1"，"图层 1"变成"上弧文字"。点击"上弧文字"图层，在文本工具属性栏中点击"创建文字变形"图标，在弹出的"变形文字"对话框中进行设置。点击"样式"右边的下拉列表，选择"上弧"，选择"水平"。分别调整"弯曲、水平扭曲、垂直扭曲"下边的滑块，查看不同的效果，如图 1.15.5 所示。点击"确定"按钮。

（7）点击空白工作区，输入"拱形文字"，新增一个图层"图层 1"。点击"图层 1"，"图层 1"变成"拱形文字"。点击"拱形文字"图层，在文本工具属性栏中点击"创建文字变形"图标，在弹出的"变形文字"对话框中进行设置。点击"样式"右边的下拉列表，选择"拱形"，选择"水平"。分别调整"弯曲、水平扭曲、垂直扭曲"下边的滑块，查看不同的效果，如图 1.15.6 所示。点击"确定"按钮。

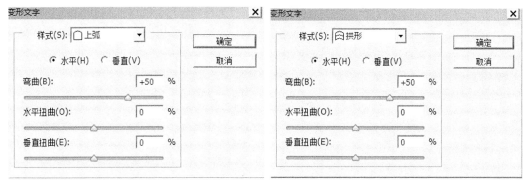

图 1.15.5　"变形文字"对话框　　　　　　图 1.15.6　"变形文字"对话框

（8）点击空白工作区，输入"凸起文字"，新增一个图层"图层 1"。点击"图层 1"，"图层 1"变成"凸起文字"。点击"凸起文字"图层，在文本工具属性栏中点击"创建文字变形"图标，在弹出的"变形文字"对话框中进行设置。点击"样式"右边的下拉列表，选择"凸起"，选择"水平"。分别调整"弯曲、水平扭曲、垂直扭曲"下边的滑块，查看不同的效果，如图 1.15.7 所示。点击"确定"按钮。

（9）点击空白工作区，输入"贝壳文字"，新增一个图层"图层 1"。点击"图层 1"，"图层 1"变成"贝壳文字"。点击"贝壳文字"图层，在文本工具属性栏中点击"创建文字变形"图标，在弹出的"变形文字"对话框中进行设置。点击"样式"右边的下拉列表，选择"贝壳"，选择"水平"。分别调整"弯曲、水平扭曲、垂直扭曲"下边的滑块，查看不同的效果，如图 1.15.8 所示。点击"确定"按钮。

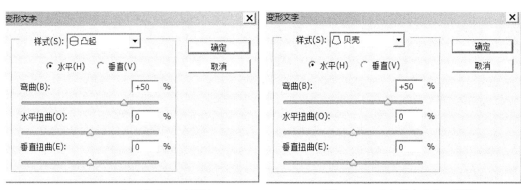

图 1.15.7　"变形文字"对话框　　　　　　图 1.15.8　"变形文字"对话框

（10）点击空白工作区，输入"花冠文字"，新增一个图层"图层 1"。点击"图层 1"，"图层 1"变成"花冠文字"。点击"花冠文字"图层，在文本工具属性栏中点击"创建文字变形"图标,在弹出的"变形文字"对话框中进行设置。点击"样式"右边的下拉列表,选择"花冠",选择"水平"。分别调整"弯曲、水平扭曲、垂直扭曲"下边的滑块,查看不同的效果,如图1.15.9所示。点击"确定"按钮。

(11)点击空白工作区,输入"旗帜文字",新增一个图层"图层1"。点击"图层1","图层 1"变成"旗帜文字"。点击"旗帜文字"图层,在文本工具属性栏中点击"创建文字变形"图标,在弹出的"变形文字"对话框中进行设置。点击"样式"右边的下拉列表,选择"旗帜",选择"水平"。分别调整"弯曲、水平扭曲、垂直扭曲"下边的滑块,查看不同的效果,如图1.15.10所示。点击"确定"按钮。

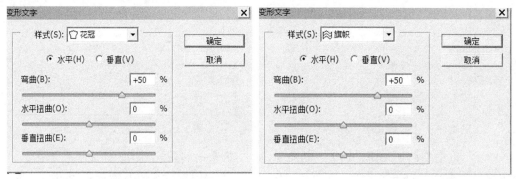

图 1.15.9 "变形文字"对话框   图 1.15.10 "变形文字"对话框

(12)点击空白工作区,输入"波浪文字",新增一个图层"图层1"。点击"图层1","图层 1"变成"波浪文字"。点击"波浪文字"图层,在文本工具属性栏中点击"创建文字变形"图标,在弹出的"变形文字"对话框中进行设置。点击"样式"右边的下拉列表,选择"波浪",选择"水平"。分别调整"弯曲、水平扭曲、垂直扭曲"下边的滑块,查看不同的效果,如图1.15.11所示。点击"确定"按钮。

(13)点击空白工作区,输入"鱼形文字",新增一个图层"图层1"。点击"图层1","图层 1"变成"鱼形文字"。点击"鱼形文字"图层,在文本工具属性栏中点击"创建文字变形"图标,在弹出的"变形文字"对话框中进行设置。点击"样式"右边的下拉列表,选择"鱼形",选择"水平"。分别调整"弯曲、水平扭曲、垂直扭曲"下边的滑块,查看不同的效果,如图1.15.12所示。点击"确定"按钮。

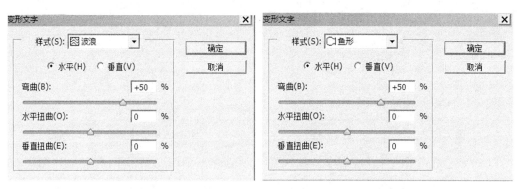

图 1.15.11 "变形文字"对话框   图 1.15.12 "变形文字"对话框

（14）点击空白工作区，输入"增加文字"，新增一个图层"图层 1"。点击"图层 1"，"图层 1"变成"增加文字"。点击"增加文字"图层，在文本工具属性栏中点击"创建文字变形"图标，在弹出的"变形文字"对话框中进行设置。点击"样式"右边的下拉列表，选择"增加"，选择"水平"。分别调整"弯曲、水平扭曲、垂直扭曲"下边的滑块，查看不同的效果，如图 1.15.13 所示。点击"确定"按钮。

（15）点击空白工作区，输入"鱼眼文字"，新增一个图层"图层 1"。点击"图层 1"，"图层 1"变成"鱼眼文字"。点击"鱼眼文字"图层，在文本工具属性栏中点击"创建文字变形"图标，在弹出的"变形文字"对话框中进行设置。点击"样式"右边的下拉列表，选择"鱼眼"，选择"水平"。分别调整"弯曲、水平扭曲、垂直扭曲"下边的滑块，查看不同的效果，如图 1.15.14 所示。点击"确定"按钮。

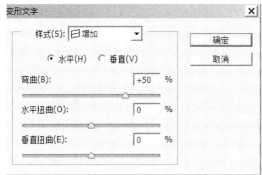
图 1.15.13　"变形文字"对话框

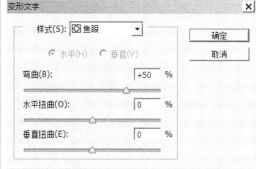
图 1.15.14　"变形文字"对话框

（16）点击空白工作区，输入"膨胀文字"，新增一个图层"图层 1"。点击"图层 1"，"图层 1"变成"膨胀文字"。点击"膨胀文字"图层，在文本工具属性栏中点击"创建文字变形"图标，在弹出的"变形文字"对话框中进行设置。点击"样式"右边的下拉列表，选择"膨胀"，选择"水平"。分别调整"弯曲、水平扭曲、垂直扭曲"下边的滑块，查看不同的效果，如图 1.15.15 所示。点击"确定"按钮。

（17）点击空白工作区，输入"挤压文字"，新增一个图层"图层 1"。点击"图层 1"，"图层 1"变成"挤压文字"。点击"挤压文字"图层，在文本工具属性栏中点击"创建文字变形"图标，在弹出的"变形文字"对话框中进行设置。点击"样式"右边的下拉列表，选择"挤压"，选择"水平"。分别调整"弯曲、水平扭曲、垂直扭曲"下边的滑块，查看不同的效果，如图 1.15.16 所示。点击"确定"按钮。

（18）点击空白工作区，输入"挤压文字"，新增一个图层"图层 1"。点击"图层 1"，"图层 1"变成"挤压文字"。点击"挤压文字"图层，在文本工具属性栏中点击"创建文字变形"图标，在弹出的"变形文字"对话框中进行设置。点击"样式"右边的下拉列表，选择"挤压"，选择"水平"。分别调整"弯曲、水平扭曲、垂直扭曲"下边的滑块，查看不同的效果，如图 1.15.17 所示。点击"确定"按钮。

（19）点击空白工作区，输入"扭转文字"，新增一个图层"图层 1"。点击"图层 1"，"图层 1"变成"扭转文字"。点击"扭转文字"图层，在文本工具属性栏中点击"创建

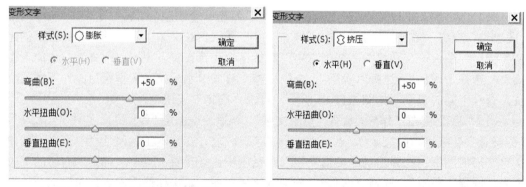

图 1.15.15 "变形文字"对话框   图 1.15.16 "变形文字"对话框

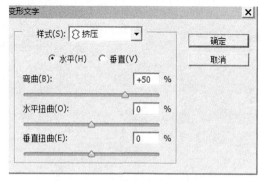

图 1.15.17 "变形文字"对话框

文字变形"图标,在弹出的"变形文字"对话框中进行设置。点击"样式"右边的下拉列表,选择"扭转",选择"水平"。分别调整"弯曲、水平扭曲、垂直扭曲"下边的滑块,查看不同的效果,如图 1.15.18 所示。点击"确定"按钮。

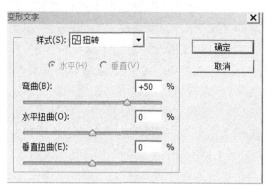

图 1.15.18 "变形文字"对话框

(20) 点击"文件"→"存储为",在弹出的"存储为"对话框中,点击"文件名"右边的文本框,输入"文本效果.jpg",点击"格式"右边的下拉列表,选择"JPEG(*.JPG,*.JPEG,*.JPE)",点击"保存"按钮。

(21) 在弹出来"JPEG 选项"对话框中,点击"确定"按钮。

(22) 最后的效果如图 1.15.19 所示。

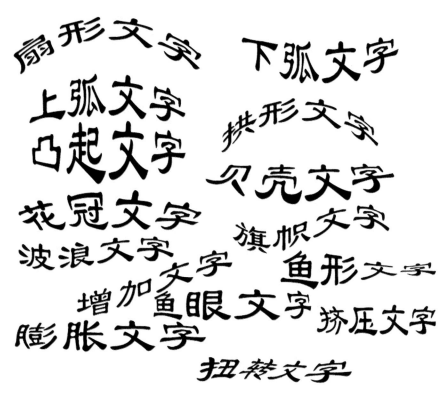

图 1.15.19　最终的文本效果

第十六节　吸 管 工 具

本节练习吸管工具。在花的图片中写文字，文字颜色为花瓣的颜色。

1. 操作步骤

（1）在 Photoshop 中打开图片："1–吸管工具–菊花.jpg"，现在有一个"背景"图层。

（2）在工具箱中点击"吸管工具" ，点击花瓣。前景色变成花瓣的颜色。

（3）在工具箱中点击文本工具 ，在工具属性栏中，点击"设置字体系列"，输入"隶书"，回车。点击"设置字体大小"，选择"72 点"。点击"设置消除锯齿的方法"，选择"浑厚"，"设置文本颜色"保持不变。对应的工具属性栏如图 1.16.1 所示。

图 1.16.1　文本工具属性栏

（4）点击图片左上角，输入两个字"菊花"，新增一个图层"图层 1"。点击"图层 1"，"图层 1"变为"菊花"。

（5）点击"文件"→"存储为"，在弹出的"存储为"对话框中，点击"文件名"右边的文本框，输入"1–吸管工具–菊花–处理后.jpg"，点击"格式"右边的下拉列表，选择"JPEG（*.JPG，*.JPEG，*.JPE）"，点击"保存"按钮。

（6）在弹出来的"JPEG 选项"对话框中，点击"确定"按钮。

2. 说明

用吸管工具点击菊花的花瓣之后，前景色就变成菊花花瓣的颜色。

第十七节　填充镂空文字

本节练习填充镂空文字。写"校庆"两个大字，这两个字笔画用镂空的 "贺"字填充。

1. 操作步骤

（1）点击"文件"→"新建"，或者按快捷键"Ctrl+N"，新建一个 Photoshop 文件。名称为"贺"，宽度为 20 像素，高度为 20 像素，分辨率为 72 像素，颜色模式为 RGB 颜色，背景内容为白色。点击"确定"按钮。

（2）在工具箱中点击文本工具，在工具属性栏中，点击"设置字体系列"，输入"隶书"，回车。点击"设置字体大小"，选择"12 点"。点击"设置消除锯齿的方法"，选择"浑厚"，点击"设置文本颜色"，选择红色。对应的工具属性栏如图 1.17.1 所示。

图 1.17.1　文本工具属性栏

（3）现在只有一个图层："背景"图层。点击空白工作区，输入"贺，新增一个图层"图层 1"。点击"图层 1"，"图层 1"变成"贺"。点击"背景"图层，删除这个图层。

（4）点击"贺"图层，按"Ctrl+T"快捷键，"贺"字的周围有 8 个控制点，通过这 8 个控制点可以缩放"贺"这个字。可以点击移动工具，然后使用上下左右键对"贺"这个字的位置进行微调。总之改变字的大小和位置，使得这个"贺"字充满整个空白区域。

（5）右击"贺"这个图层，在弹出的下拉列表中点击"栅格化文字"选项。

（6）点击"编辑"→"定义图案"，弹出"图案名称"对话框，"名称"右边的文本框中是"贺"字。点击"确定"按钮，如图 1.17.2 所示。

图 1.17.2　"图案名称"对话框

（7）点击"文件"→"新建"，或者按快捷键"Ctrl+N"，新建一个 Photoshop 文件。名称为"校庆"，宽度为 800 像素，高度为 800 像素，分辨率为 300 像素，颜色模式为 RGB 颜色，背景内容为白色。点击"确定"按钮。

（8）新建的这个空白文件，左下角有个文本框，里面是"66.67%"。点击这个文本框，将其中的内容改为"100%"，然后回车。现在有一个图层："背景"图层。

（9）在工具箱中点击文本工具，在工具属性栏中，点击"设置字体系列"，输入"隶书"，回车。点击"设置字体大小"，选择"72 点"。点击"设置消除锯齿的方法"，选择"浑厚"，点击"设置文本颜色"，选择黑色。对应的工具属性栏如图 1.17.3 所示。

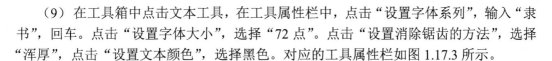

图 1.17.3　文本工具属性栏

（10）点击空白工作区，输入"校庆"，新增一个图层"图层 1"。点击"图层 1"，"图层 1"变成"校庆"。点击"校庆"图层，输入"校庆"两个字。

（11）点击"校庆"图层，按"Ctrl+T"组合键，"校庆"这两个字的周围出现 8 个控制点，通过这 8 个控制点，可以缩放"校庆"这两个字的大小，可以点击移动工具，然后使用上下左右键对"校庆"这两个字的位置进行微调。总之改变"校庆"这两个字的大小和位置，使得"校庆"这两个字充满整个空白区域。

（12）点击"背景"这个图层，点击"编辑"→"填充"。在弹出的"填充"对话框中，点击"使用"右边的下拉列表，在下拉列表中点击"颜色"，在弹出的"拾色器（填充颜色）"对话框中选择淡绿色，然后点击"确定"按钮，如图 1.17.4 所示。点击"填充"对话框中的"确定"按钮。

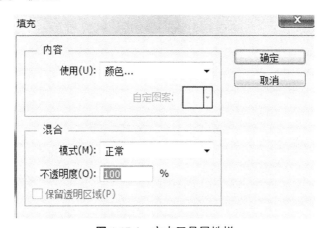

图 1.17.4　文本工具属性栏

（13）点击"校庆"图层。右击"校庆"图层，在弹出的下拉列表中点击选项"栅格化文字"。注意，右击这个图层，而不是右击这个图层前面那个小方块，即"图层缩览图"。

（14）按住"Ctrl"键不放，用鼠标左键点击"校庆"图层前面那个小方块，就是"图层缩览图"。"校庆"这两个字的轮廓被选中，蚂蚁线在闪烁。按"Delete"键，删除"校庆"这两个字的黑色笔画，只有字轮廓的蚂蚁线在闪烁。

（15）点击"编辑"→"填充"，在弹出的"填充"对话框中，点击"使用"右边的下拉列表，在下拉列表中点击"图案"。在"填充"对话框中，点击"自定图案"右边的下拉列表，在图案列表中点击"贺"这个图案，如图 1.17.5 所示。点击"确定"按钮。

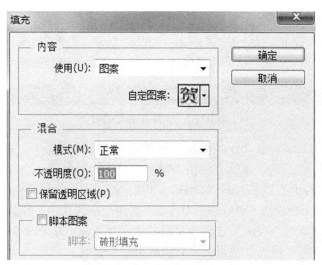

图 1.17.5 "填充"对话框

（16）"校庆"这两个字的笔画被镂空的"贺"字填充，这两个字的周围蚂蚁线在闪烁。

（17）点击"编辑"→"描边"。在弹出的"描边"对话框中，点击"宽度"右边的文本框，输入"2 像素"。点击"颜色"右边的调色面板，在弹出的"拾色器（描边颜色）"对话框中选择金色，点击确定按钮。在"描边"对话框中，"位置"，勾选"居中"前面的单选按钮。点击"模式"右边的下拉列表，选择"正常"，点击"不透明度"右边的文本框，输入"100"，如图 1.17.6 所示。

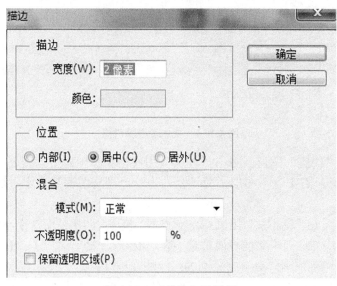

图 1.17.6 "描边"对话框

（18）按"Ctrl+D"取消选择，蚂蚁线消失。

（19）点击"文件"→"存储为"，在弹出的"存储为"对话框中，点击"文件名"

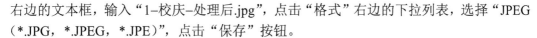

右边的文本框，输入"1–校庆–处理后.jpg"，点击"格式"右边的下拉列表，选择"JPEG（*.JPG，*.JPEG，*.JPE）"，点击"保存"按钮。

（20）在弹出来"JPEG 选项"对话框中，点击"确定"按钮。

第十八节 填 充 图 案

本节练习填充图案。写"校庆"两个大字，这两个字的笔画轮廓用菊花填充。

1. 操作步骤

（1）在 Photoshop 工作区中打开图片"1–吸管工具–菊花.jpg"。

（2）在工具箱中点击快速选择工具，对应的工具属性栏如图 1.18.1 所示。

图 1.18.1　快速选择工具对应的工具属性栏

（3）用鼠标点击菊花，多次点击之后，选中了菊花。菊花周围蚂蚁线在闪烁。按"Ctrl+C"组合键，复制这朵菊花。

（4）点击"文件"→"新建"，或者按快捷键"Ctrl+N"，新建一个 Photoshop 文件。名称为"菊花"，宽度为 20 像素，高度为 20 像素，分辨率为 72 像素，颜色模式为 RGB 颜色，背景内容为"透明"。点击"确定"按钮。现在只有一个图层"图层 1"。双击"图层 1"这些字，使之处于可编辑状态，输入"背景"，回车。

（5）按"Ctrl+V"组合键，在新建立的空白文件"菊花"中，粘贴这个菊花。在"图层"浮动面板中，新增一个图层"图层 2"。双击"图层 2"这几个字，使之处于可编辑状态，输入"菊花"，回车。现在有两个图层："菊花、背景"。

（6）点击"背景"这个图层，删除这个"背景"图层。可以这样删除这个图层：点击这个图层，然后点击"图层"→"删除"→"图层"；或者点击这个图层，然后点击图层面板右下方的"删除图层"图标。

（7）点击"菊花"这个图层，按"Ctrl+T"快捷键，菊花的周围有 8 个控制点，通过这 8 个控制点可以缩放菊花。可以点击移动工具，然后使用上下左右键对菊花的位置进行微调。总之改变菊花的大小和位置，使得菊花充满整个空白区域。

（8）点击"菊花"这个图层，点击"编辑"→"定义图案"，弹出"图案名称"对话框，"名称"右边的文本框中是"菊花"这两个字。点击"确定"按钮，如图 1.18.2 所示。

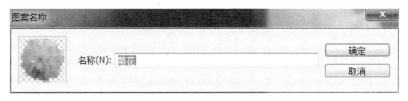

图 1.18.2　"图案名称"对话框

（9）点击"文件"→"新建"，或者按快捷键"Ctrl+N"，新建一个 Photoshop 文件。

名称为"校庆",宽度为 800 像素,高度为 800 像素,分辨率为 300 像素,颜色模式为 RGB 颜色,背景内容为白色。点击"确定"按钮。

新建的这个空白文件,左下角有个文本框,里面是"66.67%" 66.67% 。点击这个文本框,将其中的内容改为"100%",然后回车。现在有一个图层:"背景"图层。

(10)在工具箱中点击文本工具 T ,在工具属性栏中,点击"设置字体系列",输入"隶书",回车。点击"设置字体大小",选择"72 点"。点击"设置消除锯齿的方法",选择"浑厚",点击"设置文本颜色",选择黑色。对应的工具属性栏如图 1.18.3 所示。

图 1.18.3　文本工具属性栏

(11)点击空白工作区,输入"校庆",新增一个图层"图层 1"。点击"图层 1","图层 1"变成"校庆"。点击"校庆"图层,输入"校庆"两个字。

点击"校庆"图层,按"Ctrl+T"组合键,"校庆"这两个字的周围出现 8 个控制点,通过这 8 个控制点,可以缩放"校庆"这两个字的大小。可以点击移动工具 ，然后使用上下左右键对"校庆"这两个字的位置进行微调。总之改变"校庆"这两个字的大小和位置,使得"校庆"这两个字充满整个空白区域。

(12)点击"背景"这个图层,点击"编辑"→"填充"。在弹出的"填充"对话框中,点击"使用"右边的下拉列表,在下拉列表中点击"颜色",在弹出的"拾色器(填充颜色)"对话框中选择淡绿色,然后点击"确定"按钮,如图 1.18.4 所示。点击"填充"对话框中的"确定"按钮。

图 1.18.4　文本工具属性栏

(13)点击"校庆"图层。右击"校庆"图层,在弹出的下拉列表中点击选项"栅格化文字"。注意,右击这个图层,而不是右击这个图层前面那个小方块,就是"图层缩览图"。

(14)按住"Ctrl"键不放,用鼠标左键点击"校庆"图层前面那个小方块,就是"图层缩览图"。"校庆"这两个字的轮廓被选中,蚂蚁线在闪烁。按"Delete"键,删除"校庆"这两个字的黑色笔画，只有字轮廓的蚂蚁线在闪烁。

（15）点击"编辑"→"填充"，在弹出的"填充"对话框中，点击"使用"右边的下拉列表，在下拉列表中点击"图案"。在"填充"对话框中，点击"自定图案"右边的下拉列表，在图案列表中点击"菊花"这个图案，如图 1.18.5 所示。点击"确定"按钮。

图 1.18.5　"填充"对话框

（16）"校庆"这两个字的笔画被菊花填充，这两个字的周围蚂蚁线在闪烁。

（17）点击"编辑"→"描边"。在弹出的"描边"对话框中，点击"宽度"右边的文本框，输入"2 像素"。点击"颜色"右边的调色面板，在弹出的"拾色器（描边颜色）"对话框中选择金色，点击确定按钮。在"描边"对话框中，"位置"，勾选"居中"前面的单选按钮。点击"模式"右边的下拉列表，选择"正常"，点击"不透明度"右边的文本框，输入"100"，如图 1.18.6 所示。

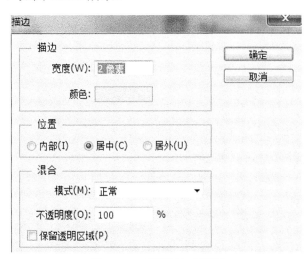

图 1.18.6　"描边"对话框

（18）按"Ctrl+D"取消选择，蚂蚁线消失。

（19）点击"文件"→"存储为"，在弹出的"存储为"对话框中，点击"文件名"右边的文本框，输入"1-校庆填充菊花-处理后.jpg"，点击"格式"右边的下拉列表，选择"JPEG（*.JPG，*.JPEG，*.JPE）"，点击"保存"按钮。

（20）在弹出来"JPEG选项"对话框中，点击"确定"按钮。

（21）打开之前建立的文件"菊花"。点击"文件"→"存储为"，在弹出的"存储为"对话框中，点击"文件名"右边的文本框，输入"菊花图案.psd"，点击"格式"右边的下拉列表，选择"Photoshop（*.PSD；*.PDD）"，点击"保存"按钮。在弹出的"Photoshop格式选项"对话框中，点击"确定"按钮。对"校庆"两个字的轮廓进行填充，填充菊花，然后对"校庆"两个字的进行描边，描上金边。

第十九节　画　笔　工　具

本节练习颜色通道修复。

1．操作步骤

（1）点击"文件"→"新建"，或者按快捷键"Ctrl+N"，新建一个 Photoshop 文件。名称为"画笔工具"，宽度为 800 像素，高度为 800 像素，分辨率为 72 像素，颜色模式为 RGB 颜色，背景内容为白色，如图 1.19.1 所示。点击"确定"按钮。

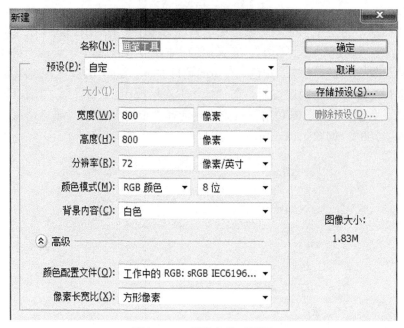

图 1.19.1　新建文件对话框

（2）新建的这个空白文件，左下角有个文本框，里面是"66.67%" 66.67%。点击这个文本框，将其中的内容改为"100%"，然后回车。现在有一个图层："背景"图层。

（3）点击画笔工具。画笔工具对应的工具属性栏如图 1.19.2 所示。

图 1.19.2 画笔工具对应的工具属性栏

（4）点击"窗口"→"画笔"，弹出来"画笔"浮动面板，如图 1.19.3 所示。

（5）在"画笔"浮动面板中，点击"画笔笔尖形状"这几个字，"画笔"浮动面板的右侧，就出现各种画笔的形状。点击"134"号画笔形状（这是青草形状），并且调整间距为 150%，如图 1.19.4 所示。

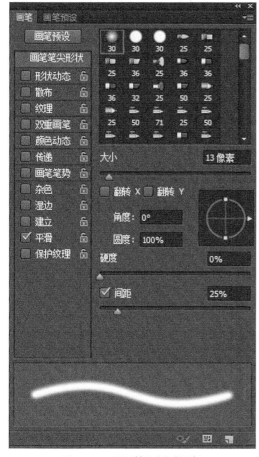

图 1.19.3 "画笔"浮动面板

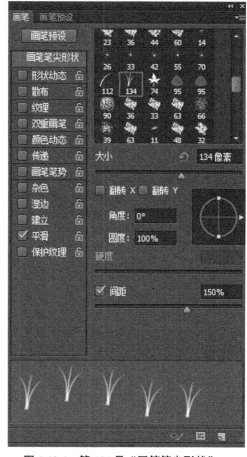

图 1.19.4 第 134 号"画笔笔尖形状"

（6）设置前景色为绿色。现在只有一个图层："背景"图层。

（7）用鼠标点击空白画布。每点击一次，画布上出现一棵青草。

（8）在"画笔"浮动面板中，点击"画笔笔尖形状"这几个字，点击"74"号画笔形状（这是枫叶形状），并调整间距为 130%，如图 1.19.5 所示。

（9）设置前景色为黄色，背景色为红色。

（10）在"画笔"浮动面板中，点击"颜色动态"这几个字。"颜色动态"这几个字前面的复选框被选中，右边出现颜色动态的相关属性。调整右边出现的颜色动态相关属性，"前景/背景抖动"设置为 100%，如图 1.19.6 所示。

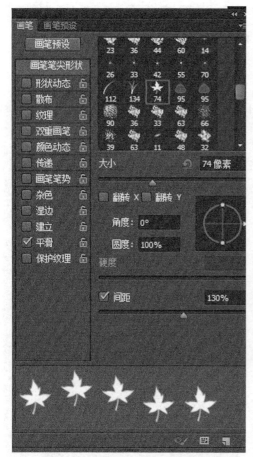

图 1.19.5   第 74 号 "画笔笔尖形状"

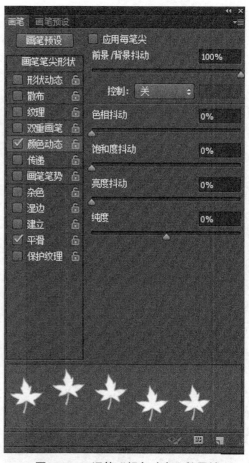

图 1.19.6   调整 "颜色动态" 的属性：前景/背景抖动

（11）用鼠标点击空白画布。每点击一次，画布上出现一片枫叶。枫叶的颜色介于红色和黄色之间，而且颜色是变化的。

（12）点击 "文件" → "存储为"，在弹出的 "存储为" 对话框中，点击 "文件名" 右边的文本框，输入 "1-画笔工具-处理后.jpg"，点击 "格式" 右边的下拉列表，选择 "JPEG（*.JPG，*.JPEG，*.JPE）"，点击 "保存" 按钮。

（13）在弹出来的 "JPEG 选项" 对话框中，点击 "确定" 按钮。

2. 说明

（1）首先在工具箱中选择画笔工具，然后点击 "窗口" → "画笔"，弹出来 "画笔" 浮动面板。在 "画笔" 浮动面板中选择画笔笔尖形状。

（2）画笔笔尖形状有很多。例如，95 号画笔笔尖形状，是树叶形状。

（3）设置前景色和背景色。

（4）如果想在前景色和背景色之间进行颜色转化，那么在 "画笔" 浮动面板中，点击 "颜色动态" 这几个字。"颜色动态" 这几个字前面的复选框被选中，右边出现颜色动态的相关属性。调整右边出现的颜色动态相关属性，"前景/背景抖动" 设置为 100%。

第二十节　颜色通道修复

本节练习颜色通道修复，用于修复面部的斑痕。

1. 操作步骤

（1）在 Photoshop 工作区中打开图片"1–女士面部斑痕.psd"。这是一位女士的面部图片，女士的面部有较多的斑痕。本练习要修复女士面部的斑痕。

（2）在图层面板中，目前只有一个图层："背景"图层。右击"背景"图层，在弹出的下拉列表中点击第二项："复制图层"。在弹出的"复制图层"对话框中，点击"为"右边的文本框，输入"副本"。点击"确定"按钮，如图 1.20.1 所示。

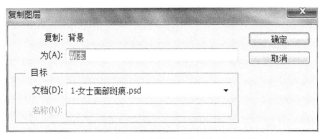

图 1.20.1　复制背景图层为"副本"图层

（3）现在图层面板中有两个图层："背景"图层、"副本"图层。

（4）点击"副本"图层，点击左上方的"设置图层混合模式"，在弹出的下拉列表中点击"强光"，从而将"副本"图层的"混合模式"设置为"强光"，如图 1.20.2 所示。

（5）点击"副本"图层，点击"副本"图层前面的那个小眼睛，使得小眼睛消失，从而隐藏"背景副本"图层，如图 1.20.3 所示。

图 1.20.2　设置"副本"图层的"混合模式"为"强光"　　**图 1.20.3　隐藏"背景副本"图层**

（6）点击"背景"图层。

（7）在工具箱中，点击"套索工具"，在工具属性栏中，点击"羽化"右边的文本框，输入"10 像素"，回车，从而设置羽化值为 10 像素（这个步骤很重要）。工具属性栏如图 1.20.4 所示。

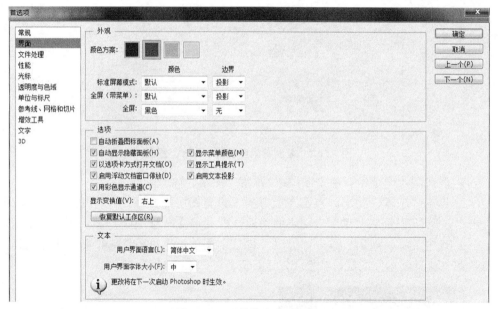

图 1.20.4　"套索工具"对应的工具属性栏

（8）按住"Shift"键不放，使用"套索工具"（羽化属性为 10 像素），绘制不规则的斑痕选区，从而选中女士脸上所有的斑痕（本例中选中 3 块斑痕区）。

（9）点击"通道"面板（可以点击"窗口"→"通道"），点击红色通道。会发现红色通道、绿色通道、蓝色通道全是灰黑色。如果让通道有颜色，可以这样：点击"编辑"→"首选项"→"界面"，在弹出的"首选项"对话框中，勾选"用彩色显示通道"前面的那个复选框，如图 1.20.5 所示。这样一来，通道就变成彩色的了，不再是灰色的了。

图 1.20.5　"首选项"对话框

（10）打开通道面板，点击斑迹较淡的红色通道。

（11）点击"滤镜"→"模糊"→"高斯模糊"，在弹出的"高斯模糊"对话框中，设置半径为 4 像素，如图 1.20.6 所示。按"确定"按钮。

（12）按"Ctrl+C"组合键，复制选区的内容。

（13）点击绿色通道，按"Ctrl+V"组合键，进行粘贴操作，粘贴选区的内容。

（14）点击蓝色通道，按"Ctrl+V"组合键，进行粘贴操作，粘贴选区的内容。

（15）点击 RGB 通道。

（16）打开"图层"面板。可以点击"窗口"→"图层"。蚂蚁线在闪烁。

（17）点击"副本"图层，点击"副本"图层前面的那个小眼睛（指示图层可见性），使得"副本"图层前面的那个小眼睛出现。

（18）按"Ctrl+D"，取消选择。

（19）点击"滤镜"→"模糊"→"高斯模糊"。在弹出的"高斯模糊"对话框中，设置半径为 8 像素。点击"确定"按钮，如图 1.20.7 所示。

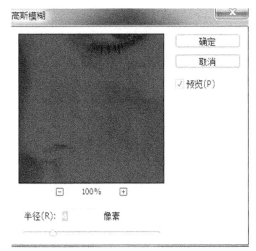 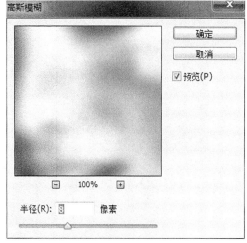

图 1.20.6　"高斯模糊"对话框　　　　　图 1.20.7　"高斯模糊"对话框

（20）合并图层。右击"副本"图层，在弹出的下拉列表中点击"向下合并"。

（21）点击"文件"→"存储为"，在弹出的"存储为"对话框中，点击"文件名"右边的文本框，输入"1-女士面部斑痕-处理后.psd"，点击"格式"右边的下拉列表，选择"Photoshop（*.PSD；*.PDD）"，点击"保存"按钮。

2. 说明

如果斑点过多，用画笔修复工具无法做到，这个时候用模糊工具效果更好。

第二十一节　图像颜色变化

本节练习图片选择区域的颜色变化。对于图片"1-吸管工具-菊花.jpg"，使得菊花的颜色发生变化，菊花周围的绿叶变得更绿。选择图片某个区域之后，需要点击"图像"→"调整"→"变化"，然后调整参数，使得这片区域的颜色发生变化。

1. 操作步骤

（1）在 Photoshop 中打开图片"1-吸管工具-菊花.jpg"，这是一朵菊花，周围是绿叶。通过颜色变化，使得菊花的颜色发生变化，而且菊花周围的绿叶变得更绿。

（2）点击快速选择工具，对应的工具属性栏如图 1.21.1 所示。

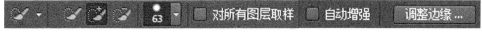

图 1.21.1　快速选择工具对应的工具属性栏

（3）用鼠标点击菊花，多次点击之后，选中了菊花。菊花周围蚂蚁线在闪烁。

（4）点击"图像"→"调整"→"变化"。

（5）在弹出的"变化"对话框中。点击"原稿"上面的那个图片方块，恢复最初图片，点击"加深蓝色"上面的那个图片方块，点击 3 次（根据需要选择点击次数）。点击

"加深洋红"上面的那个图片方块，点击 3 次（根据需要选择点击次数）。点击"确定"按钮。点击"中间调"前面的单选按钮，勾选"显示修剪"前面的复选框。"精细、粗糙"之间的滑块位置保持不变（也可以根据需要调整位置），如图 1.21.2 所示。

图 1.21.2 "变化"对话框

（6）选中的菊花颜色，变得蓝里透红。菊花周围蚂蚁线在闪烁。

（7）点击"选择"→"反向"，选中了菊花之外的图片区域，蚂蚁线在闪烁。

（8）点击"图像"→"调整"→"变化"。

（9）在弹出的"变化"对话框中，点击"加深绿色"上面的那个图片方块，点击 3 次（根据需要选择点击次数），点击"确定"按钮。菊花周围的绿叶变得更加青翠。按"Ctrl+D"组合键，蚂蚁线消失，取消选择。

（10）点击"文件"→"存储为"，在弹出的"存储为"对话框中，点击"文件名"右边的文本框，输入"1-图像变化-菊花-处理后.jpg"，点击"格式"右边的下拉列表，选择"JPEG（*.JPG，*.JPEG，*.JPE）"，点击"保存"按钮。

（11）在弹出来的"JPEG 选项"对话框中，点击"确定"按钮。

（12）最后的效果如图 1.21.3 所示。可以查看最后的处理结果，菊花颜色从黄色变成蓝红色，周围的绿叶变得更加青翠欲滴。

图 1.21.3　最后处理的结果

2. 说明

（1）如果改变图片区域的颜色、明亮程度，可以选择图片某个区域之后，点击"图像"→"调整"→"变化"，然后调整参数，使得这片区域的颜色发生变化。

（2）图片区域可供调整的选项包括：加深绿色、加深黄色、加深青色、加深红色、加深蓝色、加深洋红、较亮、较暗。

（3）点击选项上面的图片，可以达到所选择图片区域改变的目的。

（4）"图像"→"调整"→"变化"，这个功能很好用。

第二十二节　自定形状工具

本节练习自定形状工具。

1. 操作步骤

（1）按"Ctrl+N"快捷键，或者点击"文件"→"新建"，新建一个文件。在弹出的文本框中进行设置。点击"名称"右边的文本框，输入"摩托、水果、蔬菜"。宽度为800 像素，高度为 800 像素，分辨率为 72 像素，颜色模式为 RGB 颜色，背景内容为白色。RGB 颜色，俗称三基色，就是三种基本颜色：红（Red）、绿（Green）、蓝（Blue）。其他各种颜色，都可以从这三种基本颜色调和出来。点击"确定"按钮，如图 1.22.1 所示。

（2）新建的这个空白文件，左下角有个文本框，里面是"66.67%" 66.67% 。点击这个文本框，将其中的内容改为"100%"，然后回车。

（3）在工具箱中，用鼠标点击"矩形工具" 。用鼠标按住这个图标不放，就会弹出 5 个同组的工具：圆角矩形工具 、椭圆工具 、多边形工具 、直线工具 、自定形状工具 。点击其中的"自定形状工具" 。选择自定形状工具之后，工具属性栏中，出现自定形状工具的属性，可以设置相应的参数，如图 1.22.2 所示。

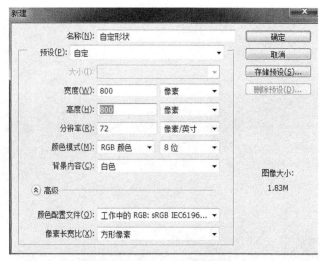

图 1.22.1　新建文件"自定形状"

图 1.22.2　"自定形状"对应的工具属性栏

（4）在工具属性栏中，点击"形状"右边的下拉列表，弹出来一个图片箱，点击不同的形状，然后在白色画布上用鼠标拖拽，可以画出图形来，如图 1.22.3 所示。例如，

图 1.22.3　设置待创建的形状

点击青草形状，然后再白色画布上用鼠标拖拽，可以画出青草的形状。图层面板中多了一个新的图层"形状 1"。

（5）在工具属性栏中，点击"填充"右边的颜色面板，选择绿色，那么青草填充为绿色。

（6）在工具属性栏中，点击"描边"右边的颜色面板，选择黄色，那么青草用黄色描边。

（7）在工具属性栏中，点击"设置形状描边宽度" 3点，用来设置描边的宽度。

（8）在工具属性栏中，点击"设置形状描边类型"，用来设置描边的类型。

（9）类似地，可以做出多个图层，每个图层中分别有不同的形状。

（10）点击某个图层，按"Ctrl+T"快捷键，本图层中的形状周围，出现 8 个控制点，通过控制点，可以改变形状大大小。可以移动形状，改变形状的位置。按回车键确认操作。

（11）点击"文件"→"存储为"，在弹出的"存储为"对话框中，点击"文件名"右边的文本框，输入"1-自定形状"，点击"格式"右边的下拉列表，选择"Photoshop（*.PSD；*.PDD）"，点击"保存"按钮。在弹出的文本框中点击"确定"按钮。

第二十三节　自动色阶

本节练习自动色阶。

1. 操作步骤

（1）在 Photoshop 中打开图片"1-自动色阶.jpg"，这是一个女孩的图片，图片灰蒙蒙的，不够通透。通过自动色阶，使得图片比较通透。

（2）点击"图像"→"调整"→"色阶"，弹出"色阶"对话框，如图 1.23.1 所示。

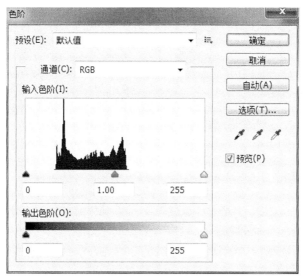

图 1.23.1 "色阶"对话框

（3）在"色阶"对话框中，点击"自动"按钮。

（4）点击"预览"，前面的复选框被勾选，可以预览操作结果。图片变得通透很多。

（5）点击"确定"按钮。

（6）点击"文件"→"存储为"，在弹出的"存储为"对话框中，点击"文件名"右边的文本框，输入"1-自动色阶-处理后.jpg"，点击"格式"右边的下拉列表，选择"JPEG（*.JPG，*.JPEG，*.JPE）"，点击"保存"按钮。

（7）在弹出来"JPEG 选项"对话框中，点击"确定"按钮。

第二十四节　调 整 色 阶

本节练习调整色阶，使得图片更加通透。

1. 操作步骤

（1）在 Photoshop 中打开图片"1-调整色阶.jpg"，这是一棵树的图片，图片灰蒙蒙的，不够通透，红花也灰蒙蒙的。通过调整色阶，使得图片更加通透。效果比自动色阶更好。

（2）点击"图像"→"调整"→"色阶"，弹出"色阶"对话框，如图 1.24.1 所示。

（3）可以调整 3 个滑块的位置，向中间靠拢，使得图片通透。

（4）"预览"上面有 3 个吸管："在图像中取样以确定黑场"、"在图像中取样以确定灰场"、"在图像中取样以确定白场"。

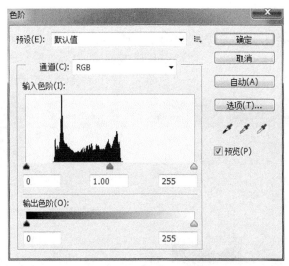

图 **1.24.1** "色阶"对话框

（5）点击吸管"在图像中取样以确定黑场" ，把光标移动到图片"1–调整色阶.jpg"中，光标变成吸管形状，用鼠标点击图片中最黑的一点。

（6）点击吸管"在图像中取样以确定白场" ，把光标移动到图片"1–调整色阶.jpg"中，光标变成吸管形状，用鼠标点击图片中最白的一点。

（7）勾选"预览"前面的复选框，可以预览操作结果。点击"确定"按钮。

（8）点击"文件"→"存储为"，在弹出的"存储为"对话框中，点击"文件名"右边的文本框，输入"1–调整色阶–处理后.jpg"，点击"格式"右边的下拉列表，选择"JPEG（*.JPG，*.JPEG，*.JPE）"，点击"保存"按钮。

（9）在弹出来的"JPEG 选项"对话框中，点击"确定"按钮。

2．说明

（1）最后处理结果如图 1.24.2 所示。

图 **1.24.2 最后处理的结果**

（2）手工调整色阶，比自动色阶效果更好，图片变得更加通透。

第二十五节　图片变黑白

本节练习如何让彩色图片变成黑白照片。

1. 方法 1

（1）在 Photoshop 中打开图片"1-红花.jpg"，这是一幅红花图片。把这幅图片变成黑白图片。

（2）打开图层面板，现在只有一个图层："背景"。

（3）点击"图像"→"调整"→"黑白"，弹出"黑白"对话框，如图 1.25.1 所示。

（4）点击"确定"按钮。

（5）点击"文件"→"存储为"，在弹出的"存储为"对话框中，点击"文件名"右边的文本框，输入"1-黑白红花.jpg"，点击"格式"右边的下拉列表，选择"JPEG（*.JPG，*.JPEG，*.JPE）"，点击"保存"按钮。

2. 方法 2

（1）在 Photoshop 中打开图片"1-彩色荷花.png"，这是一幅彩色荷花图片。可以有多种方法，把这幅图片变成黑白图片。

（2）打开图层面板，现在只有一个图层："图层 0"。

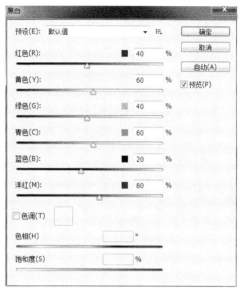

图 1.25.1　"黑白"对话框

（3）点击"图像"→"调整"→"去色"。图片变成黑白照片。

（4）点击"文件"→"存储为"，在弹出的"存储为"对话框中，点击"文件名"右边的文本框，输入"1-黑白荷花.jpg"，点击"格式"右边的下拉列表，选择"JPEG（*.JPG，*.JPEG，*.JPE）"，点击"保存"按钮。

（5）在弹出来的"JPEG 选项"对话框中，点击"确定"按钮。

3. 方法 3

（1）在 Photoshop 中打开图片"1-彩色花卉.jpg"，这是一幅彩色花卉图片。可以有多种方法，把这幅图片变成黑白图片。

（2）打开图层面板，现在只有一个图层："背景"。

（3）点击"图像"→"模式"→"灰度"。

（4）在弹出的"信息"对话框中，点击"扔掉"按钮，如图 1.25.2 所示。

（5）点击"文件"→"存储为"，在弹出的"存储为"对话框中，点击"文件名"右边的文本框，

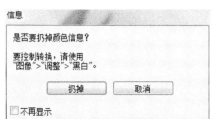

图 1.25.2　"信息"对话框

输入"1–黑白花卉.jpg",点击"格式"右边的下拉列表,选择"JPEG(*.JPG,*.JPEG,*.JPE)",点击"保存"按钮。

(6)在弹出来"JPEG 选项"对话框中,点击"确定"按钮。

第二十六节 自动色调、自动对比度、自动颜色

本节练习自动色调、自动对比度、自动颜色。

1. 自动色调

(1)在 Photoshop 中打开图片"1–红花.jpg",这是一幅红花图片,图片模糊,不够通透。

(2)点击"图像"→"自动色调"。图片色调变得较为清晰。

(3)点击"文件"→"存储为",在弹出的"存储为"对话框中,点击"文件名"右边的文本框,输入"1–红花–自动色调.jpg",点击"格式"右边的下拉列表,选择"JPEG(*.JPG,*.JPEG,*.JPE)",点击"保存"按钮。

(4)在弹出来"JPEG 选项"对话框中,点击"确定"按钮。

2. 自动对比度

(1)在 Photoshop 中打开图片"1–红花.jpg",这是一幅红花图片,图片模糊,不够通透。

(2)点击"图像"→"自动对比度"。图片对比度变得较高。

(3)点击"文件"→"存储为",在弹出的"存储为"对话框中,点击"文件名"右边的文本框,输入"1–红花–自动对比度.jpg",点击"格式"右边的下拉列表,选择"JPEG(*.JPG,*.JPEG,*.JPE)",点击"保存"按钮。

(4)在弹出来"JPEG 选项"对话框中,点击"确定"按钮。

3. 自动颜色

(1)在 Photoshop 中打开图片"1–红花.jpg",这是一幅红花图片,图片模糊,不够通透。

(2)点击"图像"→"自动颜色"。图片颜色变得较清晰。

(3)点击"文件"→"存储为",在弹出的"存储为"对话框中,点击"文件名"右边的文本框,输入"1–红花–自动颜色.jpg",点击"格式"右边的下拉列表,选择"JPEG(*.JPG,*.JPEG,*.JPE)",点击"保存"按钮。

(4)在弹出来"JPEG 选项"对话框中,点击"确定"按钮。

第二十七节 动 作

本节练习动作,也就是批量处理图片。

(1)建立两个文件夹:"动作前、动作后"。"动作前"这个文件夹中,存放"模糊女孩.jpg、模糊树.jpg、模糊红花.jpg"3 个图片。"动作后"这个文件夹中,什么图片文件都没有。"动作前"这个文件夹中的 3 个图片,需要做同样的"自动色阶"操作。现在

进行图片的批量处理。首先建立一个动作,然后对"动作前"这个文件夹中的图片进行批量处理。

（2）在 Photoshop 中打开图片"模糊女孩.jpg"。

（3）点击"窗口"→"动作",弹出"动作"浮动面板,如图 1.27.1 所示。

（4）点击"动作"浮动面板右下方的"创建新动作"图标，弹出"新建动作"对话框。在"名称"右边文本框中输入"自动色阶",点击"记录"按钮,如图 1.27.2 所示。

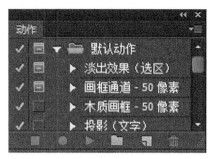

图 1.27.1　"动作"浮动面板

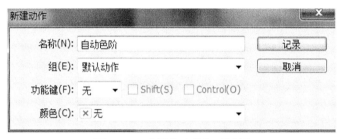

图 1.27.2　"新建动作"对话框

（5）点击"图像"→"调整"→"色阶",弹出"色阶"对话框,如图 1.27.3 所示。

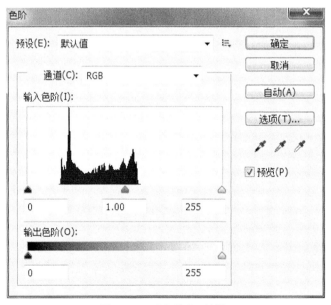

图 1.27.3　"色阶"对话框

（6）在"色阶"对话框中,点击"自动"按钮。

（7）点击"确定"按钮。

（8）在动作面板中,点击左下方的那个小方块，也就是"停止播放/记录"图标。动作停止。

（9）关闭"模糊女孩.jpg"，不要保存。

（10）点击"文件"→"自动"→"批处理"。

（11）在弹出的"批处理"对话框中，点击"动作"右边的下拉列表，在弹出的选项中点击"自动色阶"。

（12）在"批处理"对话框中，点击"源"右边的下拉列表，选择"文件夹"。点击"源"下面的"选择"按钮，选择"动作前"文件夹。

（13）在"批处理"对话框中，点击"目标"右边的下拉列表，选择"文件夹"。点击"目标"下面的"选择"按钮，选择"动作后"文件夹，如图 1.27.4 所示。

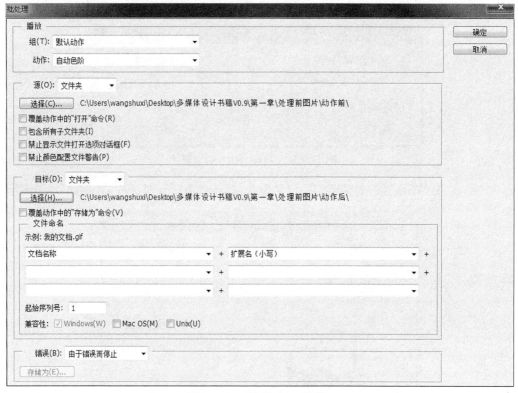

图 1.27.4 "批处理"对话框

（14）点击"确定"按钮。

（15）在"动作后"这个对话框中，出现了"模糊女孩.jpg、模糊树.jpg、模糊红花.jpg" 3 个图片。这 3 个图片是经过"自动色阶"处理之后的，比处理之前通透。

第二十八节 曲 线

本节练习曲线操作，也就是通过曲线操作处理图片，得到图片曝光的不同效果。

（1）在 Photoshop 中打开图片"1-曲线.jpg"。

（2）点击"图像"→"调整"→"曲线"，弹出"曲线"对话框，如图 1.28.1 所示。

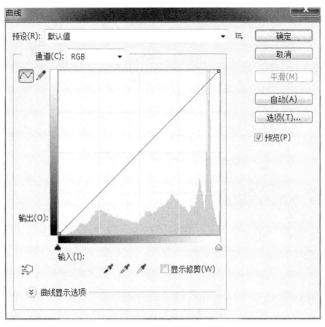

图 1.28.1 "曲线"对话框

（3）在"曲线"对话框中，点击"预览"这两个字，勾选"曲线"这两个字前面的复选框。在调整曲线时，可以实时预览不同的效果。

（4）用鼠标调整曲线，实时预览调整曲线的效果，体会调整曲线的方法。

（5）点击"确定"按钮。

（6）点击"文件"→"存储为"，在弹出的"存储为"对话框中，点击"文件名"右边的文本框，输入"1–曲线–处理后.jpg"，点击"格式"右边的下拉列表，选择"JPEG（*.JPG，*.JPEG，*.JPE）"，点击"保存"按钮。

（7）在弹出来"JPEG 选项"对话框中，点击"确定"按钮。

第二十九节　镜 头 柔 焦

本节练习镜头柔焦操作。

1. 操作步骤

（1）在 Photoshop 中打开图片"1–镜头柔焦.jpg"。

（2）打开图层面板，现在只有一个图层："背景"。

（3）在图层面板中，右击"背景"图层，在弹出的下拉列表中点击"复制图层"。

（4）在弹出的"复制图层"对话框中，点击"复制：背景为："右边的文本框，输入"副本"，如图 1.29.1 所示。点击"确定"按钮。

（5）点击"副本"图层，点击"滤镜"→"模糊"→"高斯模糊"，弹出"高斯模糊"对话框中，在"半径"右边文本框中输入"4.9"，如图 1.29.2 所示。点击"确定"按钮。

图 1.29.1 "复制图层"对话框

图 1.29.2 "高斯模糊"对话框

（6）点击"副本"图层，点击图层左上角的"设置图层的混合模式"，在下拉列表中点击"正常"，点击图层右上角"不透明度"右边的下拉列表，输入"50%"，回车。

（7）点击"文件"→"存储为"，在弹出的"存储为"对话框中，点击"文件名"右边的文本框，输入"1-镜头柔焦 1.psd"，点击"格式"右边的下拉列表，选择"Photoshop（*.PSD；*.PDD）"，点击"保存"按钮。在弹出的"Photoshop 格式选项"对话框中，点击"确定"按钮。

（8）点击"副本"图层，点击图层左上角的"设置图层的混合模式"，在下拉列表中点击"变亮"，点击图层右上角"不透明度"右边的下拉列表，输入"100%"，回车。

（9）点击"文件"→"存储为"，在弹出的"存储为"对话框中，点击"文件名"右边的文本框，输入"1-镜头柔焦 2.psd"，点击"格式"右边的下拉列表，选择"Photoshop（*.PSD；*.PDD）"，点击"保存"按钮。在弹出的"Photoshop 格式选项"对话框中，点击"确定"按钮。

（10）点击"副本"图层，点击图层左上角的"设置图层的混合模式"，在下拉列表中点击"变暗"，点击图层右上角"不透明度"右边的下拉列表，输入"100%"，回车。

（11）点击"文件"→"存储为"，在弹出的"存储为"对话框中，点击"文件名"右边的文本框，输入"1-镜头柔焦 3.psd"，点击"格式"右边的下拉列表，选择"Photoshop（*.PSD；*.PDD）"，点击"保存"按钮。在弹出的"Photoshop 格式选项"对话框中，点击"确定"按钮。

2. 说明

复制背景图层，点击副本图层。点击副本图层左上角的"设置图层的混合模式"，在下拉列表中点击不同的图层混合模式。点击图层右上角"不透明度"右边的下拉列表，输入不同的值，回车。查看不同的图片编辑效果。

第三十节　滤 镜 液 化

本节练习"滤镜"→"液化"操作。

1. 操作步骤

（1）在 Photoshop 中打开图片"1–滤镜液化.jpg"。

（2）点击"滤镜"→"液化"，弹出"液化"对话框，如图 1.30.1 所示。

图 1.30.1　"液化"对话框

（3）在"液化"对话框中，熟悉各种工具：向前变形工具、重建工具、褶皱工具、膨胀工具、左推工具、抓手工具、缩放工具。

（4）点击"恢复全部"按钮，图片可以恢复原状。

（5）点击"确定"按钮，保存图片。

2. 说明

（1）使用"褶皱工具"，可以使人"变瘦"。

（2）使用"膨胀工具"，可以使小眼睛"变大"。

第三十一节　滤镜消失点

本节练习"滤镜"→"消失点"操作。

1. 操作步骤

（1）在 Photoshop 中打开图片"1–滤镜消失点.jpg"。在这个图片中，长凳上有一串钥匙，想要这串钥匙消失。处理之前的图片如图 1.31.1 所示。

（2）点击"滤镜"→"消失点"，弹出来"消失点"对话框。在对话框中进行设置，如图 1.31.2 所示。

（3）对话框左下方有下拉列表，点击这个下拉列表，选择 200%。对话框左下方的下拉列表变为。凳子图片变大，便于操作。

（4）点击"创建平面工具"图标，用鼠标分别点击凳子的四个角，凳子被蓝色的线分成多个网格。

（5）点击"图章工具"，点击"直径"右边的可编辑下拉列表，输入"40"。

（6）按住 Alt 键不放，在钥匙旁边（建议左上方）点击一下，鼠标上面就多了一个长凳片段，用这个片段覆盖钥匙，注意显得自然些。

图 1.31.1　处理前图片，长凳上有钥匙

图 1.31.2　"消失点"对话框

（7）如果一次操作不足以覆盖长凳上的钥匙，那么重复第(6)步。

（8）点击"确定"按钮。

（9）点击"文件"→"存储为"，在弹出的"存储为"对话框中，点击"文件名"右边的文本框，输入"1–滤镜消失点–处理后.psd"，点击"格式"右边的下拉列表，选择"Photoshop（*.PSD；*.PDD)"，点击"保存"按钮。在弹出的"Photoshop 格式选项"对话框中，点击"确定"按钮。

2．说明

（1）说白了，还是用钥匙旁边的区域替换钥匙所在的区域，只不过用来替换的区域较大。

（2）点击"图章工具" 之后，设置直径的大小，用于选择选取的图片区域。请尝试不同的直径大小，从而达到最理想的区域覆盖效果。

第三十二节　滤 镜 油 画

本节练习"滤镜"→"油画"操作。

1．操作步骤

（1）在 Photoshop 中打开图片"1–滤镜油画.jpg"。

（2）点击"滤镜"→"油画"，弹出"油画"对话框。

（3）调整"画笔"参数：样式化、清洁度、缩放、硬毛刷细节。

（4）调整"光照"参数：角方向、闪亮。

（5）点击"确定"按钮。

（6）点击"文件"→"存储为"，在弹出的"存储为"对话框中，点击"文件名"右边的文本框，输入"1-滤镜油画-处理后.jpg"，点击"格式"右边的下拉列表，选择"JPEG（*.JPG，*.JPEG，*.JPE)"，点击"保存"按钮。在弹出来的"JPEG选项"对话框中，点击"确定"按钮。

第三十三节　滤　镜　库

本节练习"滤镜"→"滤镜库"操作。

1. 操作步骤

（1）在 Photoshop 中打开图片"1-滤镜库.jpg"。

（2）点击"滤镜"→"滤镜库"，弹出"滤镜库"对话框，如图 1.33.1 所示。

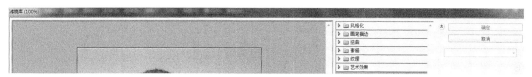

图 1.33.1　"滤镜库"对话框

（3）分别尝试不同选项下的效果：风格化、画笔描边、扭曲、素描、纹理、艺术效果。

（4）点击"确定"按钮，保存文件。例如，下面是"纹理"→"马赛克拼贴"的编辑效果图，保存为"1-滤镜库-纹理-马赛克拼贴.jpg"。

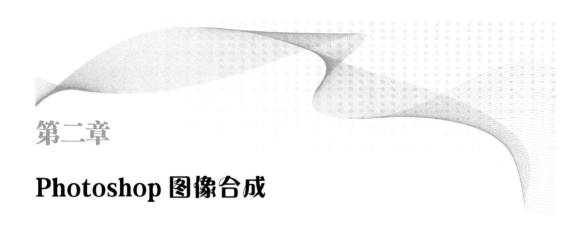

第二章

Photoshop 图像合成

本章介绍 Photoshop 的图像合成。本书所用的图片，全都来自于网络。

第一节　人　车　合　一

"人车合一"文件夹中有两个图片："人.jpg、车.jpg"。希望把这两个图片合成，人站在车头位置，而且人站在车头的后面。

1．操作步骤

（1）在 Photoshop CS6 中，同时打开两张图片："人.jpg、车.jpg"。

（2）在工具箱中，点击磁性套索工具，对应的工具属性栏如图 2.1.1 所示。注意，频率是 100，频率越大，磁性就越大，选的区域就越加细密。

图 2.1.1　"磁性套索工具"对应的工具属性栏

（3）打开图片"车.jpg"，现在只有一个图层："背景"图层。

（4）用磁性套索工具选择汽车，车头位置一定要仔细选取，因为人要站在车头后面。车头之外的地方可以粗选。选择汽车之后，蚂蚁线在闪烁。按"Ctrl+C"复制。

（5）按"Ctrl+Shift+V"粘贴。注意，这里粘贴的不仅有汽车，而且有汽车的位置。粘贴之后的汽车完全覆盖了原来汽车的位置，而且严丝合缝。

（6）新增加了一个图层"图层 1"。双击"图层 1"这 3 个字，使之处于可编辑状态，输入"汽车"，回车。现在有两个图层："背景、汽车"。

（7）在工具箱中点击"快速选择工具"，对应的工具属性栏如图 2.1.2 所示。注意，工具属性栏中，点击的是"添加到选区"图标。

图 2.1.2　"快速选择工具"对应的工具属性栏

（8）用快速选择工具连续点击女士身体之外的空白区域，包括女士的两个臂弯。

（9）点击"选择"→"反向"，选中女士的身体。按"Ctrl+C"复制。

（10）打开图片"车.jpg"，按"Ctrl+V"粘贴。新增加一个图层"图层 1"，双击"图层 1"这 3 个字，使之处于可编辑状态，输入"人"，回车。现在有 3 个图层："背景、汽车、人"。"人"图层在最上面，"车"图层在中间，"背景"图层在最下面。

（11）点击"汽车"图层，用鼠标拖动"汽车"图层，把"汽车"图层拖到"人"图层的上面。现在图层从上而下的顺序为："汽车、人、背景"。

（12）点击"人"图层，按"Ctrl+T"，人的周围出现 8 个控制点。

（13）把光标移动到右下角这个控制点的上面，光标变成一个–45 度的双箭头，按住 Shift 键不放，等比例缩小图片大小。按 Enter 键确认操作。

（14）在工具箱中点击"移动工具" ，点击"人"图层，用鼠标移动人的位置，把人移动到车头位置，车头遮住人的下半身。

（15）点击"文件"→"存储为"，在弹出的"存储为"对话框中，点击"文件名"右边的文本框，输入"人车合一.psd"，点击"格式"右边的下拉列表，选择"Photoshop（*.PSD；*.PDD)"，点击"保存"按钮。

（16）在弹出的"Photoshop 格式选项"对话框中，点击"确定"按钮。

2. 说明

（1）图像合成，一般需要有多个图层。

（2）选择图片区域之后，"Ctrl+C"是复制；"Ctrl+V"是粘贴，但是只粘贴图片，不粘贴图片的位置信息；"Ctrl+Shift+V"是粘贴，不但粘贴图片，而且粘贴图片位置信息。

（3）一个图层中，如果图片很大，那么按"Ctrl+T"之后，难以看到图片周围的 8 个控制点，这种情况下，用鼠标移动这个图片，直到看到图片的某个控制点，并根据控制点调整图片的大小。

第二节　鹰头鸭身

"鹰头鸭身"文件夹中有两个图片："鸭.tif、鹰.psd"。希望把这两个图片合成，鹰头与鸭身的合成，鹰头向左，鸭身有倒影的效果。

（1）在 Photoshop CS6 中，同时打开两张图片："鸭.tif、鹰.psd"。

（2）点击"文件"→"新建"，或者按"Ctrl+N"组合键，新建一个文件。在弹出的"新建"对话框中，名称为"鹰头鸭身"，宽度为 800 像素，高度为 800 像素，分辨率为 72 像素，颜色模式为 RGB 颜色，背景内容为白色，点击"确定"按钮，如图 2.2.1 所示。

（3）新建的"鹰头鸭身"这个空白文件，左下角有个文本框，里面是"66.67%" 66.67% 。点击这个文本框，将其中的内容改为"100%"，然后回车。

（4）"鹰头鸭身"这个文件，目前只有一个图层："背景"。点击"背景"图层，点击"编辑"→"填充"，在弹出的"填充"对话框中，点击"使用"右边的下拉列表，在弹出的颜色面板中选择淡绿色，点击"确定"按钮，如图 2.2.2 所示。

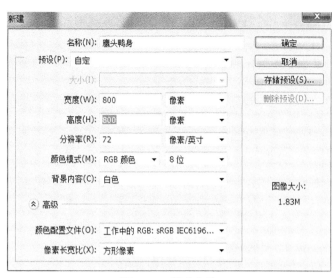

图 2.2.1　新建文件

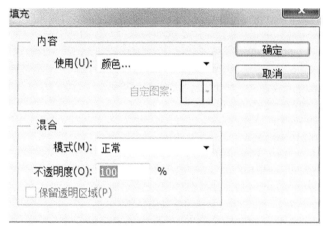

图 2.2.2　"填充"对话框

（5）在工具箱中，点击"快速选择工具" ，对应的工具属性栏如图 2.2.3 所示。

图 2.2.3　"快速选择工具"对应的工具属性栏

（6）打开图片"鸭.tif"，用"快速选择工具"连续点击鸭子的身子。选中鸭子下颚之下的下半身，蚂蚁线在闪烁。按"Ctrl+C"复制。

（7）打开刚刚建立的空白文件"鹰头鸭身"，按"Ctrl+V"粘贴。图层面板中多了一个新的图层："图层 1"。双击"图层 1"这几个字，使之处于可编辑状态，输入"鸭身"，按 Enter 键。现在图层面板中有两个图层："鸭身、背景"。

（8）打开图片"鹰.psd"，用"快速选择工具"连续点击鹰的头。选中鹰的头，蚂蚁线在闪烁。按"Ctrl+C"复制。

（9）打开文件"鹰头鸭身"，按"Ctrl+V"粘贴。图层面板中多了一个新的图层："图层 1"。双击"图层 1"这几个字，使之处于可编辑状态，输入"鹰头"，按 Enter 键。现在图层面板中有 3 个图层："鹰头、鸭身、背景"。

（10）点击"鹰头"图层，点击"编辑"→"变换"→"水平翻转"，鹰头向左水平翻转。

（11）点击第一个工具"移动工具" ，对应的工具属性栏如图 2.2.4 所示。

图 2.2.4 "移动工具"对应的工具属性栏

（12）点击"鹰头"图层。按"Ctrl+T"，鹰头的周围出现 8 个控制点，根据控制点，等比例的缩放鹰头的大小。用鼠标拖动鹰头，移动鹰头的位置。

（13）点击"鸭身"图层。按"Ctrl+T"，鸭身的周围出现 8 个控制点，根据控制点，等比例的缩放鸭身的大小。用鼠标拖动鸭身，移动鸭身的位置。

（14）右击"鸭身"图层，在弹出的下拉列表中点击"复制图层"。在弹出的"复制图层"对话框中，点击"复制：鸭身为："右边的文本框，输入"倒影"。点击"确定"按钮，如图 2.2.5 所示。

图 2.2.5 "复制图层"对话框

图 2.2.6 图层面板

（15）点击"倒影"图层，用鼠标拖动这个图层，把这个图层拖到"鸭身"图层的下面。现在图层面板中有 4 个图层："鹰头、鸭身、倒影、背景"。

（16）点击"倒影"图层，点击"编辑"→"变换"→"垂直翻转"。在"倒影"图层中，鸭身被垂直翻转。

（17）点击"倒影"图层，在工具箱中点击"移动工具" 。连续按向下的箭头，使得鸭身与倒影基本相切。

（18）点击"倒影"图层，在图层面板中点击下方的"添加图层蒙版"图标 ，"倒影"图层中右边，出现了一个图层模板缩览图（白色的方块），如图 2.2.6 所示。

（19）在工具箱中点击"渐变工具" ，在对应的工具属性栏中，打开渐变编辑器，选择从白到黑渐变，渐变方式中，选择第一种渐变方式"线性渐变" ，如图 2.2.7 所示。

图 2.2.7　"渐变工具"对应的工具属性栏

（20）点击"倒影"图层中的图层模板缩览图（白色的方块）。光标移动到倒影的顶部，向下拖一条线段，就有了倒影的效果。如果倒影的效果不够明显，那么重复本操作。图层面板中，"倒影"图层变成 ，。

（21）点击"文件"→"存储为"，在弹出的"存储为"对话框中，点击"文件名"右边的文本框，输入"鹰头鸭身.psd"，点击"格式"右边的下拉列表，选择"Photoshop（*.PSD；*.PDD）"，点击"保存"按钮。在弹出的"Photoshop 格式选项"对话框中，点击"确定"按钮。

第三节　镜 框 照 片

"镜框照片"文件夹中有 3 个图片："镜框.jpg、蓝花.jpg、女孩.jpg"。"镜框.jpg"图片中有两个镜框，把"女孩.jpg"图片中的女孩、"蓝花.jpg"图片中的蓝花，分别抽取出来，并分别放入这两个镜框中。

1. 操作步骤

（1）同时打开 3 张图片："镜框.jpg、蓝花.jpg、女孩.jpg"。

（2）在工具箱中，点击"快速选择工具" ，对应的工具属性栏如图 2.3.1 所示。

图 2.3.1　"快速选择工具"对应的工具属性栏

注意，在工具属性栏中，点击"添加到选区"图标 。

（3）打开图片"蓝花.jpg"，选择"快速选择"工具，用鼠标多次点击蓝花，选中蓝花。会有多选的图片区域，按住 Alt 键不妨，用鼠标点击多选的图片区域，从而消除掉多选的图片区域。选中蓝花，蚂蚁线在闪烁。按"Ctrl+C"复制。

（4）打开"镜框.jpg"，目前只有一个图层："背景"图层。按"Ctrl+V"粘贴。图层面板中新增一个图层："图层 1"。双击"图层 1"这几个字，使之处于可编辑状态，输入"蓝花"，然后回车。现在图层面板中有两个图层："蓝花、背景"。

（5）点击"蓝花"图层。点击"编辑"→"变换"→"扭曲"，蓝花的周围出现 8个控制点。可以通过移动控制点，对蓝花进行扭曲。

（6）把光标移动到蓝花左上角的那个控制点上面，光标变成一个箭头。用鼠标拖动蓝花左上角的那个控制点，拖拽到镜框内侧左上角那个点，松开鼠标。

（7）把光标移动到蓝花右上角的那个控制点上面，光标变成一个箭头。用鼠标拖动蓝花右上角的那个控制点，拖拽到镜框内侧右上角那个点，松开鼠标。

（8）把光标移动到蓝花左下角的那个控制点上面，光标变成一个箭头。用鼠标拖动蓝花左下角的那个控制点，拖拽到镜框内侧左下角那个点，松开鼠标。

（9）把光标移动到蓝花右下角的那个控制点上面，光标变成一个箭头。用鼠标拖动蓝花右下角的那个控制点，拖拽到镜框内侧右下角那个点，松开鼠标。

（10）按 Enter 键。

（11）在工具箱中点击"魔棒工具" ，对应的工具属性栏如图 2.3.2 所示。注意，工具属性栏中点击"添加到选区"图标 。

图 2.3.2　"魔棒工具"对应的工具属性栏

（12）打开图片"女孩.jpg"。多次点击选中两个女孩身体之外的灰色空白区域，蚂蚁线在闪烁。

（13）点击"选择"→"反向"，选中两个女孩。按"Ctrl+C"复制。

（14）打开"镜框.jpg"，目前有 2 个图层："背景、蓝花"。按"Ctrl+V"粘贴。图层面板中新增一个图层："图层 1"。双击"图层 1"这几个字，使之处于可编辑状态，输入"女孩"，然后回车。现在图层面板中有 3 个图层："女孩、蓝花、背景"。

（15）点击"女孩"图层。点击"编辑"→"变换"→"扭曲"，蓝花的周围出现 8 个控制点。可以通过移动控制点，对女孩进行扭曲。

（16）把光标移动到女孩左上角的那个控制点上面，光标变成一个箭头。用鼠标拖动女孩左上角的那个控制点，拖拽到镜框内侧左上角那个点，松开鼠标。

（17）把光标移动到女孩右上角的那个控制点上面，光标变成一个箭头。用鼠标拖动女孩右上角的那个控制点，拖拽到镜框内侧右上角那个点，松开鼠标。

（18）把光标移动到女孩左下角的那个控制点上面，光标变成一个箭头。用鼠标拖动女孩左下角的那个控制点，拖拽到镜框内侧左下角那个点，松开鼠标。

（19）把光标移动到女孩右下角的那个控制点上面，光标变成一个箭头。用鼠标拖动女孩右下角的那个控制点，拖拽到镜框内侧右下角那个点，松开鼠标。

（20）按 Enter 键。

（21）点击"文件"→"存储为"，在弹出的"存储为"对话框中，点击"文件名"右边的文本框，输入"镜框蓝花女孩.psd"，点击"格式"右边的下拉列表，选择"Photoshop（*.PSD；*.PDD)"，点击"保存"按钮。在弹出的"Photoshop 格式选项"对话框中，点击"确定"按钮。

2. 说明

点击"编辑"→"变换"→"扭曲"之后，图片四个角，分别和相框中内侧的四个角重合，回车。使得蓝花和女孩的图片，随着镜框的形状而扭曲。

第四节　电　脑　冲　浪

"电脑冲浪"文件夹中有两个图片："电脑.jpg、冲浪.jpg"。把这两个图片合成，使

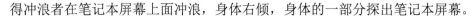

得冲浪者在笔记本屏幕上面冲浪，身体右倾，身体的一部分探出笔记本屏幕。

（1）在 Photoshop CS6 中，同时打开两张图片："电脑.jpg、冲浪.jpg"。

（2）点击"文件"→"新建"，或者按"Ctrl+N"组合键，新建一个文件。在弹出的"新建"对话框中，名称为"电脑冲浪"，宽度为 800 像素，高度为 800 像素，分辨率为 72 像素，颜色模式为 RGB 颜色，背景内容为白色，如图 2.4.1 所示。点击"确定"按钮。

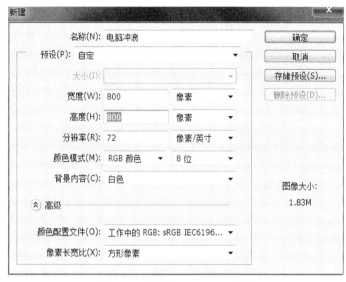

图 2.4.1　新建 Photoshop 文件

（3）新建的这个空白文件"电脑冲浪"，左下角有个文本框，里面是"66.67%" 66.67% 。点击这个文本框，将其中的内容改为"100%"，然后回车。

（4）在工具箱中点击"魔棒工具" ，对应的工具属性栏如图 2.4.2 所示。

图 2.4.2　"魔棒工具"对应的工具属性栏

（5）打开"电脑.jpg"，这是一个 Thinkpad 笔记本电脑的图片，电脑周围是空白。用"魔棒工具"工具，点击"电脑.jpg"图片的白色区域，选中"电脑.jpg"图片的白色区域，蚂蚁线在闪烁。

（6）点击"选择"→"反向"，选中笔记本电脑，蚂蚁线在闪烁。按"Ctrl+C"复制。

（7）打开刚建立的文件"电脑冲浪"，打开图层面板，目前只有一个图层："背景"。按"Ctrl+V"粘贴。图层面板中新增一个图层："图层 1"，双击"图层 1"这几个字，使之处于可编辑状态，输入"电脑"，回车。

（8）在工具箱中点击"矩形选框工具" ，对应的工具属性栏如图 2.4.3 所示。

图 2.4.3　"矩形选框工具"对应的工具属性栏

（9）打开"冲浪.jpg"，这是一个冲浪者的图片。用"矩形选框工具"，选择冲浪者及周边区域，选择区域可以稍微大一点。蚂蚁线在闪烁。按"Ctrl+C"复制。

（10）打开文件"电脑冲浪"，打开图层面板，目前有两个图层："电脑、背景"。按"Ctrl+V"粘贴。图层面板中新增一个图层："图层 1"，双击"图层 1"这几个字，使之处于可编辑状态，输入"冲浪"，回车。

（11）在图层面板中，点击"冲浪"图层，点击"编辑"→"变换"→"水平翻转"，冲浪者身体水平翻转，身体向左倾斜。

（12）点击"冲浪"图层，在图层面板中，点击右上方"不透明度"右边的可编辑下拉列表，将值修改为"50%"，回车。"冲浪"图层中的图片变得半透明，可依稀看到图片后面。

（13）在工具箱中点击第一个工具"移动工具" ，对应的工具属性栏如图 2.4.4 所示。

图 2.4.4 "移动工具"对应的工具属性栏

（14）点击"冲浪"图层，用"移动工具"移动冲浪者图片，使之覆盖笔记本电脑的屏幕。

（15）打开文件"电脑冲浪"，左下角有个文本框，里面是"100%" 。点击这个文本框，将其中的内容改为"200%"，然后回车。图片变大，便于操作。

（16）在工具箱中点击"磁性套索工具" ，对应的工具属性栏如图 2.4.5 所示。

图 2.4.5 "磁性套索工具"对应的工具属性栏

图 2.4.6 "磁性套索工具"选择区域

（17）点击"冲浪"图层，用鼠标选择笔记本屏幕的内侧（被人的身体遮盖的笔记本屏幕内侧除外），以及探出笔记本屏幕的人的身体部分，如图 2.4.6 所示。

（18）点击"选择"→"反向"，按"Delete"键删除。

（19）点击"冲浪"图层，在图层面板中，点击右上方"不透明度"右边的可编辑下拉列表，将值修改为"100%"，回车。

（20）按"Ctrl+D"，取消选择，蚂蚁线消失。

（21）点击"文件"→"存储为"，在弹出的"存储为"对话框中，点击"文件名"右边的文本框，输入"电脑冲浪.psd"，点击"格式"右边的下拉列表，选择"Photoshop（*.PSD；*.PDD）"，点击"保存"按钮。在弹出的"Photoshop 格式选项"对话框中，点击"确定"按钮。

第五节　电 脑 滑 雪

"电脑滑雪"文件夹中有两个图片："电脑.jpg、滑雪.jpg"。把这两个图片合成，使得滑雪者在笔记本屏幕上面滑雪，身体右倾，身体的一部分探出笔记本屏幕。

（1）在 Photoshop CS6 中，同时打开两张图片："电脑.jpg、滑雪.jpg"。

（2）点击"文件"→"新建"，或者按"Ctrl+N"组合键，新建一个文件。在弹出的"新建"对话框中，名称为"电脑滑雪"，宽度为 800 像素，高度为 800 像素，分辨率为 72 像素，颜色模式为 RGB 颜色，背景内容为白色。点击"确定"按钮。

（3）新建的这个空白文件"电脑滑雪"，左下角有个文本框，里面是"66.67%" 66.67%。点击这个文本框，将其中的内容改为"100%"，然后回车。

（4）在工具箱中点击"魔棒工具"，对应的工具属性栏如图 2.5.1 所示。

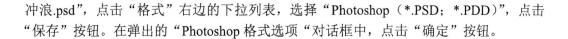

图 2.5.1 "魔棒工具"对应的工具属性栏

（5）打开"电脑.jpg"，这是一个 Thinkpad 笔记本电脑的图片，电脑周围是空白。用"魔棒工具"工具，点击"电脑.jpg"图片的白色区域，选中"电脑.jpg"图片的白色区域，蚂蚁线在闪烁。

（6）点击"选择"→"反向"，选中笔记本电脑，蚂蚁线在闪烁。按"Ctrl+C"复制。

（7）打开刚建立的文件"电脑滑雪"，打开图层面板，目前只有一个图层："背景"。按"Ctrl+V"粘贴。图层面板中新增一个图层："图层 1"，双击"图层 1"这几个字，使之处于可编辑状态，输入"电脑"，回车。

（8）在工具箱中点击"矩形选框工具"，对应的工具属性栏如图 2.5.2 所示。

图 2.5.2 "矩形选框工具"对应的工具属性栏

（9）打开"滑雪.jpg"，这是一个滑雪者的图片。用"矩形选框工具"，选择滑雪者及周边区域，选择区域可以稍微大一点。蚂蚁线在闪烁。按"Ctrl+C"复制。

（10）打开文件"电脑滑雪"，打开图层面板，目前有两个图层："电脑、背景"。按"Ctrl+V"粘贴。图层面板中新增一个图层："图层 1"，双击"图层 1"这几个字，使之处于可编辑状态，输入"滑雪"，回车。

（11）在图层面板中，点击"滑雪"图层，点击"编辑"→"变换"→"水平翻转"，滑雪者身体水平翻转，身体向左倾斜。

（12）点击"滑雪"图层，在图层面板中，点击右上方"不透明度"右边的可编辑下拉列表，将值修改为"50%"，回车。"滑雪"图层中的图片变得半透明，可依稀看到图片后面。

（13）点击"滑雪"图层，按组合键"Ctrl+T"，滑雪者图片的周围出现 8 个控制点。把光标移动到图片右下角那个控制点的上面，光标变成一个–45 度的双箭头。按住 Shift 键不放，等比例的缩放滑雪者图片，使之和电脑图片大小相匹配。按 Enter 键确认操作。

（14）在工具箱中点击第一个工具"移动工具" ，对应的工具属性栏如图 2.5.3 所示。

图 2.5.3 "移动工具"对应的工具属性栏

点击"滑雪"图层，用"移动工具"移动滑雪者图片，使之覆盖笔记本电脑的屏幕。

（15）打开文件"电脑滑雪"，左下角有个文本框，里面是"100%" 。点击这个文本框，将其中的内容改为"200%"，然后回车。图片变大，便于操作。

（16）在工具箱中点击"磁性套索工具" ，对应的工具属性栏如图 2.5.4 所示。

图 2.5.4 "磁性套索工具"对应的工具属性栏

（17）点击"冲浪"图层，用鼠标选择笔记本屏幕的内侧（被人的身体遮盖的笔记本屏幕内侧除外），以及探出笔记本屏幕的人的身体部分。

（18）点击"选择"→"反向"。按"Delete"键删除。

（19）点击"滑雪"图层，在图层面板中，点击右上方"不透明度"右边的可编辑下拉列表，将值修改为"100%"，回车。

（20）按"Ctrl+D"，取消选择，蚂蚁线消失。

（21）在工具箱中点击"渐变工具" ，对应的工具属性栏如图 2.5.5 所示。

图 2.5.5 "渐变工具"对应的工具属性栏

（22）在"渐变工具"对应的工具属性栏中，打开渐变编辑器，在"预设"选项中选择"色谱" ，选择第二种渐变方式"径向渐变" 。

点击"背景"图层，点击画布中间点，然后向旁边拉一条线段。

（23）点击"文件"→"存储为"，在弹出的"存储为"对话框中，点击"文件名"右边的文本框，输入"电脑滑雪.psd"，点击"格式"右边的下拉列表，选择"Photoshop（*.PSD；*.PDD）"，点击"保存"按钮。在弹出的"Photoshop 格式选项"对话框中，点击"确定"按钮。

第六节 木 刻 效 果

"木刻效果"文件夹中有 1 个图片："人物照片.psd"。做一个木纹理图片，并且把这木纹理图片和"人物照片.psd"这两个图片合成，做成人物照片木刻画的效果。

1. 木纹理

（1）设置前景色，RBG＝70，28，16。在工具箱中，点击"设置前景色"那个方块，弹出来一个"拾色器（前景色）"对话框，点击"R"右边的文本框，输入"70"；点击"G"右边的文本框，输入"28"；点击"B"右边的文本框，输入"16"。点击"确定"按钮，

（2）设置背景色，RGB＝130，79，53。在工具箱中，点击"设置背景色"那个方块，弹出来一个"拾色器（前景色）"对话框，点击"R"右边的文本框，输入"130"；点击"G"右边的文本框，输入"79"；点击"B"右边的文本框，输入"53"。点击"确定"按钮。

（3）点击"Ctrl+N"，或者点击"文件"→"新建"，新建一个文件。名称为"木纹理"，高度 30 厘米，高度 20 厘米，分辨率 72 像素，颜色模式 RGB 颜色，背景内容白色。点击"确定"按钮。

（4）目前只有一个图层"背景"。点击"编辑"→"填充"，在弹出的"填充"对话框中，点击"使用"右边下拉列表，选择"背景色"，点击"模式"右边下拉列表，选择"正常"，点击"不透明度"右边文本框，输入"100"，如图 2.6.1 所示。点击"确定"按钮。

（5）点击"滤镜"→"滤镜库"。在弹出的"颗粒"对话框中，点击"纹理"前面的▷图标，从而展开"纹理"。点击其中的"颗粒"选项，然后在对话框的右方进行设置：强度：14；对比度：23；颗粒类型：水平，如图 2.6.2 所示。点击"确定"按钮。

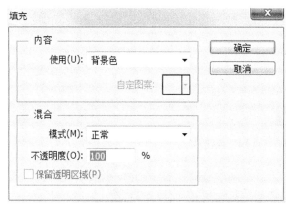

图 2.6.1 "填充"对话框

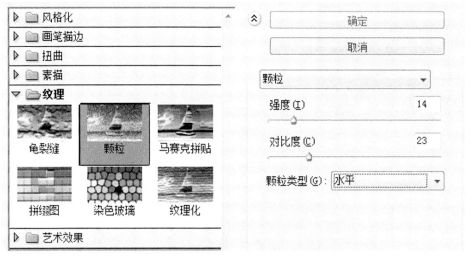

图 2.6.2 "颗粒"对话框（局部）

（6）点击"滤镜"→"扭曲"→"波浪"，在弹出的"波浪"对话框中进行设置："类

型"为正弦;"生成器数"为1;"波长"为68,750;"波幅"为44,462,"比例"为100,100。点击"随机化"按钮,选择合适的波纹,如图2.6.3所示。点击"确定"按钮。

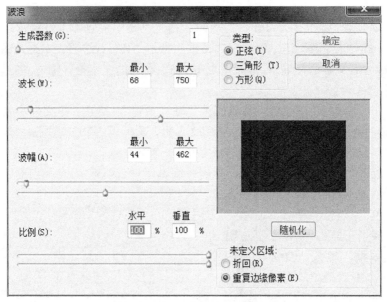

图 2.6.3 "波浪"对话框

(7) 点击"滤镜"→"扭曲"→"旋转扭曲",如图2.6.4所示。

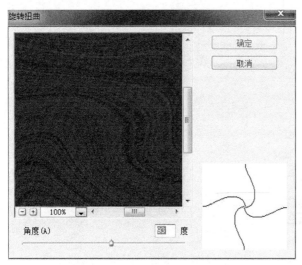

图 2.6.4 "旋转扭曲"对话框

在弹出的"旋转扭曲"对话框中进行设置,点击"角度"右边的文本框,输入"93"。点击"确定"按钮。

(8) 点击"文件"→"存储为",在弹出的"存储为"对话框中,点击"文件名"右边的文本框,输入"木纹理.psd",点击"格式"右边的下拉列表,选择"Photoshop(*.PSD;*.PDD)",点击"保存"按钮。在弹出的"Photoshop 格式选项"对话框中,点击"确定"按钮。

2. 木刻画

(1) 打开"人物照片.psd"。目前图层面板中只有一个图层:"背景"。

(2) 在图层面板右下方,点击"创建新图层"图标。新建一个透明图层"图层1"。

(3) 点击"图层1",点击"编辑"→"填充",在弹出的"填充"对话框中,点击"使用"右边的下拉列表,选择"白色";点击"模式"右边的下拉列表,选择"正常";点击"不透明度"右边的文本框,输入"100",如图2.6.5所示。点击"确定"按钮。

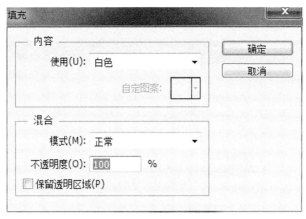

图 2.6.5　"填充"对话框

（4）点击"图层 1"，点击"滤镜"→"杂色"→"添加杂色"，在弹出的"添加杂色"对话框中进行设置，如图 2.6.6 所示。

在"添加杂色"对话框中，点击"数量"右边的文本框，输入 188，分别勾选"平均分布"和"单色"。点击"确定"按钮。

（5）点击"图层 1"，点击"滤镜""模糊""动感模糊"，在弹出的"动感模糊"对话框中进行设置，点击"角度"右边的文本框，输入 0；点击"距离"右边的文本框，输入 999，如图 2.6.7 所示。点击"确定"按钮。

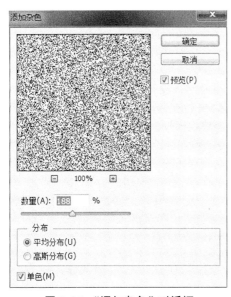

图 2.6.6　"添加杂色"对话框

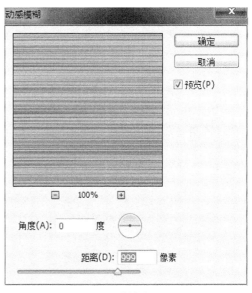

图 2.6.7　"动感模糊"对话框

（6）点击"图层 1"，点击"图像"→"调整"→"色相/饱和度"，在弹出的"色乡/饱和度"对话框中进行设置：勾选对话框右下角"着色"前面的复选框；点击"色相"右边的文本框，输入"52"；点击"饱和度"右边的文本框，输入"48"；点击"明度"右边的文本框，输入"32"，如图 2.6.8 所示。注意：必须首先勾选对话框右下角"着色"

两个字前面的复选框，否则无法着色。点击"确定"按钮。

图 2.6.8 "色相/饱和度"对话框

（7）点击"图层 1"，点击"滤镜"→"扭曲"→"旋转扭曲"，在弹出的"扭曲旋转"对话框中，点击"角度"右边的文本框，输入 166，如图 2.6.9 所示。点击"确定"按钮。

图 2.6.9 "色相/饱和度"对话框

（8）点击"图层 1"，点击"滤镜"→"模糊"→"高斯模糊"，在弹出的"高斯模糊"对话框中，点击"半径"右边的文本框，输入 0.8，如图 2.6.10 所示。点击"确定"按钮。

（9）目前有两个图层："背景、图层 1"。

（10）双击"背景"图层，弹出"新建图层"对话框，设置名称为"图层 0"，点击"确定"按钮，如图 2.6.11 所示。点击"确定"按钮。

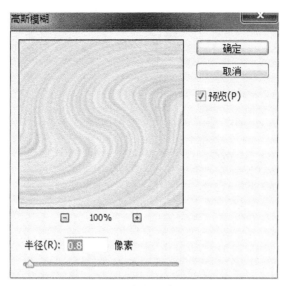

图 2.6.10　"高斯模糊"对话框

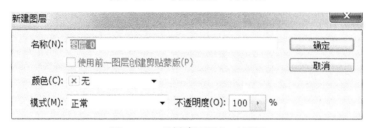

图 2.6.11　"新建图层"对话框

（11）现在有两个图层："图层 0、图层 1"，其中"图层 0"在上面，"图层 1"在下面。点击"图层 0"，用鼠标拖动"图层 0"，把"图层 0"拖到"图层 1"的上面。

（12）点击"图层 0"，点击"滤镜"→"风格化"→"查找边缘"，强化颜色的边缘像素，产生图像轮廓的效果。

（13）点击"图层 0"，打开"通道"面板。可以点击"窗口"→"通道"。一般来说，"图层、通道、路径"位于同一个面板之内，可以通过点击不同选项卡进行切换。

（14）点击"图层 0"，打开"通道"面板，点击"绿"通道。按"Ctrl+A"全选，按"Ctrl+C"复制。点击"RGB"通道。

（15）打开"图层"面板，按"Ctrl+V"粘贴。增加一个新的图层："图层 2"。

（16）删除"图层 0"。可以在图层面板中点击"图层 0"，然后点击面板右下方的"删除图层"图标 。也可以点击"图层 0"，然后按"Delete"键。

（17）点击"图层 2"，点击"图像"→"调整"→"色阶"，在"色阶"对话框中进行设置。通过"输入色阶"对图像或选区的暗调、中间调和高光的色彩进行设置。输入色阶的 3 个值分别为：0、0.97、184，如图 2.6.12 所示。点击"确定"按钮。

（18）点击"图层 2"，点击"滤镜"→"风格化"→"浮雕效果"，在弹出的"浮雕效果"对话框中进行设置："角度"为"–45"，"高度"为"3"，"数量"为"18"，如图 2.6.13 所示。点击"确定"按钮。

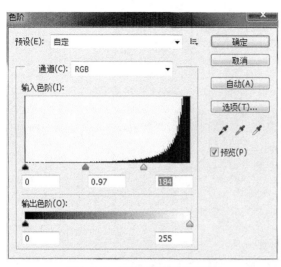

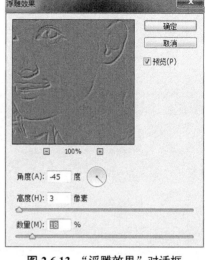

图 2.6.12 "新建图层"对话框   图 2.6.13 "浮雕效果"对话框

（19）点击"图层 2"，点击图层面板中左上角的"设置图层的混合模式"这个下拉列表，在弹出的下拉列表中点击"线性光"。

（20）点击"文件"→"存储为"，在弹出的"存储为"对话框中，点击"文件名"右边的文本框，输入"木刻画.psd"，点击"格式"右边的下拉列表，选择"Photoshop（*.PSD；*.PDD）"，点击"保存"按钮。在弹出的"Photoshop 格式选项"对话框中，点击"确定"按钮。

3. 简单木刻画

（1）打开"人物照片.psd"。

（2）点击"滤镜"→"风格化"→"查找边缘"。

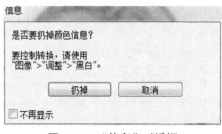

图 2.6.14 "信息"对话框

（3）点击"图像"→"模式"→"灰度"。在弹出的"信息"对话框中，点击"扔掉"按钮，如图 2.6.14 所示。

（4）点击"图像"→"调整"→"色阶"，在弹出的"色阶"对话框中进行设置，设置"输入色阶"的 3 个值分别为：0、1、120，如图 2.6.15 所示。点击"确定"按钮。

（5）点击"文件"→"存储为"，在弹出的"存储为"对话框中，点击"文件名"右边的文本框，输入"简单木刻画.psd"，点击"格式"右边的下拉列表，选择"Photoshop（*.PSD；*.PDD）"，点击"保存"按钮。在弹出的"Photoshop 格式选项"对话框中，点击"确定"按钮。

4. 快速木刻画

（1）打开"人物照片.psd"。

（2）新建文件。点击"文件"→"新建"，或者按"Ctrl+N"。

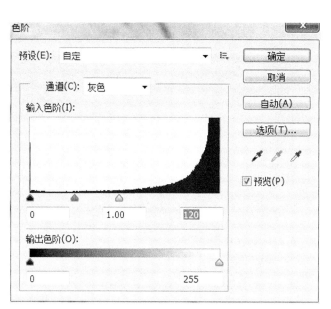

图 2.6.15 "色阶"对话框

在"新建"对话框中进行设置：名称为"快速木刻画"，点击"预设"右边的下拉列表，在弹出的下拉列表中选择"人物照片.psd"，"颜色模式"为"RGB 颜色"，"背景内容"为"白色"。点击"确定"按钮。

（3）打开新建的文件"快速木刻画"，目前有一个图层："背景"。点击"背景"图层。

（4）点击"滤镜"→"杂色"→"添加杂色"，在"添加杂色"对话框中进行设置："数量"为400；勾选"平均分布"；勾选"单色"，如图 2.6.16 所示。点击"确定"按钮。

（5）点击"背景"图层。点击"滤镜"→"模糊"→"动感模糊"（90，999），在弹出的"动感模糊"对话框中进行设置："角度"为90，距离为"999"，如图 2.6.17 所示。点击"确定"按钮。

（6）点击"背景"图层。"滤镜"→"模糊"→"高斯模糊"，在弹出的"高斯模糊"对话框中进行设置，半径为5，如图 2.6.18 所示。点击"确定"按钮。

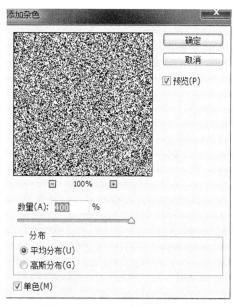

图 2.6.16 "添加杂色"对话框

（7）点击"背景"图层。点击"滤镜"→"滤镜库"。在弹出的对话框中，点击"素描"前面的 ▷ 图标，从而展开"素描"。点击其中的"铬黄渐变"选项，然后在对话框的右方进行设置：细节：5；平滑度：5，如图 2.6.19 所示。点击"确定"按钮。

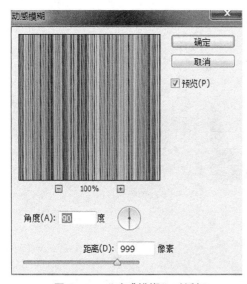

图 2.6.17 "动感模糊"对话框　　　　图 2.6.18 "高斯模糊"对话框

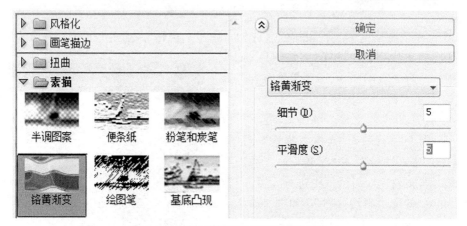

图 2.6.19 "铬黄渐变"对话框（局部）

（8）点击"图像"→"调整"→"色相/饱和度"，在弹出的"色相/饱和度"对话框中进行设置。勾选对话框右下方"着色"前面的复选框，"色相"值为 40，"饱和度"值为 25，"明度"值为–15，如图 2.6.20 所示。点击"确定"按钮。

（9）点击"背景"图层。点击"滤镜"→"滤镜库"。在弹出的对话框中，点击"纹理"前面的 ▷ 图标，从而展开"纹理"。点击其中的"纹理化"选项 ![纹理化]，然后在对话框的右方进行设置。

"纹理"右边有个下拉列表，下拉列表的右边有个下三角图标 ▾☰，点击这个下三角图标 ▾☰，弹出来一个按钮"载入纹理" 载入纹理...，点击这个弹出来的按钮"载入纹理"，在文件夹中选择"人物照片.psd"，那么"纹理"右边的下拉列表变成了"人物照片"![纹理(T): 人物照片 ▾☰]。"缩放"为 100%，"凸现"为 8，"光照"为"左上"，如图 2.6.21 所示。点击"确定"按钮。

图 2.6.20　"色相/饱和度"对话框

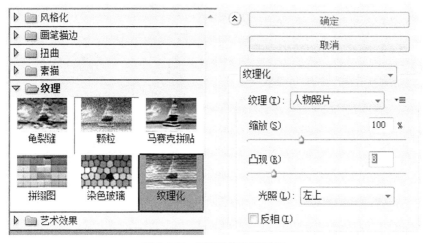

图 2.6.21　"纹理化"对话框

（10）点击"文件"→"存储为"，在弹出的"存储为"对话框中，点击"文件名"右边的文本框，输入"快速木刻画.psd"，点击"格式"右边的下拉列表，选择"Photoshop（*.PSD；*.PDD）"，点击"保存"按钮。在弹出的"Photoshop 格式选项"对话框中，点击"确定"按钮。

第七节　封 面 摇 滚

"封面摇滚"文件夹中有 1 个图片："封面.psd"。根据这张图片，做出摇滚的效果。也就是：制作阴影和背景、用滤镜制作特效。

（1）在 Photoshop 中打开"封面.psd"。图层面板中有两个图层："背景、图层 1"。

（2）设置前景色为黑色，背景色为白色，也就是默认的颜色。

（3）在工具箱中点击"渐变工具" ，在工具属性栏中，打开"渐变编辑器"，点击选择"从前景色到背景色渐变"，点击"径向渐变"的渐变方式 ，如图 2.7.1 所示。

图 2.7.1 "渐变工具"对应的工具属性栏

（4）选中"背景"图层，点击图片的中心点，按住鼠标左键不放，向一个角拉一条线段。这样就对背景图层进行了由白到黑的径向渐变填充。

（5）选中图层 1，按住 Ctrl 键不妨，用鼠标点击图层 1 前面的方块："图层缩览图"，选中人物的轮廓，蚂蚁线在闪烁。

（6）点击"选择"→"修改"→"羽化"，"羽化半径"设置为 5，如图 2.7.2 所示。点击"确定"按钮。

图 2.7.2 "羽化半径"对话框

（7）新建图层 2。点击"编辑"→"填充"，使用黑色填充。

（8）用鼠标拖动图层 2，将图层 2 置于图层 1 下方。

（9）选中"图层 2"。点击"编辑"→"变换"→"扭曲"，人物图片的周围出现 8 个控制点，调整 8 个控制点的位置，产生阴影效果。按回车键确认操作。

（10）按"Ctrl+D"，取消选区，蚂蚁线消失。

（11）选中"图层 2"，"滤镜"→"模糊"→"高斯模糊"，设置半径为 5，如图 2.7.3 所示。点击"确定"按钮。

（12）右击"图层 2"，在下拉列表中点击"向下合并"。将"图层 2"与"背景"图层合并。现在图层面板中有两个图层："背景、图层 1"。

（13）选中背景图层。点击"图像"→"调整"→"渐变映射"。弹出"渐变映射"对话框，如图 2.7.4 所示。

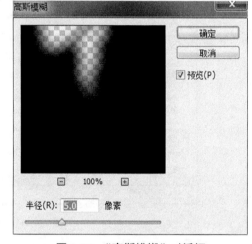

图 2.7.3 "高斯模糊"对话框

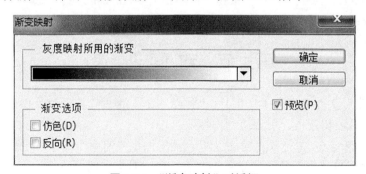

图 2.7.4 "渐变映射"对话框

（14）在"渐变映射"对话框中，点击"灰度映射所用的渐变"下面的下拉列表，在弹出的"渐变编辑器"对话框中，点击"预设"下面的"紫，绿，橙渐变"图标，点击"确定"按钮，如图 2.7.5 所示。

图 2.7.5　"渐变编辑器"对话框

（15）在"渐变映射"对话框中，点击"确定"按钮。

（16）选中"背景"图层，新建图层 2。选中"图层 2"，填充白色。

（17）选中"图层 2"，点击"滤镜"→"滤镜库"。在弹出的对话框中，点击"素描"前面的 ▷ 图标，从而展开"素描"。点击其中的"半调图案"选项，然后在对话框的右方进行设置："大小"为 3；"对比度"为 50；"图案类型"选择"圆形"，如图 2.7.6 所示。点击"确定"按钮。

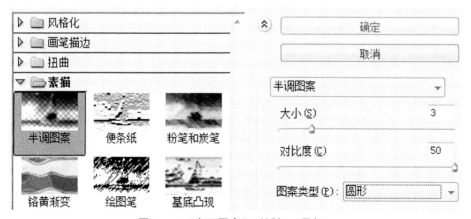

图 2.7.6　"半调图案"对话框（局部）

（18）选中"图层 2"，在图层面板中，点击左上角的下拉列表"设置图层的混合模式"，在下拉列表中选择"叠加"。从而将图层 2 的模式设为"叠加"。

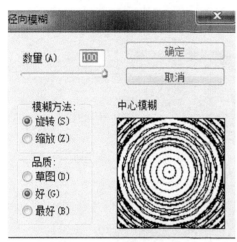

（19）选中"图层 2"，新建"图层 3"。选中"图层 3"，填充为黑色。

（20）选中"图层 3"，点击"滤镜"→"渲染"→"分层云彩"。按"Ctrl+F" 4 次。

（21）选中"图层 3"，点击"滤镜"→"模糊"→"径向模糊"，在弹出的"径向模糊"对话框中进行设置："数量"为 100，"模糊方法"为"旋转"，"品质"为"好"，如图 2.7.7 所示。点击"确定"按钮。

（22）选中"图层 3"，点击"滤镜"→"滤镜库"。在弹出的对话框中，点击"纹理"前面的 ▷ 图标，从而展开"纹理"。点击其中的"颗粒"选项，然后在对话框的右方进行设置："强

图 2.7.7 "径向模糊"对话框

度"为 100；"对比度"为 100；"颗粒类型"选择"常规"，如图 2.7.8 所示。点击"确定"按钮。

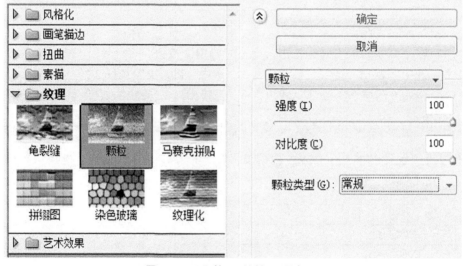

图 2.7.8 "颗粒"对话框（局部）

（23）选中"图层 3"，在图层面板中，点击左上角的下拉列表"设置图层的混合模式"，在下拉列表中选择"叠加"。从而将图层 2 的模式设为"叠加"。

（24）点击"文件"→"存储为"，在弹出的"存储为"对话框中，点击"文件名"右边的文本框，输入"封面摇滚.psd"，点击"格式"右边的下拉列表，选择"Photoshop（*.PSD；*.PDD）"，点击"保存"按钮。在弹出的"Photoshop 格式选项"对话框中，点击"确定"按钮。

总结：

对白色背景做黑白渐变；做出人物的影子：选择人物轮廓，新建图层，填充黑色，将轮廓模糊，扭曲黑色轮廓，达到影子效果；影子图层和背景图层合并，渐变映射，选择颜色，目的：影子变成彩色的；新建图层，填充白色，滤镜—素描—半调图案，达到晕圈效果，叠加；新建图层，填充黑色，分层云彩，径向模糊，颗粒，达到颗粒效果，叠加。

第八节　老鹰玻璃

"老鹰玻璃"文件夹中有 1 个图片："鹰.psd"。根据这张图片，做出毛玻璃边框的效果。也就是：制作绿色背景、鹰的周围有毛玻璃效果。

（1）在 Photoshop 中打开"鹰.psd"。图层面板中有 1 个图层："鹰"。

（2）新建图层"图层 1"。双击"图层 1"这几个字，使之处于可编辑状态，输入"背景"，回车。拖拽"背景"图层，使得"背景"图层位于"图层 1"的下面。

（3）选中"背景"图层，点击"编辑"→"填充"，在弹出的"填充"对话框中，使用绿色进行填充，如图 2.8.1 所示。点击"确定"按钮。

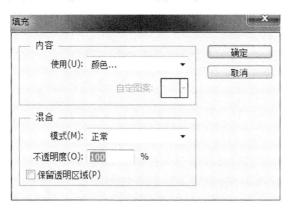

图 2.8.1　"填充"对话框

（4）在工具箱中点击"矩形选框工具" ⬚，对应的工具属性栏如图 2.8.2 所示。

图 2.8.2　"矩形选框工具"对应的工具属性栏

（5）选中"鹰"图层，用"矩形选框工具"选择老鹰。

（6）选中"鹰"图层，在图层面板中，点击下方的"添加图层蒙版"图标 ▣。"鹰"图层的右侧出现了一个白色的、被选中的"图层蒙版缩览图"方块。

（7）选中"鹰"图层右侧的白色"图层蒙版缩览图"方块，点击"滤镜"→"滤镜库"。在弹出的对话框中，点击"扭曲"前面的 ▷ 图标，从而展开"扭曲"。点击其中的"玻璃"选项 ，如图 2.8.3 所示。点击"确定"按钮。

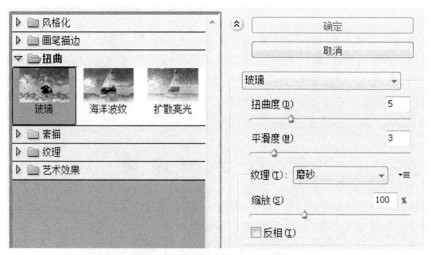

图 2.8.3 "玻璃"对话框（局部）

（8）点击"文件"→"存储为"，在弹出的"存储为"对话框中，点击"文件名"右边的文本框，输入"老鹰玻璃.psd"，点击"格式"右边的下拉列表，选择"Photoshop（*.PSD；*.PDD）"，点击"保存"按钮。在弹出的"Photoshop 格式选项"对话框中，点击"确定"按钮。

第九节　透 明 文 字

"老鹰玻璃"文件夹中有两个图片："对外经贸大学.gif、春天.jpg"。把这两个图片合成，也就是在"对外经贸大学.gif"中抽取出这几个字，这几个字必须是透明的，也就是没有任何背景，然后与"春天.jpg"进行图片合成。

（1）在 Photoshop 中同时打开两个图片："对外经贸大学.gif、春天.jpg"。

（2）打开图片"对外经贸大学.gif"。打开图层面板，目前只有一个图层："索引"。

（3）选中"索引"图层，按住 Ctrl 键不放，用鼠标点击图层前面的小长方条"图层缩览图"，"对外经贸大学"这几个字以及校徽的轮廓被选中，周围蚂蚁线在闪烁。按"Ctrl+C"复制。

（4）打开图片"春天.jpg"，目前只有一个图层："背景"。

（5）按"Ctrl+V"粘贴。弹出"粘贴配置文件不匹配"对话框，点击"确定"按钮。

（6）图片"春天.jpg"的图层面板中，新增一个图层"图层 1"。

（7）在工具箱中选择"移动工具" ，工具属性栏如图 2.9.1 所示。

图 2.9.1 "移动工具"对应的工具属性栏

（8）在图片"春天.jpg"的图层面板中，点击"图层 1"，用鼠标拖拽移动图片，把图片移动到合适的位置。

（9）点击"文件"→"存储为"，在弹出的"存储为"对话框中，点击"文件名"

右边的文本框，输入"春天透明文字.psd"，点击"格式"右边的下拉列表，选择"Photoshop（*.PSD；*.PDD）"，点击"保存"按钮。在弹出的"Photoshop 格式选项"对话框中，点击"确定"按钮。

第十节　镂 空 效 果

"镂空效果"文件夹中有两个图片："窗户.jpg、女孩.jpg"。把这两个图片合成，也就是把"女孩.jpg"中的两个女孩抽出来，然后把这两个女孩放在窗户的后面。具体思路如下：（1）选择"窗户.jpg"里面的窗棂，复制粘贴，出现新图层"窗棂"；（2）把"女孩.jpg"中的两个女孩抽取出来，复制粘贴到"窗户.jpg"图片中，形成新图层"女孩"；（3）把"窗棂"图层放在"女孩"图层的上面。

（1）在 Photoshop 中同时打开两个图片："对外经贸大学.gif、春天.jpg"。

（2）在工具箱中选择"魔棒工具" ，对应的工具属性栏如图 2.10.1 所示。

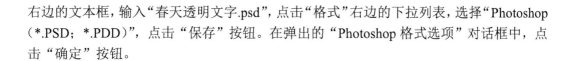

图 2.10.1　"魔棒工具"的工具属性栏

（3）打开图片"窗户.jpg"。打开图层面板，目前只有一个图层："背景"。使用"魔棒工具"，点击窗棂以及窗户周围粉红色区域，点击 2～3 次，就选中了窗棂以及窗户外围那一圈粉红色区域，蚂蚁线在闪烁。

（4）按"Ctrl+C"复制，按"Ctrl+Shift+V"粘贴。不但粘贴了窗棂，而且粘贴了窗棂的位置信息，粘贴的窗棂完全覆盖原图片中的窗棂。图层面板中新增了一个图层"图层 1"。双击"图层 1"这几个字，使之处于可编辑状态，输入"窗棂"，回车。

（5）打开图片"女孩.jpg"。打开图层面板，目前只有一个图层："背景"。使用"魔棒工具"（注意，在"魔棒工具"对应的工具属性栏中，选中"添加到选区"图标 ），点击两个女孩周边的灰色区域，包括两个女孩之间的灰色区域，蚂蚁线在闪烁。

（6）点击"选择"→"反向"，选中两个女孩的身体部分。按"Ctrl+C"复制。

（7）打开图片"窗户.jpg"，按"Ctrl+V"粘贴。图层面板中新增图层："图层 1"。

（8）双击"图层 1"这几个字，使之处于可编辑状态，输入"女孩"，回车。

（9）选中"窗棂"这个图层，用鼠标拖动这个图层，拖到"女孩"这个图层的上面。目前图片"窗户.jpg"中有 3 个图层："背景、女孩、窗棂"。

（10）选中"女孩"图层，按"Ctrl+T"，女孩的周围出现 8 个控制点。如果女孩图像太大，按"Ctrl+T"之后，无法发现图片周围的控制点，这时候移动图片，可以发现图片周围的控制点。

（11）把光标移动到左上角控制点的上面，形成一个–45 度的双箭头，按住 Shift 键不放，等比例调整女孩的大小，使之和窗户大小匹配，按回车键确认操作。

（12）点击"文件"→"存储为"，在弹出的"存储为"对话框中，点击"文件名"右边的文本框，输入"镂空效果.psd"，点击"格式"右边的下拉列表，选择"Photoshop（*.PSD；*.PDD）"，点击"保存"按钮。在弹出的"Photoshop 格式选项"对话框中，点击"确定"按钮。

（13）最终的编辑效果如图 2.10.2 所示。

图 2.10.2　最终编辑效果

第十一节　天　使　翅　膀

"天使翅膀"文件夹中有两个图片："天使.jpg、翅膀.jpg"。把这两个图片合成，就是让"天使.jpg"中的那个小男孩，背后出现多个翅膀。具体思路如下：（1）把"天使.jpg"里面的小孩抽取出来，复制粘贴，出现了一个新图层"小孩"；（2）把"翅膀.jpg"中的翅膀抽取出来，复制粘贴到"天使.jpg"图片中，出现一个新图层"翅膀"，可以把"翅膀"图层复制几份，某些图层半透明；（3）把小孩图层放在翅膀图层的上面。

（1）在 Photoshop 中同时打开两个图片："天使.jpg、翅膀.jpg"。

（2）在工具箱中选择"快速选择工具" ，对应的工具属性栏如图 2.11.1 所示。

图 2.11.1　"快速选择工具"的工具属性栏

注意，工具属性栏中，选中了"添加到选区"按钮 。

（3）打开图片"天使.jpg"。打开图层面板，目前只有一个图层："背景"。使用"快速选择工具"，连续点击小孩，选中小孩轮廓，蚂蚁线在闪烁。

按"Ctrl+C"复制，按"Ctrl+Shift+V"粘贴。不但粘贴了小孩，而且粘贴了小孩的位置信息，粘贴的小孩完全覆盖原图片中的小孩。图层面板中新增了一个图层"图层 1"。双击"图层 1"这几个字，使之处于可编辑状态，输入"小孩"，回车。

（4）在工具箱中选择"魔棒工具" ，对应的工具属性栏如图 2.11.2 所示。

图 2.11.2　"魔棒工具"的工具属性栏

注意，工具属性栏中，选中"添加到选区"图标 。

（5）打开图片"翅膀.jpg"。打开图层面板，目前只有一个图层："背景"。使用"魔棒工具"，点击翅膀周边的灰色区域，选中翅膀周边的灰色区域，蚂蚁线在闪烁。

（6）点击"选择"→"反向，选中两个翅膀，蚂蚁线在闪烁。按"Ctrl+C"复制。

（7）打开图片"天使.jpg"，按"Ctrl+V"粘贴。新增加一个图层"图层 1"。双击"图层 1"这几个字，使之处于可编辑状态，输入"翅膀"，回车。

（8）选中"小孩"图层，用鼠标把"小孩"图层拖拽到"翅膀"图层的上面。目前图层面板中有 3 个图层："背景、翅膀、小孩"。

（9）点击"翅膀"图层，按"Ctrl+T"，翅膀的周围出现 8 个控制点，把光标移动到右下方控制点的上面，形成一个–45 度的双箭头，按住 Shift 键不放，等比例缩放翅膀的大小，移动翅膀的位置，使得翅膀以小孩为中心左右对称，按 Enter 键确认操作。

（10）右击"翅膀"图层，在列表中点击"复制图层"，弹出"复制图层"对话框，点击"复制：翅膀为："右边的文本框，输入"翅膀 2"，"文档"选择"天使.jpg"，点击"确定"按钮，如图 2.11.3 所示。图层面板中新增"翅膀 2"图层。

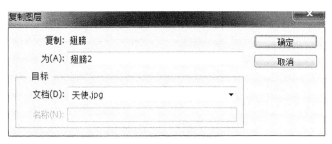

图 2.11.3　"复制图层"对话框

（11）在工具箱中选中"移动工具" ，对应的工具属性栏如图 2.11.4 所示。

图 2.11.4　"移动工具"对应的工具属性栏

（12）选中"翅膀 2"图层，用"移动工具"上下移动翅膀，或者点击上下键移动翅膀。

（13）选中"翅膀 2"图层，点击图层面板中右上方"不透明度"右边的文本框，设置不透明度为 70%左右。

（14）右击"翅膀"图层，在列表中点击"复制图层"，弹出"复制图层"对话框，点击"复制：翅膀为："右边的文本框，输入"翅膀 3"，"文档"选择"天使.jpg"，点击"确定"按钮，如图 2.11.5 所示。图层面板中新增"翅膀 3"图层。把"翅膀 3"图层拖拽到"图层 2"图层的上面。

（15）选中"翅膀 3"图层，用"移动工具"上下移动翅膀。或者用点击上下键移动翅膀。

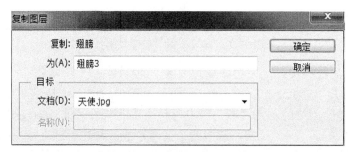

图 2.11.5 "复制图层"对话框

（16）选中"翅膀 3"图层，点击图层面板中右上方"不透明度"右边的文本框，设置不透明度为 60%左右。

（17）点击"文件"→"存储为"，在弹出的"存储为"对话框中，点击"文件名"右边的文本框，输入"天使翅膀.psd"，点击"格式"右边的下拉列表，选择"Photoshop（*.PSD；*.PDD）"，点击"保存"按钮。在弹出的"Photoshop 格式选项"对话框中，点击"确定"按钮。

第十二节　运动员和小孩

"运动员和小孩"文件夹中有两个图片："小红帽.jpg、运动员.jpg"。把这两个图片合成，就是让"运动员.jpg"中的那个运动员，怀抱"小红帽.jpg"中的那个小女孩。具体思路如下：（1）选中"运动员.jpg"里面的运动员的身体，复制粘贴，出现一个新图层"运动员"；（2）选中"小红帽.jpg"中的小女孩，复制粘贴到"运动员.jpg"中，出现一个新图层"小女孩"；（3）把"小女孩"图层放在"运动员"图层的下面。

（1）在 Photoshop 中同时打开两个图片："小红帽.jpg、运动员.jpg"。

（2）在工具箱中选择"快速选择工具"，对应的工具属性栏如图 2.12.1 所示。

图 2.12.1　"快速选择工具"的工具属性栏

注意，工具属性栏中，选中了"添加到选区"按钮。

（3）打开图片"运动员.jpg"。打开图层面板，目前只有一个图层："背景"。使用"快速选择工具"，连续点击运动员的身体，肯定有多选择的区域。在"快速选择工具"的工具属性栏中选择"从选区减去"图标，然后点击需要减去的选区，对于较小的需要减去的选区，将画笔大小设置得小一点，例如 5 左右。选择了运动员身体，蚂蚁线在闪烁。

（4）按"Ctrl+C"复制，按"Ctrl+Shift+V"粘贴。不但粘贴了运动员，而且粘贴了运动员的位置信息，粘贴的运动员完全覆盖原图片中的运动员。图层面板中新增了一个图层"图层 1"。双击"图层 1"这几个字，使之处于可编辑状态，输入"运动员"，回车。

（5）在工具箱中选择"快速选择工具"，对应的工具属性栏如图 2.12.2 所示。

90

图 2.12.2　"快速选择工具"的工具属性栏

注意，工具属性栏中，选中了"添加到选区"按钮。

（6）打开图片"小红帽.jpg"，使用"快速选择工具"，连续点击小女孩，肯定有多选择的区域。在"快速选择工具"的工具属性栏中选择"从选区减去"图标，然后用鼠标点击需要减去的部分。如果需要减去的部分较小，那么画笔大小设置得小一点，例如 5 左右。选中了小女孩，蚂蚁线在闪烁。按"Ctrl+C"复制。

（7）打开"运动员.jpg"，按"Ctrl+V"粘贴。新增图层"图层 1"。双击"图层 1"这几个字，使之处于可编辑状态，输入"小女孩"，回车。

（8）现在"运动员.jpg"图片中有 3 个图层："背景、运动员、小女孩"。选中"运动员"图层，拖动"运动员"图层，拖到"小女孩"图层的上面。

（9）选中"小女孩"图层，按"Ctrl+T"，小女孩的周围出现 8 个控制点，把光标移动到右下角那个控制点的上面，形成一个–45 度的双箭头，按住 Shift 键不放，等比例缩放小女孩。使得小女孩和运动员的大小相匹配。

（10）在工具箱中选择"移动工具"，对应的工具属性栏如图 2.12.3 所示。

图 2.12.3　"移动工具"对应的工具属性栏

（11）选中"小女孩"图层，用鼠标拖动小女孩的位置，也可以按上下左右键移动小女孩的位置。运动员两条腿之间出现了小女孩的裙子，右胳肢窝下出现了小女孩衣服。

（12）点击"文件"→"存储为"，在弹出的"存储为"对话框中，点击"文件名"右边的文本框，输入"运动员和小孩.psd"，点击"格式"右边的下拉列表，选择"Photoshop（*.PSD；*.PDD）"，点击"保存"按钮。在弹出的"Photoshop 格式选项"对话框中，点击"确定"按钮。

第十三节　玫 瑰 天 使

"玫瑰天使"文件夹中有两个图片："玫瑰.jpg、天使.jpg"。把这两个图片合成，就是玫瑰花瓣里面，长出一个天使小孩出来。

（1）在 Photoshop 中同时打开两个图片："天使.jpg、翅膀.jpg"。

（2）在工具箱中选择"快速选择工具"，对应的工具属性栏如图 2.13.1 所示。

图 2.13.1　"快速选择工具"的工具属性栏

注意，工具属性栏中，选中了"添加到选区"按钮。

（3）打开图片"玫瑰.jpg"。打开图层面板，目前只有一个图层："背景"。使用"快速选择工具"，连续点击玫瑰花，选中玫瑰花轮廓，蚂蚁线在闪烁。

（4）按"Ctrl+C"复制，按"Ctrl+Shift+V"粘贴。不但粘贴了玫瑰花，而且粘贴了玫瑰花的位置信息，粘贴的玫瑰花完全覆盖原图片中的玫瑰花。图层面板中新增了一个图层"图层 1"。双击"图层 1"这几个字，使之处于可编辑状态，输入"玫瑰花"，回车。目前图片"玫瑰.jpg"中有两个图层"背景、玫瑰花"。

（5）打开图片"天使.jpg"。打开图层面板，目前只有一个图层："背景"。使用"快速选择工具"，连续点击小孩，选中小孩的轮廓，蚂蚁线在闪烁。按"Ctrl+C"复制。

（6）打开图片"玫瑰.jpg"，按"Ctrl+V"粘贴。新增一个图层"图层 1"。

（7）双击"图层 1"这几个字，使之处于可编辑状态，输入"小孩"，回车。

（8）选中"玫瑰花"图层，用鼠标拖拽"玫瑰花"图层，把"玫瑰花"图层拖到"小孩"图层的上面。目前图片"玫瑰.jpg"中有 3 个图层："背景、小孩、玫瑰花"。

（9）选中"小孩"图层。按"Ctrl+T"，小孩的周围出现 8 个控制点。把光标移动到右下角控制点的上面，形成一个–45 度的双箭头，按住 Shift 键不放，等比例缩放小孩。移动小孩的位置，使得小孩在玫瑰花的后面，被玫瑰花遮住。

（10）点击"文件"→"存储为"，在弹出的"存储为"对话框中，点击"文件名"右边的文本框，输入"玫瑰天使.psd"，点击"确定"按钮。

第十四节　女孩汽车

"小孩汽车"文件夹中有两个图片："女孩.jpg、汽车.jpg"。把这两个图片合成，就是把这两个女孩分开，一个女孩在汽车前座，另外一个女孩在汽车后座。

具体思路如下：（1）选中"汽车.jpg"中的汽车，复制粘贴，出现一个新的图层"汽车"。（2）把"女孩.jpg"里面的两个女孩，分别抽取出来，复制粘贴在"汽车.jpg"中，出现了两个新图层："前排女孩、后排女孩"。"前排女孩"图像水平翻转。（3）选择前车窗和后车窗，删掉。

（1）在 Photoshop 中同时打开两个图片："女孩.jpg、汽车.jpg"。

（2）在工具箱中选择"磁性套索工具" ，对应的工具属性栏如图 2.14.1 所示。

图 2.14.1　"磁性套索工具"的工具属性栏

（3）打开图片"汽车.jpg"，目前只有一个图层："背景"。用"磁性套索工具"选择汽车的轮廓，蚂蚁线在闪烁。

（4）按"Ctrl+C"复制，按"Ctrl+Shift+V"粘贴。不但粘贴了汽车，而且粘贴了汽车的位置信息。粘贴的汽车完全覆盖了原图片中的汽车。图层面板中新增了一个图层"图层 1"，双击"图层 1"这几个字，使之处于可编辑状态，输入"汽车"，回车。目前图片"汽车.jpg"中有两个图层"背景"、"汽车"。

（5）在工具箱中选择"快速选择工具" ，对应的工具属性栏如图 2.14.2 所示。

图 2.14.2　"快速选择工具"的工具属性栏

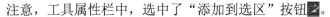

注意，工具属性栏中，选中了"添加到选区"按钮█。

（6）打开图片"女孩.jpg"，用"快速选择工具"连续点击左边的那个女孩。对于多选择的区域，在"快速选择工具"的工具属性栏中，选择"从选区减去"图标█，然后点击需要减去的选区，对于较小的需要减去的选区，将画笔大小设置得小一点，例如 5 左右。选中左边女孩的身体，蚂蚁线在闪烁。按"Ctrl+C"复制。

（7）打开图片"汽车.jpg"，按"Ctrl+V"粘贴。新增了一个图层"图层 1"。双击"图层 1"这几个字，使之处于可编辑状态，输入"前排女孩"，回车。现在"汽车.jpg"中有 3 个图层："背景、汽车、前排女孩"。

（8）打开图片"女孩.jpg"，按"Ctrl+D"取消选择。用"快速选择工具"，连续点击右边的那个女孩。对于多选择的区域，在"快速选择工具"的工具属性栏中，选择"从选区减去"图标█，然后点击需要减去的选区，对于较小的需要减去的选区，将画笔大小设置得小一点，例如 5 左右。选中右边女孩的身体，蚂蚁线在闪烁。按"Ctrl+C"复制。

（9）打开图片"汽车.jpg"，按"Ctrl+V"粘贴。新增了一个图层"图层 1"。双击"图层 1"这几个字，使之处于可编辑状态，输入"后排女孩"，回车。现在"汽车.jpg"中有 3 个图层："背景、汽车、前排女孩、后排女孩"。

（10）选中"前排女孩"图层，"编辑"→"变换"→"水平翻转"，前排女孩水平翻转。

（11）选中"前排女孩"图层，按"Ctrl+T"，前排女孩的周围出现 8 个控制点，把光标移动到右下角控制点的上面，形成一个–45 度的双箭头，按住 Shift 键不放，等比例缩放前排女孩，使得前排女孩和汽车大小匹配。按回车键确认操作。

（12）在工具箱中选择"移动工具"█，对应的工具属性栏如图 2.14.3 所示。

图 2.14.3　"移动工具"对应的工具属性栏

（13）选中"前排女孩"图层，在工具箱中移动前排女孩，也可以按上下左右键移动前排女孩，使得前排女孩的后背贴着汽车前排的座位。

（14）选中"后排女孩"图层，按"Ctrl+T"，后排女孩的周围出现 8 个控制点，把光标移动到右下角控制点的上面，形成一个–45 度的双箭头，按住 Shift 键不放，等比例缩放后排女孩，使得后排女孩和汽车大小匹配。按回车键确认操作。

（15）选中"后排女孩"图层，在工具箱中选择"移动工具"█，使用"移动工具"移动后排女孩，也可以按上下左右键移动后排女孩，使得后排女孩在后排座位置上。

（16）选中"汽车"图层，把"汽车"图层拖拽到最上面。现在"汽车.jpg"中有 4 个图层："背景、前排女孩、后排女孩、汽车"。

（17）在工具箱中选择"磁性套索工具"█，对应的工具属性栏如图 2.14.4 所示。

图 2.14.4　"磁性套索工具"的工具属性栏

（18）选中"汽车"图层，用"磁性套索工具"，选择汽车的左前方窗户，蚂蚁线在闪烁，按"Delete"键删除，露出前排女孩。按"Ctrl+D"，蚂蚁线消失。

（19）选择汽车的左后方窗户，蚂蚁线在闪烁，按"Delete"键删除，露出后排女孩。按"Ctrl+D"，蚂蚁线消失。

（20）点击"文件"→"存储为"，在弹出的"存储为"对话框中，点击"文件名"右边的文本框，输入"女孩汽车.psd"，点击"格式"右边的下拉列表，选择"Photoshop（*.PSD；*.PDD）"，点击"保存"按钮。在弹出的"Photoshop 格式选项"对话框中，点击"确定"按钮。

第十五节　灰姑娘变公主

"灰姑娘变公主"文件夹中有两个图片："灰姑娘.psd、公主.psd"。把这两个图片合成，用灰姑娘的脸替换公主的脸。这是换脸术。

具体思路如下：（1）选中"灰姑娘.psd"中灰姑娘的脸，复制，粘贴到图片"公主.psd"中，图片"公主.psd"中新增一个图层"灰姑娘"。（2）设置"灰姑娘"为半透明，可以模糊看到后面公主的脸，用灰姑娘的脸覆盖公主的脸。（3）用灰姑娘的眼睛覆盖公主的眼睛，用灰姑娘的嘴巴覆盖公主的嘴巴。

（1）在 Photoshop 中同时打开两个图片："灰姑娘.psd、公主.psd"。

（2）在工具箱中选择"磁性套索工具" ，对应的工具属性栏如图 2.15.1 所示。注意，"羽化"设置为"10 像素"，这个很重要。

图 2.15.1　"磁性套索工具"的工具属性栏

（3）打开图片"灰姑娘.psd"，用"磁性套索工具"选择灰姑娘的脸部轮廓。蚂蚁线在闪烁。按"Ctrl+C"复制。

（4）打开图片"公主.psd"，只有一个图层"背景"。按"Ctrl+V"粘贴，新增一个图层"图层 1"。双击"图层 1"这几个字，使之处于可编辑状态，输入"灰姑娘"，回车。目前有两个图层："背景、灰姑娘"。

（5）在工具箱中选择"移动工具" ，对应的工具属性栏如图 2.15.2 所示。

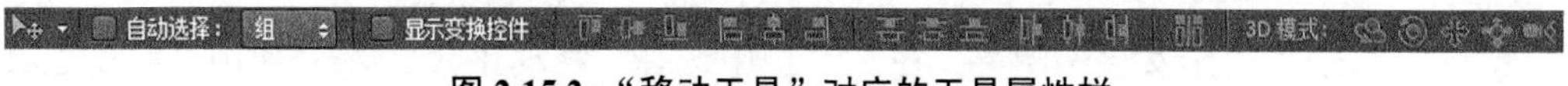

图 2.15.2　"移动工具"对应的工具属性栏

（6）选中"灰姑娘"图层，用"移动工具"移动灰姑娘的脸，使之覆盖公主的脸。

（7）选中"灰姑娘"图层，在图层面板中设置图层的"不透明度"为 60%左右，对灰姑娘的脸扭曲的时候可以隐约看到背景中公主的脸，便于比对。灰姑娘的脸变得半透明。

（8）选中"灰姑娘"图层，点击"编辑"→"变换"→"扭曲"，灰姑娘脸的周围出现 8 个控制点。通过控制点扭曲灰姑娘的脸，使得灰姑娘的眼睛覆盖公主的眼睛，灰姑娘的嘴巴覆盖公主的嘴巴。按回车键确认操作。

（9）选中"灰姑娘"图层，在图层面板中设置图层的"不透明度"为 100%。

（10）选中"灰姑娘"图层，按住 Ctrl 键，使用鼠标单击"灰姑娘"图层前面的那个方框，也就是"图层缩览图"，载入灰姑娘的脸部选区，蚂蚁线在闪烁。

（11）选中"灰姑娘"图层，点击"图像"→"调整"→"匹配颜色"，弹出"匹配颜色"对话框，进行设置。设置"明亮度"为"106"，设置"源"为"公主.psd"，设置"图层"为"背景"，如图 2.15.3 所示。点击"确定"按钮。

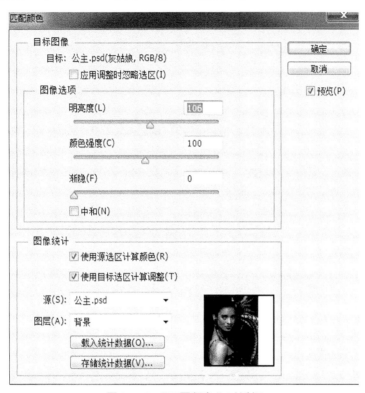

图 2.15.3 "匹配颜色"对话框

（12）选中"灰姑娘"图层，按"Ctrl+D"取消选择，蚂蚁线消失。两张脸交界的地方，出现黑线，而且灰姑娘的脸有些地方超过公主的脸。

（13）在工具箱中点击选择"橡皮擦工具" ，对应的工具属性栏如图 2.15.4 所示。画笔大小为"60 像素"，画笔硬度为"0%"，"不透明度"为 100%，"流量"为 100%。

图 2.15.4 "橡皮擦工具"对应的工具属性栏

（14）选中"灰姑娘"图层，用橡皮擦的边缘，轻轻擦拭两张脸交界的地方，以及超过公主脸之外的区域。该操作需要重复多次，才能达到满意的效果。

（15）在工具箱中点击"减淡工具" ，对应的工具属性栏如图 2.15.5 所示。画笔大小为"50 像素"，画笔硬度为"0%"，"曝光度"为"50%"。

图 2.15.5　"减淡工具"对应的工具属性栏

（16）在图像的受光部位（右颧骨等部位）进行涂抹，以产生高光的效果。

（17）点击"文件"→"存储为"，在弹出的"存储为"对话框中，点击"文件名"右边的文本框，输入"灰姑娘变公主.psd"，点击"格式"右边的下拉列表，选择"Photoshop（*.PSD；*.PDD）"，点击"保存"按钮。在弹出的"Photoshop 格式选项"对话框中，点击"确定"按钮。

小技巧：操作的时候放大（Ctrl + 加号），然后还原。灰姑娘图层不透明度 60%左右，对灰姑娘的脸扭曲的时候可以隐约看到背景中公主的脸，便于比对。

小技巧：图层 1 不透明度 50%左右，使得两人的眼睛和嘴部基本融合。

小技巧：灰姑娘的脸大过公主的脸，多余的地方之后擦掉。

第十六节　秃顶变经理

"秃顶变经理"文件夹中有两个图片："秃顶.jpg、经理.jpg"。把这两个图片合成，用秃顶男士的脸替换经理的脸。这是换脸术。

（1）在 Photoshop 中同时打开两个图片："秃顶.jpg、经理.jpg"。

（2）在工具箱中选择"磁性套索工具" 💮，对应的工具属性栏如图 2.16.1 所示。注意，"羽化"设置为"10 像素"，这个很重要。

图 2.16.1　"磁性套索工具"的工具属性栏

（3）打开图片"秃顶.jpg"，用"磁性套索工具"选择秃顶的脸部轮廓。蚂蚁线在闪烁。按"Ctrl+C"复制。

（4）打开图片"经理.jpg"，只有一个图层"背景"。按"Ctrl+V"粘贴，新增一个图层"图层 1"。双击"图层 1"这几个字，使之处于可编辑状态，输入"秃顶"，回车。目前有两个图层："背景、秃顶"。

（5）在工具箱中选择"移动工具" ➕，对应的工具属性栏如图 2.16.2 所示。

图 2.16.2　"移动工具"对应的工具属性栏

（6）选中"秃顶"图层，用"移动工具"移动灰姑娘的脸，使之覆盖经理的脸。

（7）选中"秃顶"图层，在图层面板中设置图层的"不透明度"为 60%左右，对秃顶的脸扭曲的时候可以隐约看到背景中经理的脸，便于比对。秃顶的脸变得半透明。

（8）选中"秃顶"图层，点击"编辑"→"变换"→"水平翻转"，秃顶的脸水平翻转。

（9）选中"秃顶"图层，按"Ctrl+T"，秃顶脸的周围出现 8 个控制点，把光标移动到右下角控制点的上面形成一个–45 度的双箭头，按住 Shift 键不放，等比例缩小秃顶的

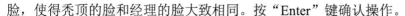

脸，使得秃顶的脸和经理的脸大致相同。按"Enter"键确认操作。

（10）选中"秃顶"图层，点击"编辑"→"变换"→"扭曲"，秃顶脸的周围出现
8 个控制点。通过控制点扭曲秃顶的脸，使得秃顶的眼睛覆盖经理的眼睛，秃顶的嘴巴
覆盖经理的嘴巴。按回车键确认操作。

（11）选中"秃顶"图层，在图层面板中设置图层的"不透明度"为100%。

（12）选中"秃顶"图层，按住 ctrl 键，使用鼠标单击"秃顶"图层前面的那个方框，
也就是"图层缩览图"，载入秃顶的脸部选区，蚂蚁线在闪烁。

（13）选中"秃顶"图层，点击"图像"→"调整"→"匹配颜色"，弹出"匹配颜
色"对话框，进行设置。设置"明亮度"为"106"，设置"渐隐"为"86"设置"源"
为"经理.jpg"，设置"图层"为"背景"，如图 2.16.3 所示。点击"确定"按钮。

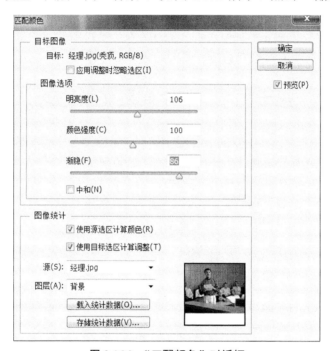

图 2.16.3 "匹配颜色"对话框

（14）选中"秃顶"图层，按"Ctrl+D"取消选择，蚂蚁线消失。两张脸交界的地方，
出现黑线，而且秃顶的脸有些地方超过经理的脸。

（15）在工具箱中点击选择"橡皮擦工具" ，对应的工具属性栏如图 2.16.4 所示。
画笔大小为"60 像素"，画笔硬度为"0%"，"不透明度"为100%，"流量"为100%。

图 2.16.4 "橡皮擦工具"对应的工具属性栏

（16）选中"秃顶"图层，用橡皮擦的边缘，轻轻擦拭两张脸交界的地方，以及超
过经理脸之外的区域。该操作需要重复多次，才能达到满意的效果。

（17）在工具箱中点击"减淡工具" ，对应的工具属性栏如图 2.16.5 所示。画笔

大小为"50 像素"，画笔硬度为"0%"，"曝光度"为"50%"。

图 2.16.5 "减淡工具"对应的工具属性栏

（18）在图像的受光部位（左颧骨等部位）进行涂抹，以产生高光的效果。

（19）点击"文件"→"存储为"，在弹出的"存储为"对话框中，点击"文件名"右边的文本框，输入"秃顶变经理.psd"，点击"格式"右边的下拉列表，选择"Photoshop（*.PSD；*.PDD）"，点击"保存"按钮。在弹出的"Photoshop 格式选项"对话框中，点击"确定"按钮。

小技巧：操作的时候放大（Ctrl＋加号），然后还原。秃顶图层不透明度 60%左右，对秃顶的脸扭曲的时候可以隐约看到背景中经理的脸，便于比对。

小技巧：图层 1 不透明度 50%左右，使得两人的眼睛和嘴部基本融合。

小技巧：秃顶的脸大过经理的脸，多余的地方之后擦掉。

第十七节　群众演员变张柏芝

"群众演员变张柏芝"文件夹中有两个图片："群众演员.jpg、张柏芝.jpg"。把这两个图片合成，用群众演员的脸替换张柏芝的脸。这是换脸术。

（1）在 Photoshop 中同时打开两个图片："群众演员.jpg、张柏芝.jpg"。

（2）在工具箱中选择"磁性套索工具" ，对应的工具属性栏如图 2.17.1 所示。注意，"羽化"设置为"10 像素"，这个很重要。

图 2.17.1 "磁性套索工具"的工具属性栏

（3）打开图片"群众演员.jpg"，用"磁性套索工具"选择群众演员的脸部轮廓。蚂蚁线在闪烁。按"Ctrl+C"复制。

（4）打开图片"张柏芝.jpg"，只有一个图层"背景"。按"Ctrl+V"粘贴，新增一个图层"图层 1"。双击"图层 1"这几个字，使之处于可编辑状态，输入"群众演员"，回车。目前有两个图层："背景"、"群众演员"。

（5）在工具箱中选择"移动工具" ，对应的工具属性栏如图 2.17.2 所示。

图 2.17.2 "移动工具"对应的工具属性栏

（6）选中"群众演员"图层，用"移动工具"移动群众演员的脸，使之覆盖张柏芝的脸。按"Ctrl+T"，"群众演员"脸的周围出现 8 个控制点，旋转脸的角度，等比例缩小脸，使得"群众演员"脸的角度、大小，和张柏芝脸的角度、大小大致相同。

（7）选中"群众演员"图层，在图层面板中设置图层的"不透明度"为 60%左右，对灰姑娘脸扭曲的时候可以隐约看到背景中张柏芝的脸，便于比对。群众演员的脸变得半透明。

（8）选中"群众演员"图层，点击"编辑"→"变换"→"扭曲"，群众演员脸的周围出现 8 个控制点。通过控制点扭曲群众演员的脸，使得群众演员的眼睛覆盖张柏芝的眼睛，群众演员的嘴巴覆盖张柏芝的嘴巴。按回车键确认操作。

（9）选中"群众演员"图层，在图层面板中设置图层的"不透明度"为100%。

（10）选中"群众演员"图层，按住 ctrl 键，使用鼠标单击"群众演员"图层前面的那个方框，也就是"图层缩览图"，载入群众演员的脸部选区，蚂蚁线在闪烁。

（11）选中"群众演员"图层，点击"图像"→"调整"→"匹配颜色"，弹出"匹配颜色"对话框，进行设置。设置"明亮度"为"106"，设置"源"为"张柏芝.psd"，设置"图层"为"背景"，如图 2.17.3 所示。点击"确定"按钮。

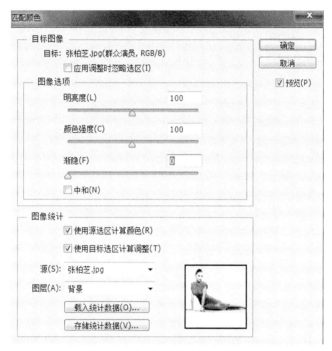

图 2.17.3 "匹配颜色"对话框

（12）选中"群众演员"图层，按"Ctrl+D"取消选择，蚂蚁线消失。两张脸交界的地方，出现黑线，而且群众演员的脸有些地方超过张柏芝的脸。

（13）在工具箱中点击选择"橡皮擦工具"，对应的工具属性栏如图 2.17.4 所示。画笔大小为"60 像素"，画笔硬度为"0%"，"不透明度"为100%，"流量"为100%。

图 2.17.4 "橡皮擦工具"对应的工具属性栏

（14）选中"群众演员"图层，用橡皮擦的边缘，轻轻擦拭两张脸交界的地方，以及超过张柏芝脸之外的区域。该操作需要重复多次，才能达到满意的效果。

（15）在工具箱中点击"减淡工具"，对应的工具属性栏如图 2.17.5 所示。画笔

99

大小为"50 像素",画笔硬度为"0%","曝光度"为"50%"。

图 2.17.5 "减淡工具"对应的工具属性栏

（16）在图像的受光部位（右颧骨等部位）进行涂抹，以产生高光的效果。

（17）点击"文件"→"存储为"，在弹出的"存储为"对话框中，点击"文件名"右边的文本框，输入"群众演员变张柏芝.psd"，点击"格式"右边的下拉列表，选择"Photoshop（*.PSD；*.PDD）"，点击"保存"按钮。在弹出的"Photoshop 格式选项"对话框中，点击"确定"按钮。

小技巧：操作的时候放大（Ctrl＋加号），然后还原。群众演员图层不透明度 60%左右，对群众演员的脸扭曲的时候可以隐约看到背景中张柏芝的脸，便于比对。

小技巧：图层 1 不透明度 50%左右，使得两人的眼睛和嘴部基本融合。

小技巧：群众演员的脸大过张柏芝的脸，多余的地方之后擦掉。

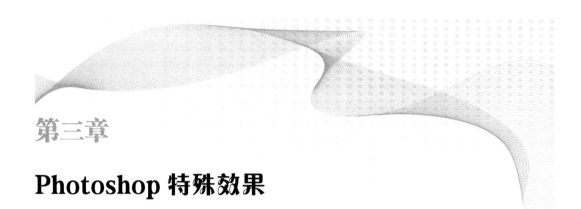

第三章

Photoshop 特殊效果

本章介绍 Photoshop 的特殊效果。本书所用的图片，全都来自于网络。

第一节 飘 带 字

要做一个飘带字的效果，字是扭动的，用彩色填充，有黑色背景。

（1）点击"文件"→"新建"，或者按"Ctrl+N"组合键，新建一个文件。在弹出的"新建"对话框中，名称为"飘带字"，宽度为 800 像素，高度为 800 像素，分辨率为 72 像素，颜色模式为 RGB 颜色，背景内容为白色，点击"确定"按钮。

（2）新建的"飘带字"这个空白文件，左下角有个文本框，里面是"66.67%" 66.67% 。点击这个文本框，将其中的内容改为"100%"，然后回车。

（3）"飘带字"这个文件，目前只有一个图层："背景"。

（4）在工具箱中选择"横排文字工具" T ，工具属性栏中，"设置字体系列"为"隶书"，"设置字体大小"为"72"，"设置消除锯齿的方法"为"浑厚"，"设置文本颜色"为黑色。工具属性栏如图 3.1.1 所示。

图 3.1.1 "横排文字工具"对应的工具属性栏

（5）点击空白画布，输入四个字"轻舞飞扬"。图层面板中新增加了一个图层"图层 1"。点击"图层 1"这几个字，"图层 1"变成"轻舞飞扬"。

（6）选中"轻舞飞扬"图层，按"Ctrl+T"组合键，"轻舞飞扬"这 4 个字的周围出现 8 个控制点。通过控制点，改变"轻舞飞扬"这 4 个字的大小。移动"轻舞飞扬"这 4 个字，使之位于画布的中间位置。按回车键确认操作。

（7）右击"轻舞飞扬"图层，在弹出的下拉列表中点击选项"栅格化文字"。"轻舞飞扬"图层前面的小方块"图层缩览图"，就变得透明。这样就可以进行渐变填充了。

（8）选中"轻舞飞扬"图层，按住 Ctrl 键不放，用鼠标点击图层前面的小方块"图层缩览图"，"轻舞飞扬"这 4 个字的轮廓被选中，文字周围蚂蚁线在闪烁。

（9）在工具箱中选择"渐变工具"■，在对应的工具属性栏中打开渐变编辑器，在"渐变编辑器"对话框中，"预设"选项框下，点击"色谱"方块◢，点击"确定"按钮。在工具属性栏中点击"线性渐变"■，"模式"为"正常"，"不透明度"为"100%"。"渐变工具"对应的工具属性栏如图 3.1.2 所示。

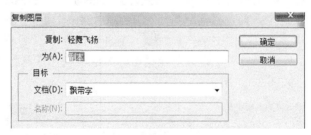

图 3.1.2 "渐变工具"对应的工具属性栏

（10）选中"轻舞飞扬"图层，文字轮廓被选中，蚂蚁线在闪烁。用鼠标从左向右，在画布中画一条线段。文字轮廓被填充为七彩缤纷的颜色。按"Ctrl+D"取消选择。

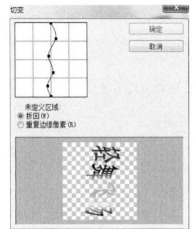

图 3.1.3 "切变"对话框

（11）选中"轻舞飞扬"图层，点击"图像"→"图像旋转"→"90 度（顺时针）"。

（12）选中"轻舞飞扬"图层，点击"滤镜"→"扭曲"→"切变"，弹出来一个"切变"对话框，调节切变曲线，使文字变形。用鼠标点击中间那条竖线，会出现一个黑点，向左或者向右拖动这个黑点，文字就会随着向左或者向右摆动，如图 3.1.3 所示。点击"确定"按钮。

（13）创建"轻舞飞扬"图层的副本层。右击"轻舞飞扬图层"，在弹出的下拉列表中点击"复制图层"，弹出一个"复制图层"对话框，点击"复制：轻舞飞扬为："右边的文本框，输入"副本"，如图 3.1.4 所示。点击"确定"按钮。

图 3.1.4 "复制图层"对话框

（14）现在有 3 个图层："背景、轻舞飞扬、副本"。

（15）点击"副本"图层，按住"Ctrl"键不放，用鼠标点击"副本"图层前面的小方块"图层缩览图"，"轻舞飞扬"这 4 个字的轮廓被选中，文字周围蚂蚁线在闪烁。

（16）用黑色进行填充文字。点击"编辑"→"填充"，在弹出的"填充"对话框中，点击"使用"右边的下拉列表，选择"黑色"，如图 3.1.5 所示。点击"确定"按钮。

（17）点击"滤镜"→"模糊"→"高斯模糊"，设置半径为 3 像素，如图 3.1.6 所示。

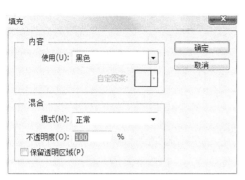

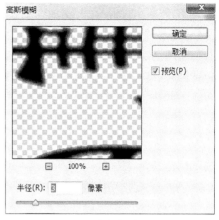

图 3.1.5 "填充"对话框　　　　　图 3.1.6 "高斯模糊"对话框

（18）选中"轻舞飞扬"图层，把这个图层用鼠标拖动到"副本"图层的上面。

（19）在工具箱中选择"移动工具" ，对应的工具属性栏如图 3.1.7 所示。

图 3.1.7 "移动工具"对应的工具属性栏

（20）按"Ctrl+D"取消蚂蚁线。按上下左右箭头，可以调整文字位置，产生阴影效果。

（21）选中"轻舞飞扬"图层，点击"图像"→"图像旋转"→"90 度（逆时针）"。

（22）点击"文件"→"存储为"，在弹出的"存储为"对话框中，点击"文件名"右边的文本框，输入"飘带字.psd"，点击"格式"右边的下拉列表，选择"Photoshop（*.PSD;*.PDD）"，点击"保存"按钮。在弹出的"Photoshop 格式选项"对话框中，点击"确定"按钮。

第二节　立体字日出

要做一个立体字的效果，字是透明的，而且有立体效果。

（1）在 Photoshop CS6 中打开"日出.jpg"。图片左下角有个文本框，里面是"66.67%" 。点击这个文本框，将其中的内容改为"100%"，然后回车。目前只有一个图层："背景"。

（2）在工具箱中选择"横排文字工具" ，工具属性栏中，"设置字体系列"为"隶书"，"设置字体大小"为"72"，"设置消除锯齿的方法"为"浑厚"，"设置文本颜色"为黑色。工具属性栏如图 3.2.1 所示。

图 3.2.1 "横排文字工具"对应的工具属性栏

（3）点击画布，输入字"日出"。图层面板中新增加了一个图层"图层 1"。点击"图

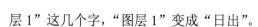

层 1"这几个字,"图层 1"变成"日出"。

(4)选中"日出"图层,调整"日出"这两个字的位置和大小。按"Ctrl+T"组合键,"日出"这两个字的周围出现 8 个控制点。通过控制点,改变"日出"这两个字的大小。移动"日出"这两个字,使之位于画布的中间位置、太阳的上面。按回车键确认操作。

(5)选中"日出"图层,按住 Ctrl 键不放,用鼠标点击图层前面的小方块"图层缩览图","日出"这两个字的轮廓被选中,文字周围蚂蚁线在闪烁。

(6)点击"选择"→"存储选区",弹出"存储选区"对话框,"文档"为"日出.jpg","通道"为新建,"名称"为"Alpha1",如图 3.2.2 所示。点击"确定"按钮。

图 3.2.2 "存储选区"对话框

(7)选中"日出"图层,点击图层面板右下方"删除图层"图标,删除"日出"图层。弹出"Adobe Photoshop CS6 Extended"对话框,点击"是"按钮,如图 3.2.3 所示。

(8)打开通道面板,点击选择"Alpha1"通道。按"Ctrl+D"取消选择。

(9)点击"滤镜"→"风格化"→"浮雕效果",在弹出的"浮雕效果"对话框中进行设置。"角度"为"130"(度),"高度"为"10"(像素),数量为"100"(%),如图 3.2.4 所示。点击"确定"按钮。

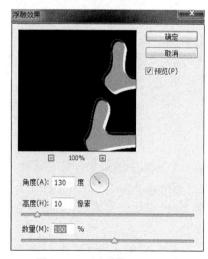

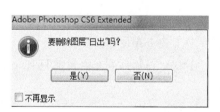

图 3.2.3 "Adobe Photoshop CS6 Extended"对话框　　图 3.2.4 "浮雕效果"对话框

(10)右击"Alpha1"通道,在弹出的下拉列表中点击"复制通道",在弹出的"复制通道"对话框中,点击"复制:Alpha1 为:"右边的文本框,输入"Alpha2",点击"文档"右边的下拉列表,选择"日出.jpg"。点击"确定"按钮,如图 3.2.5 所示。

(11)选中"Alpha2"通道,点击"图像"→"调整"→"反向",将亮区和暗区反过来。

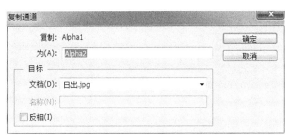

图 3.2.5 "复制通道"对话框

（12）选中"Alpha2"通道，点击"图像"→"调整"→"阈值"，在"阈值"对话框中，点击"阈值色阶"右边文本框，输入"218"，点击"确定"按钮，如图 3.2.6 所示。

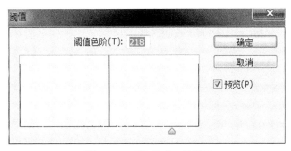

图 3.2.6 "阈值"对话框

（13）选中"Alpha1"通道，点击"图像"→"调整"→"阈值"，在"阈值"对话框中，点击"阈值色阶"右边文本框，输入"218"，点击"确定"按钮，如图 3.2.7 所示。

图 3.2.7 "复制通道"对话框

（14）在通道面板中点击"RGB"通道，打开图层面板。图层面板中目前只有一个图层"背景"。点击"背景"图层，点击图层面板右下方的"创建新图层"图标，新建一个图层"图层 1"。双击"图层 1"这几个字，使之处于可编辑状态，输入"文字"，回车。图层面板中目前有两个图层："背景、文字"。

（15）在图层面板中选中"文字"图层。点击"选择"→"载入选区"，在"载入选区"对话框中，点击"文档"右边的下拉列表，选择"日出.jpg"，点击"通道"右边的下拉列表，选择"Alpha1"。点击"确定"按钮，如图 3.2.8 所示。

图 3.2.8 "载入选区"对话框

（16）画布中出现"日出"两个字的轮廓，蚂蚁线在闪烁。用黑色填充。点击"编辑"→"填充"，在弹出的"填充"对话框中，点击"使用"右边的下拉列表，选择"黑色"。点击"模式"右边的下拉列表，选择"正常"。点击"不透明度"右边的文本框，输入"100"。点击"确定"按钮，如图 3.2.9 所示。按"Ctrl+D"取消选择。

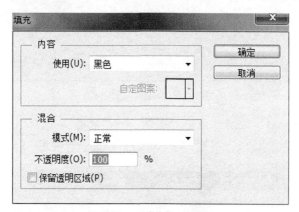

图 3.2.9 "填充"对话框

（17）在图层面板中选中"文字"图层。点击"选择"→"载入选区"，在"载入选区"对话框中，点击"文档"右边的下拉列表，选择"日出.jpg"，点击"通道"右边的下拉列表，选择"Alpha2"。点击"确定"按钮，如图 3.2.10 所示。

图 3.2.10 "载入选区"对话框

（18）画布中出现"日出"两个字的轮廓，蚂蚁线在闪烁。用白色填充。点击"编辑"→"填充"，在弹出的"填充"对话框中，点击"使用"右边的下拉列表，选择"白色"。点击"模式"右边的下拉列表，选择"正常"。点击"不透明度"右边的文本框，输入"100"。点击"确定"按钮，如图 3.2.11 所示。按"Ctrl+D"取消选择。

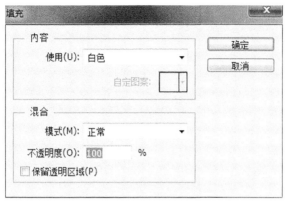

图 3.2.11 "填充"对话框

（19）点击"文件"→"存储为"，在弹出的"存储为"对话框中，点击"文件名"右边的文本框，输入"立体字.psd"，点击"格式"右边的下拉列表，选择"Photoshop（*.PSD;*.PDD）"，点击"保存"按钮。在弹出的"Photoshop 格式选项"对话框中，点击"确定"按钮。

（20）最终的编辑效果如图 3.2.12 所示。

图 3.2.12 最终编辑效果

第三节　放　射　字

要做一个放射字的效果，字有放射的效果，字好像从远处一个点射过来。在 Photoshop CS6 中打开"极坐标和平面坐标.psd"。点击"滤镜、扭曲、极坐标"，在弹出的"极坐标"对话框中，分别勾选"平面坐标到极坐标、极坐标到平面坐标"，观察不同的效果。

所谓的"平面坐标到极坐标",就是说,目前是平面坐标,转换为极坐标之后的效果。所谓的"极坐标到平面坐标",就是说,目前是极坐标,转换为平面坐标之后的效果。平面坐标到极坐标,它是由图像的中间为中心点进行极坐标旋转。极坐标到平面坐标:它是由图像的底部为中心然后进行旋转的,如图 3.3.1 所示。

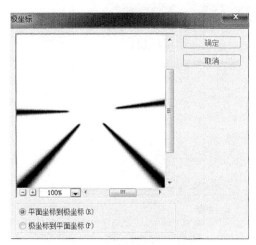

图 3.3.1 "极坐标"对话框

（1）设置背景色为黑色（RGB=0，0，0），前景色为白色（RGB=255，255，255）。在工具箱中，点击默认的前景色背景色图标，前景色变成黑色，背景色变成白色。点击这个工具旁边弯曲的双箭头图标，前景色变成白色，背景色变成黑色。

（2）点击"文件"→"新建"，或者按快捷键"Ctrl+N"，新建一个文件。在弹出的"新建"对话框中进行设置。名称为"放射字"，宽度为 800 像素，高度为 800 像素，分辨率为 72 像素，颜色模式为 RGB 颜色。背景内容为背景色，也就是黑色。点击"确定"按钮，如图 3.3.2 所示。画布左下角有个文本框，里面是"66.67%"。点击这个文本框，将其中的内容改为"100%"，然后回车。目前只有一个图层："背景"。

（3）在工具箱中选择"横排文字工具"，工具属性栏中，"设置字体系列"为"隶书"，"设置字体大小"为"72"，"设置消除锯齿的方法"为"浑厚"，"设置文本颜色"为黑色。工具属性栏如图 3.3.2 所示。

图 3.3.2 "横排文字工具"对应的工具属性栏

（4）点击空白画布，输入四个字"经贸大学"。图层面板中新增加了一个图层"图层 1"。点击"图层 1"这几个字，"图层 1"变成"经贸大学"。

（5）选中"经贸大学"图层，按"Ctrl+T"组合键，"经贸大学"这 4 个字的周围出现 8 个控制点。通过控制点，改变"经贸大学"这 4 个字的大小。移动"经贸大学"这 4 个字，使之位于画布的中间偏下位置。按回车键确认操作。

（6）点击空白画布，输入四个字"UIBE"。图层面板中新增加了一个图层"图层 1"。点击"图层 1"这几个字，"图层 1"变成"UIBE"。

（7）选中"UIBE"图层，按"Ctrl+T"组合键，"UIBE"这 4 个字母的周围出现 8 个控制点。通过控制点，改变"UIBE"这 4 个字的大小。移动"UIBE"这 4 个字母，使之位于画布的中间偏上位置。按回车键确认操作。

（8）目前图层面板中有 3 个图层："背景、经贸大学、UIBE"。选中"背景"图层。右击"背景"图层，在弹出的下拉列表中点击"合并可见图层"选项。这 3 个图层合并，目前只有一个图层："背景"。

（9）选中"背景"图层。点击"滤镜"→"模糊"→"高斯模糊"，在弹出的"高斯模糊"对话框中，设置半径为 2 像素，点击"确定"按钮，如图 3.3.3 所示。

图 3.3.3 "高斯模糊"对话框

（10）双击"背景"图层，弹出"新建图层"对话框，"名称"为"图层 0"，"颜色"为"无"，"模式"为"正常"，"不透明度"为"100"（%），点击"确定"按钮，如图 3.3.4 所示。

（11）在图层面板中右击"图层 0"，在弹出的下拉列表中点击"复制图层"选项。弹出"复制图层"对话框中，点击"复制：图层 0 为："右边的文本框，输入"图层 1"，点击"文档"右边的下拉列表，选择"放射字"。点击"确定"按钮，如图 3.3.5 所示。

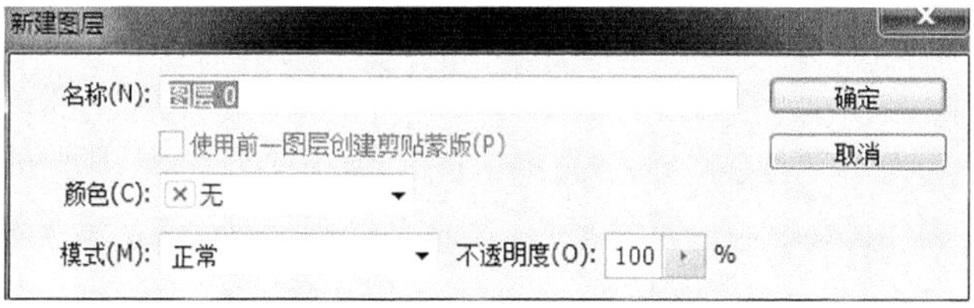

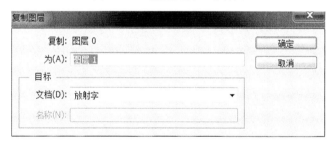

图 3.3.4 "新建图层"对话框

图 3.3.5 "复制图层"对话框

（12）在图层面板中，选中"图层 1"图层，点击"滤镜"→"扭曲"→"极坐标"，弹出"极坐标"对话框，勾选"极坐标到平面坐标"，点击"确定"按钮，如图 3.3.6 所示。

说明，勾选"极坐标到平面坐标"，就是认为目前是极坐标（虽然看起来像是平面坐标），转换为平面坐标，然后在平面坐标下进行操作。

（13）选中"图层 1"，点击"图像"→"图像旋转"→"顺时针 90 度"。

（14）选中"图层 1"，点击"图像"→"调整"→"反相"。

（15）选中"图层 1"，点击"滤镜"→"风格化"→"风"，在"风"对话框中进行设置。"方法"勾选"风"，"方向"勾选"从左"，点击"确定"按钮，如图 3.3.7 所示。

（16）按"Ctrl+F"两次。共产生 3 次风吹效果。

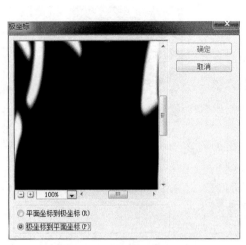
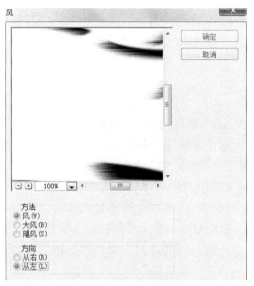

图 3.3.6 "极坐标"对话框　　　　　图 3.3.7 "风"对话框

（17）选中"图层 1"，"图像"→"调整"→"色阶"，在弹出的"色阶"对话框中，点击"自动"按钮，如图 3.3.8 所示。通过自动调整色阶，增强图像对比度。

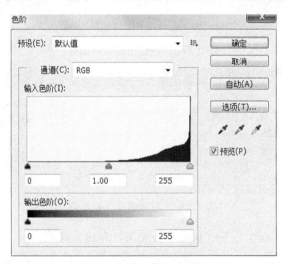

图 3.3.8 "色阶"对话框

（18）选中"图层 1"，"图像"→"调整"→"反相"，图层 1 黑白颠倒。

（19）选中"图层 1"，点击"滤镜"→"风格化"→"风"，在"风"对话框中进行设置。"方法"勾选"风"，"方向"勾选"从左"，点击"确定"按钮，如图 3.3.9 所示。

（20）按"Ctrl＋F"两次，共产生 3 次风吹效果。

（21）选中"图层 1"，点击"图像"→"图像旋转"→"逆时针 90 度"，转回画布。

（22）选中"图层 1"，点击"滤镜"→"扭曲"→"极坐标"，在弹出的"极坐标"对话框中，勾选"平面坐标到极坐标"，如图 3.3.10 所示。点击"确定"按钮。

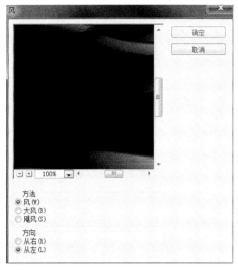

图 3.3.9 "风"对话框

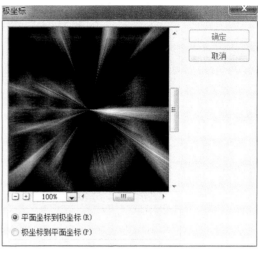

图 3.3.10 "极坐标"对话框

（23）选中"图层 1"，点击"图像"→"调整"→"色相/饱和度"，弹出"色相/饱和度"对话框。首先勾选对话框右下方"着色"前面的复选框，然后设置"色相"为 36，设置"饱和度"为 100，设置"明度"为 0。点击"确定"按钮，如图 3.3.11 所示。

图 3.3.11 "色相/饱和度"对话框

（24）现在有两个图层："图层 0、图层 1"。调整图层的顺序：选中"图层 0"，用鼠标把"图层 0"拖拽到"图层 1"的上面。

（25）选中"图层 0"，在图层面板中，设置"图层 0"的不透明度为"50%"。

（26）点击"文件"→"存储为"，在弹出的"存储为"对话框中，点击"文件名"右边的文本框，输入"放射字.psd"，点击"格式"右边的下拉列表，选择"Photoshop（*.PSD;*.PDD）"，点击"保存"按钮。在弹出的"Photoshop 格式选项"对话框中，点击"确定"按钮。

第四节　雕　刻　字

要做一个雕刻字，阳文石雕的效果。

（1）点击"文件"→"新建"，或者按快捷键"Ctrl+N"，新建一个文件。在弹出的"新建"对话框中进行设置。名称为"雕刻字"，宽度为 800 像素，高度为 800 像素，分辨率为 72 像素，颜色模式为 RGB 颜色。背景内容为白色。点击"确定"按钮。画布左下角有个文本框，里面是"66.67%"。点击这个文本框，将其中的内容改为"100%"，然后回车。目前只有一个图层："背景"。

（2）将前景色设置为黑色。

（3）在工具箱中选择"横排文字工具" T，工具属性栏中，"设置字体系列"为"隶书"，"设置字体大小"为"72"，"设置消除锯齿的方法"为"浑厚"，"设置文本颜色"为黑色。工具属性栏如图 3.4.1 所示。

图 3.4.1　"横排文字工具"对应的工具属性栏

（4）点击空白画布，输入 3 个字"雕刻字"。图层面板中新增加了一个图层"图层 1"。点击"图层 1"这几个字，"图层 1"变成"雕刻字"。

（5）选中"雕刻字"图层，按"Ctrl+T"组合键，"雕刻字"这 3 个字的周围出现 8 个控制点。通过控制点，改变"雕刻字"这 3 个字的大小。移动"雕刻字"这 3 个字，使之位于画布的中间偏下位置。按回车键确认操作。

（6）选中"雕刻字"图层，按住 Ctrl 键不放，用鼠标点击图层前面的小方块"图层缩览图"，"雕刻字"这 3 个字的轮廓被选中，文字周围蚂蚁线在闪烁。

（7）点击"选择"→"存储选区"，弹出"存储选区"对话框，在对话框中设置参数。"文档"选择"雕刻字"，"通道"选择"新建"，点击"名称"右边的文本框，输入"Alpha 1"，点击"确定"按钮，如图 3.4.2 所示。

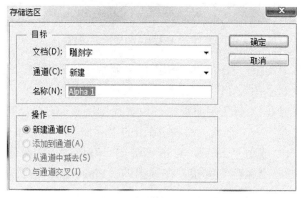

图 3.4.2　"存储选区"对话框

（8）打开"通道"面板，选中"Alpha 1"通道  。字的轮廓被选中，

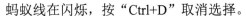

蚂蚁线在闪烁，按"Ctrl+D"取消选择。

（9）选中"Alpha 1"通道，点击"滤镜"→"模糊"→"径向模糊"，在弹出"径向模糊"对话框中进行设置。"数量"为"40"，"模糊方法"勾选"缩放"，"品质"勾选"好"，点击"确定"按钮，如图3.4.3所示。

（10）在通道面板中，选中"RGB"通道。打开图层面板。

（11）在图层面板中，选中"背景"图层，点击"滤镜"→"渲染"→"光照效果"。弹出来"雕刻子（光效）"画面。属性栏对右边的"属性"面板进行参数配置。点击"光照效果"下面的下拉列表，选择"点光"。点击"纹理"右边的下拉列表，选择"Alpha 1"。点击"高度"右边的文本框，输入"1"。点击"确定"按钮，如图3.4.4所示。

图 3.4.3 "径向模糊"对话框

图 3.4.4 "径向模糊"对话框

（12）点击"文件"→"存储为"，在弹出的"存储为"对话框中，点击"文件名"右边的文本框，输入"雕刻字.psd"，点击"格式"右边的下拉列表，选择"Photoshop（*.PSD;*.PDD）"，点击"保存"按钮。在弹出的"Photoshop 格式选项"对话框中，点击"确定"按钮。

第五节 燃 烧 字

要做一个燃烧字，燃烧的效果。

（1）设置背景色为黑色，前景色为白色。

（2）点击"文件"→"新建"，或者按快捷键"Ctrl+N"，新建一个文件。在弹出的"新建"对话框中进行设置。名称为"燃烧字"，宽度为800像素，高度为800像素，分辨率为72像素，颜色模式为"灰度"。"背景内容"为"背景色"。点击"确定"按钮。画布左下角有个文本框，里面是"66.67%"。点击这个文本框，将其中的内容改为"100%"，然后回车。目前只有一个图层："背景"。

（3）在工具箱中选择"横排文字工具" **T**，工具属性栏中，"设置字体系列"为"隶书"，"设置字体大小"为"72"，"设置消除锯齿的方法"为"浑厚"，"设置文本颜色"为黑色。工具属性栏如图 3.5.1 所示。

图 3.5.1 "横排文字工具"对应的工具属性栏

（4）点击空白画布，输入 3 个字"燃烧字"。图层面板中新增加了一个图层"图层 1"。点击"图层 1"这几个字，"图层 1"变成"燃烧字"。

（5）选中"燃烧字"图层，按"Ctrl+T"组合键，"燃烧字"这 3 个字的周围出现 8 个控制点。通过控制点，改变"燃烧字"这 3 个字的大小。移动"燃烧字"这 3 个字，使之位于画布的中间偏下位置。按回车键确认操作。

（6）选中"燃烧字"图层，按住 Ctrl 键不放，用鼠标点击图层前面的小方块"图层缩览图"，"燃烧字"这 3 个字的轮廓被选中，文字周围蚂蚁线在闪烁。

（7）选中"燃烧字"图层，点击"选择"→"存储选区"，弹出"存储选区"对话框，在对话框中设置参数。"文档"选择"燃烧字"，"通道"选择"新建"，点击"名称"右边的文本框，输入"Alpha 1"，点击"确定"按钮，如图 3.5.2 所示。

（8）选中"燃烧字"图层，按"Ctrl+D"取消选择，字轮廓周围的蚂蚁线消失。

（9）选中"燃烧字"图层，点击"图像"→"图像旋转"→"90 度（逆时针）"，将文字逆时针旋转 90 度。

图 3.5.2 "存储选区"对话框

（10）右击"燃烧字"图层，在弹出的下拉列表中点击"栅格化文字"选项。

（11）选中"燃烧字"图层，点击"滤镜"→"风格化"→"风"。在弹出的"风"对话框中进行设置，"方法"勾选"风"，"方向"勾选"从右"。点击"确定"按钮，如图 3.5.3 所示。

（12）连续按 4 次"Ctrl+F"，重复上一步骤的"刮风"操作。

（13）选中"燃烧字"图层，点击"图像"→"图像旋转"→"90 度（顺时针）"，将文字顺时针旋转 90 度，恢复正常状态。

（14）选中"燃烧字"图层，点击"滤镜"→"风格化"→"扩散"，在弹出的"扩散"对话框中进行设置,"模式"勾选"正常",点击"确定"按钮,如图 3.5.4 所示。

图 3.5.3 "风"对话框

图 3.5.4 "扩散"对话框

(15) 选中"燃烧字"图层,点击"滤镜"→"模糊"→"高斯模糊",弹出"高斯模糊"对话框,点击"半径"右边文本框,输入"2",点击"确定"按钮,如图 3.5.5 所示。

(16) 选中"燃烧字"图层,点击"滤镜"→"扭曲"→"波纹",弹出"波纹"对话框,点击"数量"右边的文本框,输入"110",点击"大小"右边的下拉列表,选择"中"。点击"确定"按钮,如图 3.5.6 所示。

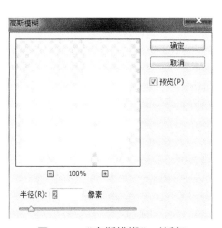

图 3.5.5 "高斯模糊"对话框

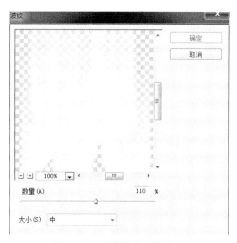

图 3.5.6 "波纹"对话框

(17) 选中"燃烧字"图层,点击"选择"→"载入选区",弹出"载入选区"对话框,点击"文档"右边的下拉列表,选择"燃烧字"。点击"通道"右边的下拉列表,选择"Alpha1"。点击"确定"按钮,如图 3.5.7 所示。"燃烧字"的清晰轮廓被选中,蚂蚁线在闪烁。

图 3.5.7 "载入选区"对话框

（18）选中"燃烧字"图层，点击"编辑"→"填充"，弹出"填充"对话框。点击"使用"右边的下拉列表，选择"黑色"，点击"模式"右边的下拉列表，选择"正常"，点击"不透明度"右边的文本框，输入"100"，点击"确定"按钮，如图 3.5.8 所示。

图 3.5.8 "填充"对话框

（19）选中"燃烧字"图层，按"Ctrl+D"取消选择，蚂蚁线消失。

（20）选中"燃烧字"图层，点击"图像"→"调整"→"色阶"。弹出"色阶"对话框，设置"输入色阶"值为："0、1、150"。点击"确定"按钮，如图 3.5.9 所示。

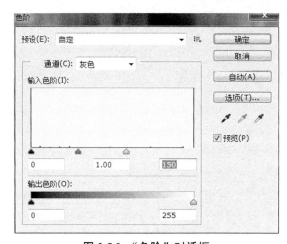

图 3.5.9 "色阶"对话框

（21）选中"燃烧字"图层，点击"图像"→"模式"→"索引颜色"，弹出"Adobe Photoshop CS6 Extended"对话框，点击"确定"按钮，如图 3.5.10 所示，拼合图层，目前图层面板中只有一个图层："索引"。

（22）选中"索引"图层，点击"图像"→"模式"→"颜色表"，弹出"颜色表"对话框，点击"颜色表"右边的下拉列表，选择"黑体"。点击"确定"按钮，如图 3.5.11 所示。

图 3.5.10 "Adobe Photoshop CS6 Extended"对话框　　**图 3.5.11 "颜色表"对话框**

（23）选中"索引"图层，点击"图像"→"模式"→"RGB 颜色"。图层面板中的"索引"图层变成"背景"图层。

（24）点击"文件"→"存储为"，在弹出的"存储为"对话框中，点击"文件名"右边的文本框，输入"燃烧字.psd"，点击"格式"右边的下拉列表，选择"Photoshop（*.PSD;*.PDD）"，点击"保存"按钮。在弹出的"Photoshop 格式选项"对话框中，点击"确定"按钮。

第六节　冰 天 雪 地

要做一个冰天雪地的字效果。

（1）点击"文件"→"新建"，或者按快捷键"Ctrl+N"，新建一个文件。在弹出的"新建"对话框中进行设置。名称为"冰天雪地"，宽度为 800 像素，高度为 800 像素，分辨率为 72 像素，颜色模式为"RGB 颜色"。"背景内容"为"白色"。点击"确定"按钮。画布左下角有个文本框，里面是"66.67%"。点击这个文本框，将其中的内容改为"100%"，然后回车。目前只有一个图层："背景"。

（2）在工具箱中选择"横排文字工具" ，工具属性栏中，"设置字体系列"为"隶书"，"设置字体大小"为"72"，"设置消除锯齿的方法"为"浑厚"，"设置文本颜色"为黑色。工具属性栏如图 3.6.1 所示。

图 3.6.1 "横排文字工具"对应的工具属性栏

（3）点击空白画布，输入 4 个字"冰天雪地"。图层面板中新增加了一个图层"图层 1"。点击"图层 1"这几个字，"图层 1"变成"冰天雪地"。

（4）选中"冰天雪地"图层，按"Ctrl+T"组合键，"冰天雪地"这 4 个字的周围出现 8 个控制点。通过控制点，改变"冰天雪地"这 4 个字的大小。移动"冰天雪地"这 4 个字，使之位于画布的中间靠上位置。按回车键确认操作。

（5）选中"冰天雪地"图层，按住 Ctrl 键不放，用鼠标点击图层前面的小方块"图层缩览图"，"冰天雪地"这 4 个字的轮廓被选中，文字周围蚂蚁线在闪烁。

（6）右击"背景"图层，在弹出的下拉列表中点击"拼合图像"。现在只有一个图层："背景"，画布中"冰天雪地"这 4 个字的轮廓被选中，蚂蚁线在闪烁。

（7）选中"背景"图层，点击"选择"→"反向"。对选区进行了反选。

（8）选中"背景"图层，点击"滤镜"→"像素化"→"晶格化"，在弹出的"晶格化"对话框中，点击"单元格大小"右边的文本框，输入"10"，点击"确定"按钮，如图 3.6.2 所示。

图 3.6.2 "晶格化"对话框

（9）点击"选择"→"反向"。对选区进行了反选。

（10）点击"滤镜"→"杂色"→"添加杂色"，在弹出的"添加杂色"对话框中进行设置。点击"数量"右边的文本框，输入"100"，勾选"平均分布"前面的单选按钮，勾选"单色"前面的复选框。点击"确定"按钮，如图 3.6.3 所示。

（11）点击"滤镜"→"模糊"→"高斯模糊"，在弹出的"高斯模糊"对话框中，点击"半径"右边的文本框，输入"3"，点击"确定"按钮，如图 3.6.4 所示。

（12）点击"图像"→"调整"→"曲线"，弹出"曲线"对话框。将直线调整成两个 M 形的曲线（不同的曲线将产生不同的冰雪堆积效果），如图 3.6.5 所示。点击"确定"按钮。

（13）按"Ctrl+D"取消选择，蚂蚁线消失。

（14）点击"图像"→"调整"→"反相"，黑白颠倒。

（15）点击"图像"→"图像旋转"→"90 度（顺时针）"。

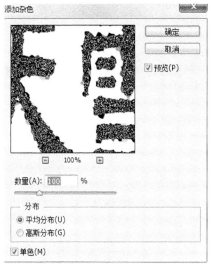
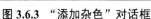

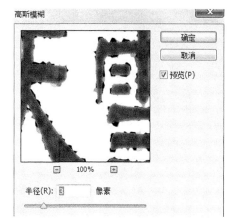

图 3.6.3 "添加杂色"对话框　　　　　**图 3.6.4** "高斯模糊"对话框

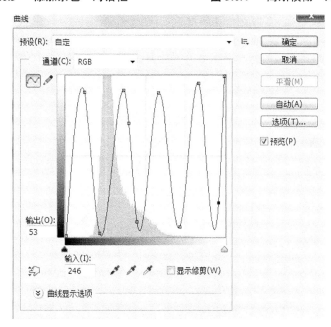

图 3.6.5 "曲线"对话框

（16）点击"滤镜"→"风格化"→"风"，勾选"风"前面的单选按钮，勾选"从右"右边的单选按钮，如图 3.6.6 所示。点击"确定"按钮。

（17）点击"Ctrl+F"，重复上一个步骤的刮风效果。

（18）点击"图像"→"图像旋转"→"90 度（逆时针）"。

（19）点击"图像"→"调整"→"色阶"，弹出"色阶"对话框，进行设置。点击"调整中间调输入色阶"文本框，输入"1.5"，点击"确定"按钮。图像的文字区域变亮。如图 3.6.7 所示。

图 3.6.6 "风"对话框

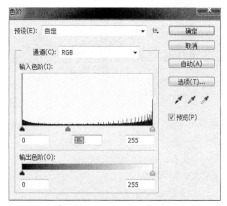

图 3.6.7 "色阶"对话框

（20）在工具箱中点击"魔棒工具" ，在工具属性栏中，点击"容差"右边的文本框，输入"50"，回车。也就是设置"容差"属性值为 50。工具属性栏如图 3.6.8 所示。

图 3.6.8 "魔棒工具"对应的工具属性栏

（21）用"魔棒工具"，在黑色背景中点击，选中黑色背景，蚂蚁线在闪烁。

（22）点击"编辑"→"清除"，删除黑色背景区域。

（23）点击"选择"→"反向"，选中字的轮廓，蚂蚁线在闪烁。按"Ctrl+C"复制，可以粘贴到其他图像中使用。

第七节　立体字落日

要做一个立体字的效果，字是透明的，而且有立体效果。

（1）在 Photoshop CS6 中打开"落日.jpg"。图片左下角有个文本框，里面是"66.67%" 。点击这个文本框，将其中的内容改为"100%"，然后回车。目前只有一个图层："背景"。

（2）在工具箱中选择"横排文字工具" ，工具属性栏中，"设置字体系列"为"隶书"，"设置字体大小"为"72"，"设置消除锯齿的方法"为"浑厚"，"设置文本颜色"为黑色。工具属性栏如图 3.7.1 所示。

图 3.7.1 "横排文字工具"对应的工具属性栏

（3）点击画布，输入字"落日"。图层面板中新增加了一个图层"图层 1"。点击"图层 1"这几个字，"图层 1"变成"落日"。

（4）选中"落日"图层，调整"落日"这两个字的位置和大小。按"Ctrl+T"组合键，"落日"这 2 个字的周围出现 8 个控制点。通过控制点，改变"落日"这 2 个字的大小。移动"落日"这 2 个字，使之位于画布的中间位置。按回车键确认操作。

（5）选中"落日"图层，按住 Ctrl 键不放，用鼠标点击图层前面的小方块"图层缩览图"，"落日"这 2 个字的轮廓被选中，文字周围蚂蚁线在闪烁。

（6）点击"选择"→"存储选区"，弹出"存储选区"对话框，"文档"为"落日.jpg"，"通道"为新建，"名称"为"Alpha1"。点击"确定"按钮。

（7）选中"落日"图层，点击图层面板右下方"删除图层"图标，删除"落日"图层。弹出"Adobe Photoshop CS6 Extended"对话框，点击"是"按钮，如图 3.7.2 所示。

（8）打开通道面板，点击选择"Alpha1"通道。按"Ctrl+D"取消选择。

（9）点击"滤镜"→"风格化"→"浮雕效果"，在弹出的"浮雕效果"对话框中进行设置。"角度"为"130"（度），"高度"为"5"（像素），数量为"100"（%），如图3.7.3 所示。点击"确定"按钮。

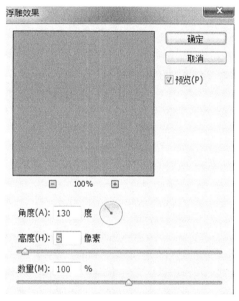

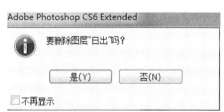

图 3.7.2 "**Adobe Photoshop CS6 Extended**"对话框　　图 **3.7.3** "浮雕效果"对话框

（10）右击"Alpha1"通道，在弹出的下拉列表中点击"复制通道"，在弹出的"复制通道"对话框中，点击"复制：Alpha1 为："右边的文本框，输入"Alpha2"，点击"文档"右边的下拉列表，选择"落日.jpg"。点击"确定"按钮，如图 3.7.4 所示。

（11）选中"Alpha2"通道，点击"图像"→"调整"→"反向"，将亮区和暗区反过来。

（12）选中"Alpha2"通道，点击"图像"→"调整"→"阈值"，在"阈值"对话框中，点击"阈值色阶"右边文本框，输入"218"，点击"确定"按钮，如图 3.7.5 所示。

（13）选中"Alpha1"通道，点击"图像"→"调整"→"阈值"，在"阈值"对话框中，点击"阈值色阶"右边文本框，输入"218"，点击"确定"按钮，如图 3.7.6 所示。

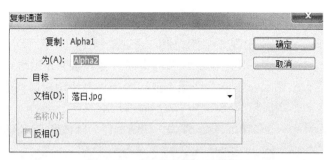

图 3.7.4 "复制通道"对话框

图 3.7.5 "阈值"对话框

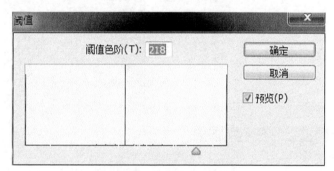

图 3.7.6 "复制通道"对话框

（14）在通道面板中点击"RGB"通道，打开图层面板。图层面板中目前只有一个图层"背景"。点击"背景"图层，点击图层面板右下方的"创建新图层"图标 ，新建一个图层"图层 1"。双击"图层 1"这几个字，使之处于可编辑状态，输入"文字"，回车。图层面板中目前有两个图层："背景、文字"。

（15）在图层面板中选中"文字"图层。点击"选择"→"载入选区"，在"载入选区"对话框中，点击"文档"右边的下拉列表，选择"落日.jpg"，点击"通道"右边的下拉列表，选择"Alpha1"。点击"确定"按钮，如图 3.7.7 所示。

（16）画布中出现"落日"两个字的轮廓，蚂蚁线在闪烁。用黑色填充。点击"编辑"→"填充"，在弹出的"填充"对话框中，点击"使用"右边的下拉列表，选择"黑色"。点击"模式"右边的下拉列表，选择"正常"。点击"不透明度"右边的文本框，输入"100"。点击"确定"按钮，如图 3.7.8 所示。按"Ctrl+D"取消选择。

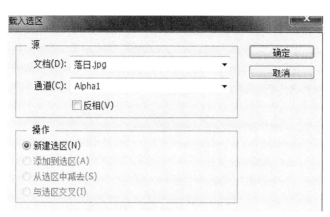

图 **3.7.7** "载入选区"对话框

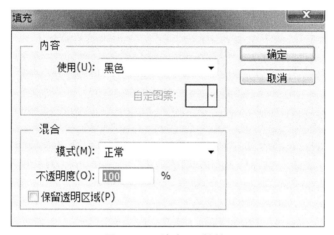

图 **3.7.8** "填充"对话框

（17）在图层面板中选中"文字"图层。点击"选择"→"载入选区"，在"载入选区"对话框中，点击"文档"右边的下拉列表，选择"落日.jpg"，点击"通道"右边的下拉列表，选择"Alpha2"。点击"确定"按钮，如图 3.7.9 所示。

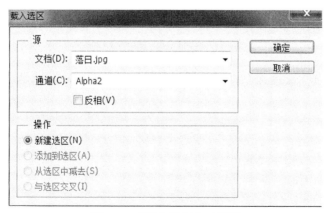

图 **3.7.9** "载入选区"对话框

（18）画布中出现"落日"两个字的轮廓，蚂蚁线在闪烁。用白色填充。点击"编辑"→"填充"，在弹出的"填充"对话框中，点击"使用"右边的下拉列表，选择"白色"。点击"模式"右边的下拉列表，选择"正常"。点击"不透明度"右边的文本框，输入"100"。点击"确定"按钮，如图 3.7.10 所示。按"Ctrl+D"取消选择。

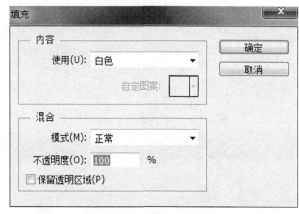

图 3.7.10 "填充"对话框

（19）点击"文件"→"存储为"，在弹出的"存储为"对话框中，点击"文件名"右边的文本框，输入"立体字落日.psd"，点击"格式"右边的下拉列表，选择"Photoshop（*.PSD;*.PDD）"，点击"保存"按钮。在弹出的"Photoshop 格式选项"对话框中，点击"确定"按钮。

第八节　荷 叶 雨 露

"荷叶雨露"文件夹中有 1 个图片："荷叶.psd"，做成荷叶上面有露珠的效果。

（1）在 Photoshop 中同时打开图片："荷叶.psd"。图层面板中只有"背景"图层。

（2）在工具箱中选择"套索工具" ，对应的工具属性栏如图 3.8.1 所示。

图 3.8.1 "套索工具"的工具属性栏

（3）打开"荷叶雨露.psd"。用"套索工具"在荷叶上绘制不规则选区，蚂蚁线在闪烁。

（4）点击"选择"→"存储选区"，弹出"存储选区"对话框，进行设置。"文档"为"荷叶.psd"，"通道"为"新建"，点击"名称"右边的文本框，输入"Alpha 1"。点击"确定"按钮，如图 3.8.2 所示。

（5）打开通道面板，选中"Alpha 1"通道。

（6）选中"Alpha 1"通道，点击"滤镜""杂色""添加杂色"，弹出"添加杂色"对话框，进行设置。点击"数量"右边的文本框，输入"400"，勾选"平均分布"。点击"确定"按钮，如图 3.8.3 所示。

图 3.8.2 "存储选区"对话框

（7）选中"Alpha 1"通道，按"Ctrl+D"取消选择，蚂蚁线消失。

（8）选中"Alpha 1"通道，点击"滤镜"→"模糊"→"高斯模糊"，在弹出的"高斯模糊"对话框中，设置"半径"为 6.9 像素，点击"确定"按钮，如图 3.8.4 所示。

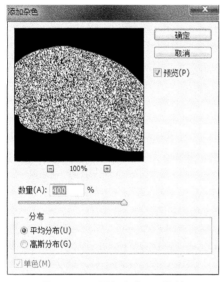

图 3.8.3 "添加杂色"对话框

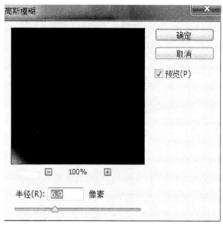

图 3.8.4 "高斯模糊"对话框

（9）选中"Alpha 1"通道，点击"图像"→"调整"→"阈值"，在弹出的"阈值"对话框中，设置"阈值色阶"为 150。点击"确定"按钮，如图 3.8.5 所示。

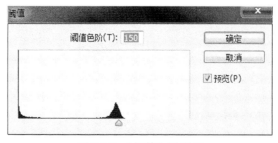

图 3.8.5 "阈值"对话框

（10）在通道面板中，选中 RGB 通道，打开图层面板。

（11）点击"选择"→"载入选区"，在弹出的"载入选区"对话框中进行设置。"文档"选择"荷叶.psd"，"通道"选择"Alpha 1"。点击"确定"按钮，如图 3.8.6 所示。

图 3.8.6 "载入选区"对话框

（12）按"Ctrl+C"复制。

（13）按"Ctrl+V"粘贴。图层面板中新增一个图层"图层 1"。双击"图层 1"这几个字，使之处于可编辑状态，输入"露珠"两个字，回车。

（14）选中"露珠"图层，点击"图像"→"调整"→"亮度/对比度"，在弹出的"亮度/对比度"对话框中进行设置。"亮度"为"35"，"对比度"为"12"，点击"确定"按钮，如图 3.8.7 所示。

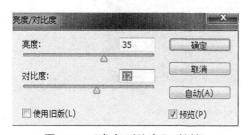

图 3.8.7 "亮度/对比度"对话框

（15）选中"露珠"图层，在图层面板中点击"添加图层样式"图标 fx，在弹出的下拉列表中点击第一项："混合选项"。弹出"图层样式"对话框，进行设置。

（16）在"图层样式"对话框中，点击"投影"这两个字，这两个字前面的复选框被勾选。在右边的"投影"对话框中，"混合模式"右边有一个下拉列表，下拉列表的右边是一个黑色的调色板，点击调色板▬，打开"拾色器（投影颜色）"对话框，设置 RGB 的值：41、178、82。点击"确定"按钮。适当调整"投影"选项卡中的其他选项。

（17）在"图层样式"对话框中，点击"内阴影"这 3 个字，"内阴影"这 3 个字前面的复选框被勾选。在右边的"内阴影"对话框中，"混合模式"右边有一个下拉列表，下拉列表右边有一个黑色的调色板，点击调色板▬，打开"拾色器（投影颜色）"对话框，设置 RGB 的值：11、136、44。点击"确定"按钮。适当调整"内阴影"对话框中其他选项。

（18）在"图层样式"对话框中，点击"斜面和浮雕"这几个字，"斜面和浮雕"这几个字前面的复选框被勾选。在右边的"斜面和浮雕"对话框中，"阴影模式"右边有一个下拉列表，下拉列表右边有一个黑色的调色板，点击调色板███，打开"拾色器（投影颜色）"对话框，设置 RGB 的值：4、106、6。点击"确定"按钮。适当调整"斜面和浮雕"选项卡中的其他选项。

（19）在"图层样式"对话框中，点击"确定"按钮。

（20）查看图层面板，"露珠"图层的下面有各种效果。如图3.8.8所示。

（21）在图层面板中选中"露珠"图层点击"滤镜"→"锐化"→"USM 锐化"，在弹出的"USM 锐化"对话框中进行设置。"数量"为"84"（%），"半径"为"2.0"（像素），"阈值"为"0"（色阶），点击"确定"按钮，如图3.8.9所示。

图 3.8.8　图层面板

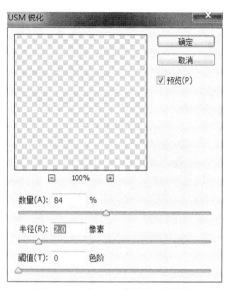

图 3.8.9　"USM 锐化"对话框

（22）点击"文件"→"存储为"，在弹出的"存储为"对话框中，点击"文件名"右边的文本框，输入"荷叶雨露.psd"，点击"格式"右边的下拉列表，选择"Photoshop（*.PSD;*.PDD）"，点击"保存"按钮。在弹出的"Photoshop 格式选项"对话框中，点击"确定"按钮。

第九节　冰 雕 效 果

"冰雕效果"文件夹中有 1 个图片："冰雕.psd"，做成男模特被冰冻的效果。

（1）在 Photoshop 中打开"冰雕.psd"。图层面板中有两个图层："背景、模特"。

（2）建立图层"模特"的副本图层"副本"。右击"模特"图层，在弹出的下拉列表中点击"复制图层"，弹出"复制图层"对话框，点击"复制：模特为："右边的文本框，输入"副本"，"文档"选择"冰雕.psd"，点击"确定"按钮，如图3.9.1所示。

（3）目前图层面板中有 3 个图层："背景、模特、副本"。选中"副本"图层，点击"滤镜"→"模糊"→"高斯模糊"，弹出"高斯模糊"对话框，进行参数设置。设置"半径"为 1.2 像素。点击"确定"按钮。

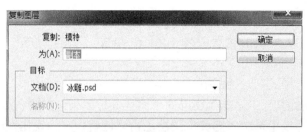

图 3.9.1 "复制图层"对话框

（4）选中"副本"图层。点击"滤镜"→"滤镜库"。在弹出的"照亮边缘"对话框中，点击"风格化"前面的 ▷ 图标，从而展开"风格化"。点击其中的"照亮边缘"图标 ，然后在对话框的右方进行设置："边缘宽度"为 4；"边缘亮度"为 10；"平滑度"为 6，如图 3.9.2 所示。点击"确定"按钮。

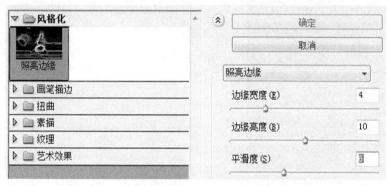

图 3.9.2 "照亮边缘"对话框（局部）

（5）选中"副本"图层，设置"副本"图层的"混合模式"为"线性光"。点击图层面板中左上方的"设置图层的混合模式"下拉列表，在弹出的下拉列表中点击"线性光"。

（6）建立图层"模特"的副本图层"副本 2"。右击"模特"图层，在弹出的下拉列表中点击"复制图层"，弹出"复制图层"对话框，点击"复制：模特为："右边的文本框，输入"副本 2"，"文档"选择"冰雕.psd"，点击"确定"按钮，如图 3.9.3 所示。

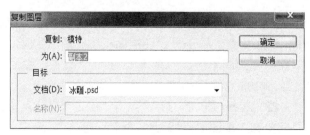

图 3.9.3 "复制图层"对话框

（7）选中"副本 2"图层，用鼠标拖动"副本 2"图层，拖到"副本"图层的上面。现在图层面板中有 4 个图层："背景"、"模特"、"副本"、"副本 2"。

（8）选中"副本 2"图层。点击"滤镜"→"滤镜库"。在弹出的"铬黄渐变"对话框中，点击"素描"前面的 ▷ 图标，从而展开"素描"。点击其中的"铬黄渐变"图标 ，然后在对话框的右方进行设置："细节"为 10；"平滑度"为 10，如图 3.9.4 所示。点击"确定"按钮。

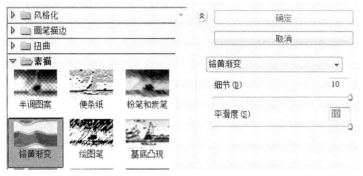

图 3.9.4 "铬黄渐变"对话框（局部）

（9）选中"副本 2"图层。设置图层的"混合模式"为"叠加"。点击图层面板中左上方的"设置图层的混合模式"下拉列表，在弹出的下拉列表中点击"叠加"。

（10）选中图层"模特"，点击"图像"→"调整"→"色相/饱和度"。弹出"色相/饱和度"对话框，在对话框中进行参数设置。勾选对话框右下角"着色"前面的复选框。"色相"值设置为"212"，"饱和度"值设置为"30"，"明度"值设置为"36"。点击"确定"按钮，如图 3.9.5 所示。

（11）选中图层"副本"，点击"图像"→"调整"→"色相/饱和度"。弹出"色相/饱和度"对话框，在对话框中进行参数设置。勾选对话框右下角"着色"前面的复选框。"色相"值设置为"212"，"饱和度"值设置为"39"，"明度"值设置为"20"。点击"确定"按钮，如图 3.9.6 所示。

图 3.9.5 "色相/饱和度"对话框

图 3.9.6 "色相/饱和度"对话框

（12）选中图层"副本 2"，点击"图像"→"调整"→"色相/饱和度"。弹出"色相/饱和度"对话框，在对话框中进行参数设置。勾选对话框右下角"着色"前面的复选框。"色相"值设置为"214"，"饱和度"值设置为"66"，"明度"值设置为"—8"。点击"确定"按钮，如图 3.9.7 所示。

图 3.9.7 "色相/饱和度"对话框

（13）建立图层"模特"的副本图层"副本 3"。右击"模特"图层，在弹出的下拉列表中点击"复制图层"，弹出"复制图层"对话框，点击"复制：模特为："右边的文本框，输入"副本 3"，"文档"选择"冰雕.psd"，点击"确定"按钮，如图 3.9.8 所示。

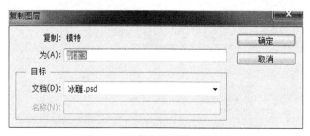

图 3.9.8 "复制图层"对话框

（14）选中"副本 3"图层，用鼠标拖动"副本 3"图层，拖到"副本 2"图层的上面。现在图层面板中有 5 个图层："背景、模特、副本、副本 2、副本 3"。

（15）选中"副本 3"图层。设置图层的"混合模式"为"强光"。点击图层面板中左上方的"设置图层的混合模式"下拉列表，在弹出的下拉列表中点击"强光"。

（16）合并"背景"图层以外的其他图层。点击"背景"图层的"指示图层可见性"，也就是前面的小眼睛 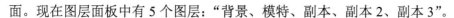，使得小眼睛消失。右击"模特"图层，在弹出的下拉列表中点击"合并"可见图层。点击"背景"图层的"指示图层可见性"，也就是前面的小眼睛 ，使得小眼睛出现。

（17）目前图层面板中有两个图层："背景"图层、"模特"图层。

（18）选中图层"模特"，点击"图像"→"调整"→"色相/饱和度"。弹出"色相/饱和度"对话框，在对话框中进行参数设置。勾选对话框右下角"着色"前面的复选框。"色相"值设置为"212"，"饱和度"值设置为"66"，"明度"值设置为"25"。点击"确定"按钮，如图 3.9.9 所示。

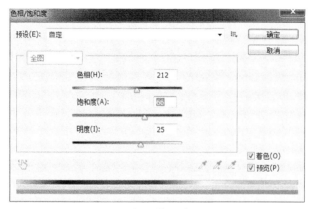

图 3.9.9 "色相/饱和度"对话框

（19）点击"文件"→"存储为"，在弹出的"存储为"对话框中，点击"文件名"右边的文本框，输入"冰雕效果.psd"，点击"格式"右边的下拉列表，选择"Photoshop（*.PSD;*.PDD）"，点击"保存"按钮。在弹出的"Photoshop 格式选项"对话框中，点击"确定"按钮。

第十节 林 间 晨 曦

"林间晨曦"文件夹中有 1 个图片："晨曦.psd"，做成林间晨曦初现的效果，一缕阳光照进树林。

（1）在 Photoshop 中打开"晨曦.psd"。图层面板中有 1 个图层："背景"。

（2）打开"通道"面板。在通道面板中，单击"将通道作为选区载入"图标 ，图片中有区域被选中，蚂蚁线在闪烁。

（3）打开"图层"面板。按"Ctrl+C"复制，按"Ctrl+V"粘贴。新增图层"图层 1"。

（4）选中"图层 1"，点击"滤镜"→"模糊"→"径向模糊"，在弹出的"径向模糊"对话框中进行设置："数量"为"70"，"模糊方法"为"缩放"，"品质"为"最好"。
点击"确定"按钮，如图 3.10.1 所示。

图 3.10.1 "径向模糊"对话框

（5）选中"图层 1"，点击"图像"→"调整"→"变化"，弹出"变化"对话框。
在"变化"对话框中进行设置。勾选"中间调"前面的单选按钮，点击"加深黄色"上
面的那个方块，点击"加深红色"上面的那个方块。勾选"高光"前面的单选按钮，点
击"加深黄色"上面的那个方块，点击"加深红色"上面的那个方块。点击"确定"按
钮，如图 3.10.2 所示。这样设置，可以使图像产生偏黄色的效果。

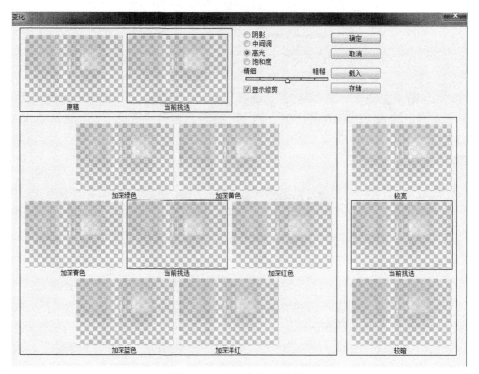

图 3.10.2 "变化"对话框

（6）选中"背景"图层。点击"滤镜"→"渲染"→"镜头光晕"，设置合适的参数（光晕中心，亮度，聚焦）：亮度为 100%，镜头类型为"50–300 毫米变焦"，用鼠标拖动加号的位置。点击"确定"按钮。

（7）点击"文件"→"存储为"，在弹出的"存储为"对话框中，点击"文件名"右边的文本框，输入"林间晨曦.psd"，点击"格式"右边的下拉列表，选择"Photoshop（*.PSD;*.PDD）"，点击"保存"按钮。在弹出的"Photoshop 格式选项"对话框中，点击"确定"按钮。

第十一节　夏 日 闪 电

"夏日闪电"文件夹中有 1 个图片："夏日.psd"，做成夏日闪电的效果。

（1）在 Photoshop 中打开"夏日.psd"，这是一幅乌云密布的图片。图层面板中有 1 个图层："背景"。

（2）新建一个图层"闪电"。

（3）在工具箱中点击"套索工具" ，对应的工具属性栏如图 3.11.1 所示。

图 3.11.1　"套索工具"对应的工具属性栏

（4）选中"闪电"图层，使用"套索工具"，绘制一个不规则选区，蚂蚁线在闪烁。

（5）设置默认的前景色和背景色。前景色为黑色，背景色为白色。

（6）在工具箱中点击渐变工具 ，对应的工具属性栏如图 3.11.2 所示。

图 3.11.2　渐变工具的工具属性栏

（7）在工具属性栏中，点击"渐变编辑器" ，在"预设"选项中选择"前景色到背景色渐变"。

（8）选中"闪电"图层，用"线性渐变工具"，对选区进行填充。在选区内，从左向右拉一条线。

（9）选中"闪电"图层，按"Ctrl+D"取消选择。

（10）选中"闪电"图层，点击"滤镜"→"渲染"→"分层云彩"。

（11）选中"闪电"图层，点击"图像"→"调整"→"色调均化"用于重新分布图像中像素的亮度值。

（12）选中"闪电"图层，点击"图像"→"调整"→"反相"。

（13）选中"闪电"图层，点击"图像"→"调整"→"色阶"。在"色阶"对话框中，设置"输入色阶"的三个参数分别为"190、0.1、255"。点击"确定"按钮。

（14）选中"闪电"图层，点击"图像"→"调整"→"色相/饱和度"，在弹出的"色相/饱和度"对话框中，勾选右下方"着色"前面的复选框，"色相、饱和度、明度"的值分别为"239、34、0"，点击"确定"按钮，如图 3.11.3 所示。

图 3.11.3 "色相/饱和度"对话框

（15）选中"闪电"图层，"设置图层的混合模式"为"滤色"。点击图层面板左上方的"设置图层的混合模式"，在下拉列表中点击"滤色"选项。产生一道闪电的效果。

（16）选中"闪电"图层。可以根据需要使用"橡皮擦工具"修整图像。选中"移动工具"，移动"闪电"到合适的位置。

（17）对"闪电"图层建立三个副本层"闪电 2、闪电 3、闪电 4"。通过旋转、移动等方法调整每道"闪电"的位置，同样可以使用"橡皮擦工具"。

（18）点击"文件"→"存储为"，在弹出的"存储为"对话框中，点击"文件名"右边的文本框，输入"夏日闪电.psd"，点击"格式"右边的下拉列表，选择"Photoshop（*.PSD;*.PDD）"，点击"保存"按钮。在弹出的"Photoshop 格式选项"对话框中，点击"确定"按钮。

第十二节 冬 雪 效 果

"冬雪效果"文件夹中有 1 个图片："冬雪.psd"，做成下雪的效果。

（1）在 Photoshop 中打开"冬雪.psd"，这是一幅冰天雪地的图片。图层面板中有 1 个图层："背景"。

（2）创建"背景"层的副本。右击"背景"图层，在弹出的下拉列表中点击"复制图层"，弹出"复制图层"对话框。设置"复制：背景为："为"副本"，设置"文档"为"冬雪.psd"，点击"确定"按钮，如图 3.12.1 所示。

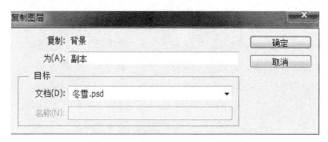

图 3.12.1 "复制图层"对话框

（3）选中"副本"图层，点击"滤镜"→"像素化"→"点状化"，弹出"点状化"对话框，设置"单元格大小"为6。点击"确定"按钮，如图 3.12.2 所示。

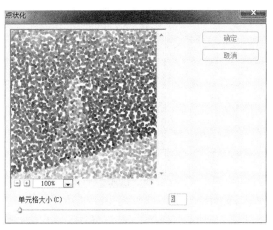

图 3.12.2　"点状化"对话框

（4）选中"副本"图层，点击"图像"→"调整"→"阈值"，在"阈值"对话框中设置"阈值色阶"为"207"，点击"确定"，如图 3.12.3 所示。产生高对比度黑白图像。

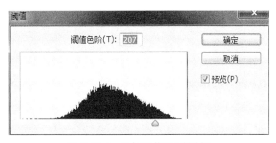

图 3.12.3　"点状化"对话框

（5）选中"副本"图层，设置"副本"图层的"混合模式"为"滤色"。点击图层面板左上角的"设置图层的混合模式"，在弹出的下拉列表中点击"滤色"。

（6）选中"副本"图层，点击"滤镜"→"模糊"→"动感模糊"，在弹出的"动感模糊"对话框中进行设置。"角度"为"–78"（度），"距离"为"10"（像素）。点击"确定"按钮，如图 3.12.4 所示。

（7）点击"文件"→"存储为"，在弹出的"存储为"对话框中，点击"文件名"右边的文本框，输入"冬雪效果.psd"，点击"格式"右边的下拉列表，选择"Photoshop（*.PSD;*.PDD）"，点击"保存"按钮。在弹出的"Photoshop 格式选项"对话框中，

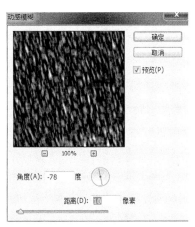

图 3.12.4　"动感模糊"对话框

点击"确定"按钮。

第十三节　春　雨　效　果

"春雨效果"文件夹中有 1 个图片："春雨.psd"，做成下雨的效果。

（1）在 Photoshop 中打开"春雨.psd"，这是一幅春天垂钓的图片。图层面板中有 1 个图层："背景"。

（2）新建一个图层"下雨"。在图层面板中点击右下方的图标，新建图层"图层 1"，双击"图层 1"这几个字，使之处于可编辑状态，输入"下雨"，回车。

（3）选中"下雨"图层，以黑色填充。点击"编辑"→"填充"，在弹出的"填充"对话框中进行设置。"使用"设置为"黑色"，"模式："设置为"正常"，"不透明度"设置为"100"，点击"确定"按钮，如图 3.13.1 所示。

（4）选中"下雨"图层，点击"滤镜"→"杂色"→"添加杂色"，在弹出的"添加杂色"对话框中进行设置。"数量"设置为"80"（%），"分布"为"高斯分布"，勾选"单色"前面的复选框。点击"确定"按钮，如图 3.13.2 所示。

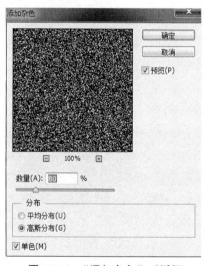

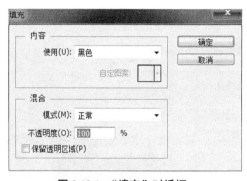

图 3.13.1　"填充"对话框　　　　　图 3.13.2　"添加杂色"对话框

（5）选中"下雨"图层，点击"滤镜"→"模糊"→"动感模糊"，弹出"动感模糊"对话框，设置"角度"为"60"（度），"距离"为"30"（像素），点击"确定"按钮，

（6）选中"下雨"图层，点击"滤镜"→"模糊"→"进一步模糊"。

（7）选中"下雨"图层，设置图层"混合模式"为"叠加"。点击图层面板左上方"设置图层的混合模式"，在弹出的下拉列表中点击"叠加"。

（8）选中"下雨"图层，调整图层的不透明度为 60%左右。点击图层面板右上方"不透明度"右边的文本框，设置参数为"60%"左右。

（9）点击"文件"→"存储为"，在弹出的"存储为"对话框中，点击"文件名"右边的文本框，输入"春雨效果.psd"，点击"格式"右边的下拉列表，选择"Photoshop

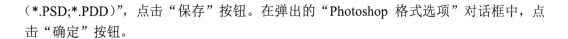

（*.PSD;*.PDD）"，点击"保存"按钮。在弹出的"Photoshop 格式选项"对话框中，点击"确定"按钮。

第十四节　湖 畔 彩 虹

"湖畔彩虹"文件夹中有 1 个图片："湖畔.psd"，做成有彩虹的效果。

（1）在 Photoshop 中打开"湖畔.psd"。图层面板中有 1 个图层："背景"。

（2）新建图层"彩虹"。图层面板中有两个图层："背景、彩虹"。

（3）在工具箱中点击渐变工具，对应的工具属性栏如图 3.14.1 所示。

图 3.14.1　渐变工具的工具属性栏

（4）在工具属性栏中，点击"渐变编辑器"，也就是工具属性栏中那个长方形，打开"渐变编辑器"对话框。"渐变编辑器"对话框中有"预设"两个字，右边有一个齿轮图标，点击这个齿轮图标，在弹出的下拉列表中点击倒数第二项"特殊效果"。

（5）弹出来一个"渐变编辑器"对话框，问"是否用特殊效果中的渐变替换当前的渐变？"点击"追加"按钮，如图 3.14.2 所示。

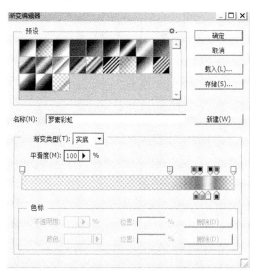

图 3.14.2　"渐变编辑器"询问对话框

（6）在"渐变编辑器"对话框中，"预设"区域中，增加了好几个渐变，最后一项是"罗素彩虹"，如图 3.14.3 所示。

图 3.14.3　追加特殊效果之后的"渐变编辑器"对话框

（7）在"预设"区域中点击最后一项渐变"罗素彩虹" ，然后点击"确定"按钮。

（8）在工具属性栏中，"渐变编辑器"的右边有 5 种渐变方式：线性渐变 、径向渐变 、角度渐变 、对称渐变 、菱形渐变 。点击第二种渐变方式：径向渐变 。注意，在工具属性栏中，一定要勾选"仿色"和"透明区域"。

（9）选中"彩虹"图层，点击画布左上方位置，按住 Shift 键不放，拉一条线段。因为按住 Shift 键不放，所以拉出来的线是直线，这条线段的长度，就是画出来的圆半径。左上方画出一个彩虹圈。

（10）点击"套索工具" ，在"工具属性栏"中，点击"羽化"右边的文本框，输入"10 像素"，回车。也就是设置羽化值为 10 像素。如图 3.14.4 所示。

图 3.14.4　套索工具对应的工具属性栏

（11）选中"彩虹"图层，用鼠标选择圆形彩虹下半部分（需要删除掉），蚂蚁线在闪烁。

（12）选中"彩虹"图层，点击"编辑"→"清除"，删除圆形彩虹下半部分。

（13）选中"彩虹"图层，按"Ctrl+D"，取消选择。

（14）右击"彩虹"图层，在弹出的选项中点击"复制图层"。在弹出的"复制图层"对话框中，"复制：彩虹为："设置为"倒影"，"文档："设置为"湖畔.psd"，点击"确定"按钮，如图 3.14.5 所示。现在图层面板中有图层："背景、彩虹、倒影"。

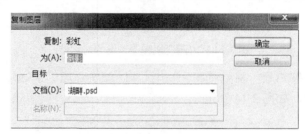

图 3.14.5　"复制图层"对话框

（15）右击"倒影"图层，点击"编辑"→"变换"→"垂直翻转"。彩虹翻转。

（16）在工具箱中点击"移动工具" ，对应的工具属性栏如图 3.14.6 所示。

图 3.14.6　"移动工具"对应的工具属性栏

（17）选中"倒影"图层，连续按向下的箭头，使得彩虹倒影不断下行，直到彩虹倒影与彩虹关于水平面对称。

（18）选中"倒影"图层，设置不透明度 75%左右。

（19）选中"倒影"图层，设置图层的"混合模式"为"柔光"。

（20）点击"文件"→"存储为"，在弹出的"存储为"对话框中，点击"文件名"右边的文本框，输入"湖畔彩虹.psd"，点击"格式"右边的下拉列表，选择"Photoshop

（*.PSD;*.PDD）"，点击"保存"按钮。在弹出的"Photoshop 格式选项"对话框中，点击"确定"按钮。

第十五节　晨 光 初 现

"晨光初现"文件夹中有 1 个图片："晨光.psd"，做成晨光初现的效果。

（1）在 Photoshop 中打开"晨光.psd"。图层面板中有 1 个图层："背景"。

（2）在工具箱中点击"渐变工具"，对应的工具属性栏如图 3.15.1 所示。点击"径向渐变"图标，"模式"选择"叠加"，"不透明度"设置为"85%"，勾选"仿色"，勾选"透明区域"。

图 3.15.1　"渐变工具"对应的工具属性栏

（3）在工具属性栏中，打开"渐变编辑器"，在"渐变编辑器"对话框中进行设置。

（4）在"渐变编辑器"对话框中，在"预设"选框中，点击"黑，白渐变"图标，下面出现一个黑白色条。色条左下方、右下方，各有一个瓶状的色标，如图 3.15.2 所示。

（5）在色条的下面点击两次，新增两个瓶状的色标。目前色条下共有 4 个瓶状的色标。

（6）点击色条下左边第一个瓶状色标，在下面的"色标"选框中进行设置。点击"位置"右边的文本框，输入"3"（%），点击"颜色"右边的调色板，打开"拾色器（色标颜色）"对话框，设置 RGB 的值分别为"255、255、255"。点击"确定"按钮。

图 3.15.2　"渐变编辑器"对话框

（7）点击色条下左边第 2 个瓶状色标，在下面的"色标"选框中进行设置。点击"位置"右边的文本框，输入"6"（%），点击"颜色"右边的调色板，打开"拾色器（色标颜色）"对话框，设置 RGB 的值分别为"254、179、0"。点击"确定"按钮。

（8）点击色条下左数第 3 个瓶状色标，在下面的"色标"选框中进行设置。点击"位置"右边的文本框，输入"60"（%），点击"颜色"右边的调色板，打开"拾色器（色标颜色）"对话框，设置 RGB 的值分别为"228、183、60"。点击"确定"按钮。

（9）点击色条下左数第 3 个瓶状色标，在下面的"色标"选框中进行设置。点击"位置"右边的文本框，输入"100"（%），点击"颜色"右边的调色板，打开"拾色器（色标颜色）"对话框，设置 RGB 的值分别为"0、0、0"。点击"确定"按钮。

（10）设置之后的"渐变编辑器"对话框如图 3.15.3 所示。点击"确定"按钮。

图 3.15.3 "渐变编辑器"对话框

（11）选中"背景"图层。自图像右上角向左下角拖动鼠标，画一条线，进行渐变填充。

（12）点击"文件"→"存储为"，在弹出的"存储为"对话框中，点击"文件名"右边的文本框，输入"晨光初现.psd"，点击"格式"右边的下拉列表，选择"Photoshop（*.PSD;*.PDD）"，点击"保存"按钮。在弹出的"Photoshop 格式选项"对话框中，点击"确定"按钮。

第十六节　静 物 效 果

"静物效果"文件夹中有 1 个图片："静物.psd"，做一杯热腾腾咖啡的效果。

（1）在 Photoshop 中打开"静物.psd"。图层面板中有 1 个图层："背景"。通道面板中有一个图层"Alpha 1"，路径面板中有一个图层"路径 1"。

（2）新增一个图层"杯底"。

（3）选中"杯底"图层，点击"选择"→"载入选区"，弹出"载入选区"对话框，设置"文档"为"静物.psd"，"通道"设置为"Alpha 1"，勾选"新建选区"，点击"确定"按钮，如图 3.16.1 所示。图片中有一个椭圆，蚂蚁线在闪烁。

图 3.16.1　"载入选区"对话框

（4）新增一个图层"杯身"。

（5）在工具箱中点击"矩形选框工具" ，对应的工具属性栏如图 3.16.2 所示。

图 3.16.2　"矩形选框工具"对应的工具属性栏

注意，在属性栏中点击"添加到选区"图标 。

（6）选中"杯身"图层，使用"矩形选取工具"，添加一个矩形选区，作为杯身。矩形的下边，作为杯底矩形的直径。小技巧：从下向上选择。注意，在画杯身过程中，光标变成一个"+"号，"+"号的右下方有一个小的"+"号。

（7）在工具箱中点击"渐变工具" ，对应的工具属性栏如图 3.16.3 所示。渐变方式为"线性渐变" ，"模式"为"正常"，"不透明度"为"100%"，勾选"仿色"和"透明区域"。

图 3.16.3　"渐变工具"对应的工具属性栏

（8）在工具属性栏中，打开"渐变编辑器"，在"渐变编辑器"对话框中进行设置。

（9）在"渐变编辑器"对话框中，在"预设"选框中，点击"黑，白渐变"图标 ，下面出现一个黑白色条。色条左下方、右下方，各有一个瓶状的色标，如图 3.16.4 所示。

（10）点击色条下左边第一个瓶状色标，在下面的"色标"选框中进行设置。点击"位置"右边的文本框，输入"0"（%），点击"颜色"右边的调色板 ，打开"拾色器（色标颜色）"对话框，设置 RGB 的值分别为"60、1、1"。点击"确定"按钮。

（11）点击色条右下边瓶状色标，在下面的"色标"选框中进行设置。点击"位置"右边的文本框，输入"100"（%），点击"颜色"右边的调色板 ，打开"拾色器（色标颜色）"对话框，设置 RGB 的值分别为"178、18、18"。点击"确定"按钮。

（12）设置之后的"渐变编辑器"对话框如图 3.16.5 所示。点击"确定"按钮。

经过上述设置之后，渐变编辑器的起始渐变色的 RGB 值为（60，1，1），终止渐变色的 RGB 值为（178，18，18）。

（13）选中"杯身"图层，在选区内自左向右拖动鼠标，填充渐变色。

图 3.16.4 "渐变编辑器"对话框

（14）新建"杯口"图层。

（15）选中"杯口"图层，选中"杯底"图层，点击"选择"→"载入选区"，弹出"载入选区"对话框，设置"文档"为"静物.psd"，"通道"设置为"Alpha 1"，勾选"新建选区"，点击"确定"按钮，如图 3.16.6 所示。图片中有一个椭圆，蚂蚁线在闪烁。

图 3.16.5 "渐变编辑器"对话框

（16）选中"杯口"图层，连续不断的按向上的箭头，椭圆向上运动，直到杯身矩形的上半部分成为椭圆的直径。也就是使用向上键，调整选区到杯口的位置。

（17）在工具箱中选择渐变工具 。打开渐变编辑器，设置起始渐变色和终止渐变

图 3.16.6　"载入选区"对话框

色的 RGB 值分别为（255，255，255）和（254，254，224），在杯口选区内自上向下拖动鼠标，填充杯口颜色。

（18）设置前景色的 RGB 值为（250，228，126）。

（19）点击"编辑"→"描边"，"宽度"为"2 像素"，"位置"为"居中"，"模式"为"正常"，"不透明度"为"100"（%），点击"确定"按钮，如图 3.16.7 所示。

（20）创建新图层"把手"。

（21）选中"把手"图层，打开"路径"面板，点击"路径 1"，把手出现。在"路径"面板中点击"将路径作为选区载入"图标 ，把手周围蚂蚁线在闪烁。

（22）打开"图层"面板，选中"把手"图层。点击"编辑"→"填充"，弹出"填充"对话框，如图 3.16.8 所示。

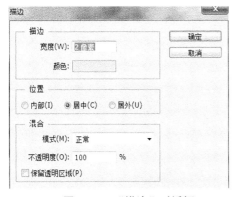

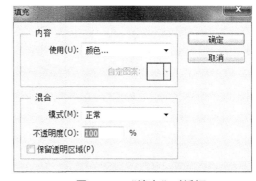

图 3.16.7　"描边"对话框　　　　　　**图 3.16.8**　"填充"对话框

（23）点击"使用"右边的下拉列表，选择"颜色"，弹出"拾色器（填充颜色）"对话框，如图 3.16.9 所示。

（24）光标移出"拾色器（填充颜色）"对话框，移到杯身的右边缘，光标变成一个吸管，点击杯身的右边缘，点击"拾色器（填充颜色）"对话框的"确定"按钮，点击"填充"对话框的"确定"按钮。把手被填充颜色，颜色和杯身右侧的颜色相同。也就是说，拾取杯体颜色进行填充。按"Ctrl+D"取消选择，蚂蚁线消失。在工具箱中点击"移动工具" ，选中"把手"图层，调整把手位置，可以使用上下左右键微调。

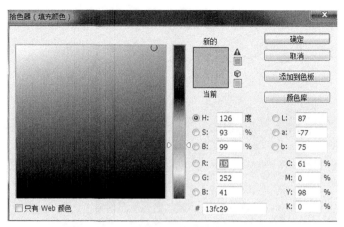

图 3.16.9 "拾色器（填充颜色）"对话框

（25）新建图层"咖啡"。

（26）在工具箱中点击"椭圆选框工具" ，在工具属性栏中，设置"羽化"为"3像素"。对应的工具属性栏如图 3.16.10 所示。

图 3.16.10 "椭圆选框工具"对应的工具属性栏

（27）选中"咖啡"图层，在杯口区域绘制椭圆选区。

（28）设置前景色的 RGB 值为（122，67，2）。

（29）选中"咖啡"图层。点击"编辑"→"填充"，在弹出的"填充"对话框中，点击"使用"右边的下拉列表，选择"前景色"，如图 3.16.11 所示。点击"确定"按钮。

（30）选中"咖啡"图层。点击"滤镜"→"扭曲"→"水波"，在弹出的"水波"对话框中进行设置，"数量"为"–8"，"起伏"为"4"，"样式"为"水池波纹"，如图 3.16.12 所示。点击"确定"按钮。

图 3.16.11 "填充"对话框

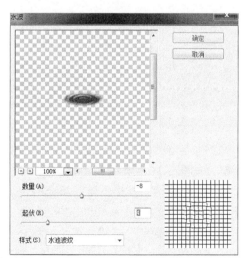

图 3.16.12 "水波"对话框

（31）新建图层"文字描述"。

（32）在工具箱中选择"直排文字工具" ，对应的工具属性栏如图 3.16.13 所示。

图 3.16.13 "直排文字工具"对应的工具属性栏

（33）选中"文字描述"图层，在杯体上的合适位置，输入"咖啡"。按"Ctrl+T"组合键，"咖啡"这两个字的周围出现 8 个控制点，通过控制点调整字的大小。调整字的位置。

（34）点击"背景"图层前面的小眼睛（指示图层可见性），小眼睛消失。隐藏背景层。

（35）合并可见图层。右击"杯底"图层，在弹出的下拉列表中点击"合并可见图层"。

（36）点击"背景"图层前面的小眼睛（指示图层可见性），小眼睛出现，显示背景层。

（37）现在有两个图层"背景、杯底"。双击"杯底"两个字，使之处于可编辑状态，输入"被子"。 现在有两个图层"背景、杯子"。

（38）在工具箱中选中"减淡工具"，对应的工具属性栏如图 3.16.14 所示。

图 3.16.14 "减淡工具"对应的工具属性栏

（39）选中"杯子"图层，用"减淡工具"点击杯子，可以产生一定的光泽感。

（40）新建图层"投影"，将"投影"图层置于背景图层的上方。

（41）设置前景色为黑色。

（42）在工具箱中点击"画笔工具" ，对应的工具属性栏如图 3.16.15 所示。

图 3.16.15 "画笔工具"对应的工具属性栏

"模式"为"正常"，"不透明度"为"5%"，"流量"为"100%"。

（43）选中"投影"图层，绘制咖啡杯的投影。

（44）在最上层建立新图层"蒸汽"。

（45）设置前景色为白色。

（46）在工具箱中点击"画笔工具" ，对应的工具属性栏如图 3.16.16 所示。

图 3.16.16 "画笔工具"对应的工具属性栏

（47）选中"蒸汽"图层，以 100%不透明度的"画笔工具"，在杯子上面绘制几条不规则的白色线条。

（48）选中"蒸汽"图层，点击"滤镜、模糊、动感模糊"，弹出"动感模糊"对话框，在对话框中进行设置。设置"角度"为"–90"（度），"距离"为"28"（像素），点击"确定"按钮。

（49）选中"蒸汽"图层，调整图层的"不透明度"为90%，"混合模式"为"柔光"。

（50）点击"文件"→"存储为"，在弹出的"存储为"对话框中，点击"文件名"右边的文本框，输入"静物效果.psd"，点击"格式"右边的下拉列表，选择"Photoshop（*.PSD;*.PDD)"，点击"保存"按钮。在弹出的"Photoshop 格式选项"对话框中，点击"确定"按钮。

第十七节　简易阴影字

要做一个简易阴影字的效果，字有阴影。

（1）点击"文件"→"新建"，或者按"Ctrl+N"组合键，新建一个文件。在弹出的"新建"对话框中，名称为"简易阴影字"，宽度为800像素，高度为800像素，分辨率为72像素，颜色模式为RGB颜色，背景内容为白色，点击"确定"按钮。

（2）新建的"简易阴影字"这个空白文件，左下角有个文本框，里面是"66.67%"。点击这个文本框，将其中的内容改为"100%"，然后回车。

（3）"简易阴影字"这个文件，目前只有一个图层："背景"。

（4）在工具箱中选择"横排文字工具"，工具属性栏中，"设置字体系列"为"隶书"，"设置字体大小"为"72"，"设置消除锯齿的方法"为"浑厚"，"设置文本颜色"为黑色。工具属性栏如图 3.17.1 所示。

图 3.17.1 "横排文字工具"对应的工具属性栏

（5）点击空白画布，输入如下字"简易阴影字"。图层面板中新增加了一个图层"图层 1"。点击"图层 1"这几个字，"图层 1"变成"简易阴影字"。

（6）选中"简易阴影字"图层，按"Ctrl+T"组合键，"简易阴影字"这些字的周围出现 8 个控制点。通过控制点，改变"简易阴影字"这些字的大小。移动"简易阴影字"这几个字，使之位于画布的中间位置。按回车键确认操作。

（7）选中"简易阴影字"图层，图层面板的下方有"添加图层样式"图标，点击这个图标，在弹出的选项列表中点击第一项"混合选项"。弹出来"图层样式"对话框。

（8）在弹出的"图层样式"对话框中进行设置。点击"投影"这 2 个字，"简易阴影字"这几个字就有了阴影，而且"投影"这几个字前面的复选框被勾选。设置"角度"为"50"（度），"距离"为"10"（像素），"大小"为"5"（像素），如图 3.17.2 所示。点击"确定"按钮。设置不同的参数，查看不同的参数设置对文字投影效果的影响。

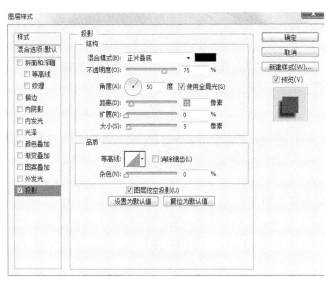

图 3.17.2　"图层样式"对话框

（9）点击"文件"→"存储为"，在弹出的"存储为"对话框中，点击"文件名"右边的文本框，输入"简易阴影字.psd"，点击"格式"右边的下拉列表，选择"Photoshop（*.PSD;*.PDD）"，点击"保存"按钮。在弹出的"Photoshop 格式选项"对话框中，点击"确定"按钮。

第十八节　简易立体字

要做一个简易立体字的效果。字有立体效果。

（1）点击"文件"→"新建"，或者按"Ctrl+N"组合键，新建一个文件。在弹出的"新建"对话框中，名称为"简易立体字"，宽度为 800 像素，高度为 800 像素，分辨率为 72 像素，颜色模式为 RGB 颜色，背景内容为白色，点击"确定"按钮，如图 3.18.1 所示。

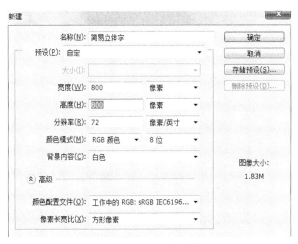

图 3.18.1　新建文件

（2）新建的"简易立体字"这个空白文件，左下角有个文本框，里面是"66.67%"。点击这个文本框，将其中的内容改为"100%"，然后回车。

（3）"简易立体字"这个文件，目前只有一个图层："背景"。

（4）在工具箱中选择"横排文字工具" T，工具属性栏中，"设置字体系列"为"隶书"，"设置字体大小"为"72"，"设置消除锯齿的方法"为"浑厚"，"设置文本颜色"为黑色。工具属性栏如图 3.18.2 所示。

图 3.18.2 "横排文字工具"对应的工具属性栏

（5）点击空白画布，输入如下字"简易立体字"。图层面板中新增加了一个图层"图层 1"。点击"图层 1"这几个字，"图层 1"变成"简易立体字"。

（6）选中"简易立体字"图层，按"Ctrl+T"组合键，"简易立体字"这些字的周围出现 8 个控制点。通过控制点，改变"简易立体字"这些字的大小。移动"简易立体字"这几个字，使之位于画布的中间位置。按回车键确认操作。

（7）选中"简易立体字"图层，图层面板的下方有"添加图层样式"图标 fx.，点击这个图标，在弹出的选项列表中点击第一项"混合选项"。弹出来"图层样式"对话框。

（8）在弹出的"图层样式"对话框中进行设置。点击"斜面和浮雕"这几个字，"简易立体字"这几个字就有了立体效果，而且"斜面和浮雕"这几个字前面的复选框被勾选。本例中，设置"深度"为"297"（%），"大小"为"10"（像素），"软化"为"6"（像素），如图 3.18.3 所示。点击"确定"按钮。设置不同的参数，查看不同的文字立体效果。

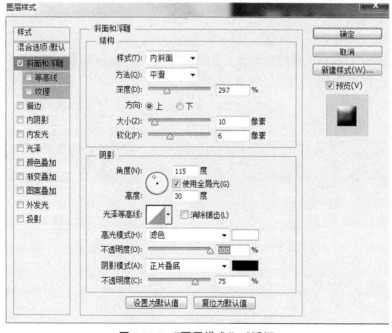

图 3.18.3 "图层样式"对话框

（9）点击"文件"→"存储为"，在弹出的"存储为"对话框中，点击"文件名"右边的文本框，输入"简易立体字.psd"，点击"格式"右边的下拉列表，选择"Photoshop（*.PSD;*.PDD）"，点击"保存"按钮。在弹出的"Photoshop 格式选项"对话框中，点击"确定"按钮。

第十九节　简易渐变填充字

要做一个简易渐变填充字的效果。字有渐变填充的效果。

（1）点击"文件"→"新建"，或者按"Ctrl+N"组合键，新建一个文件。在弹出的"新建"对话框中，名称为"简易渐变填充字"，宽度为 800 像素，高度为 800 像素，分辨率为 72 像素，颜色模式为 RGB 颜色，背景内容为白色，点击"确定"按钮。

（2）新建的"简易立体字"这个空白文件，左下角有个文本框，里面是"66.67%" 66.67% 。点击这个文本框，将其中的内容改为"100%"，然后回车。

（3）"简易立体字"这个文件，目前只有一个图层："背景"。

（4）在工具箱中选择"横排文字工具" T ，工具属性栏中，"设置字体系列"为"隶书"，"设置字体大小"为"72"，"设置消除锯齿的方法"为"浑厚"，"设置文本颜色"为黑色。工具属性栏如图 3.19.1 所示。

图 3.19.1　"横排文字工具"对应的工具属性栏

（5）点击空白画布，输入如下字"渐变填充字"。图层面板中新增加了一个图层"图层 1"。点击"图层 1"这几个字，"图层 1"变成"渐变填充字"。

（6）选中"渐变填充字"图层，按"Ctrl+T"组合键，"渐变填充字"这些字的周围出现 8 个控制点。通过控制点，改变"渐变填充字"这些字的大小。移动"渐变填充字"这几个字，使之位于画布的中间位置。按回车键确认操作。

（7）选中"渐变填充字"图层，图层面板的下方有"添加图层样式"图标 fx ，点击这个图标，在弹出的选项列表中点击第一项"混合选项"。弹出来"图层样式"对话框。

（8）在"图层样式"对话框中进行设置。点击"渐变叠加"这几个字，这几个字前面的复选框被勾选。在右边的"渐变叠加"选项卡中，点击"渐变"右边的长条矩形"渐变编辑器" ，弹出"渐变编辑器"对话框。点击"预设"下面渐变图标中的"色谱"图标 ，点击"确定"按钮。在"渐变叠加"选项卡中，设置"角度"为"60"（度），点击"确定"按钮，如图 3.19.2 所示。设置不同参数，查看不同的渐变填充效果。

（9）点击"文件"→"存储为"，在弹出的"存储为"对话框中，点击"文件名"右边的文本框，输入"简易渐变填充字.psd"，点击"格式"右边的下拉列表，选择"Photoshop（*.PSD;*.PDD）"，点击"保存"按钮。在弹出的"Photoshop 格式选项"对话框中，点击"确定"按钮。

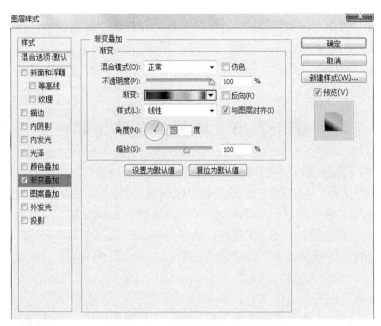

图 3.19.2 "图层样式"对话框

第二十节　简易透明字

要做一个简易透明字的效果。字有透明的效果。

（1）在 Photoshop CS6 中打开"蓝天.jpg"。目前只有一个图层："背景"。

（2）在工具箱中选择"横排文字工具" ，工具属性栏中，"设置字体系列"为"隶书"，"设置字体大小"为"72"，"设置消除锯齿的方法"为"浑厚"，"设置文本颜色"为黑色。工具属性栏如图 3.20.1 所示。

图 3.20.1 "横排文字工具"对应的工具属性栏

（3）点击画布，输入字"蓝天"。图层面板中新增加了一个图层"图层 1"。点击"图层 1"这几个字，"图层 1"变成"蓝天"。

（4）选中"蓝天"图层，调整"蓝天"这两个字的位置和大小。按"Ctrl+T"组合键，"蓝天"这两个字的周围出现 8 个控制点。通过控制点，改变"蓝天"这两个字的大小。移动"蓝天"这两个字，使之位于画布的中间位置。按回车键确认操作。

（5）选中"蓝天"图层，右击"蓝天"图层，在弹出的下拉列表中点击"栅格化文字"。

（6）选中"蓝天"图层，按住 Ctrl 键不放，用鼠标点击图层前面的小方块"图层缩览图"，"蓝天"这两个字的轮廓被选中，文字周围蚂蚁线在闪烁。

（7）按"Delete"键，"蓝天"这两个字的黑色笔画被删除，只有字轮廓的蚂蚁线闪烁。

（8）选中"蓝天"图层，点击"编辑"→"描边"，在弹出的"描边"对话框中进行设置。设置"宽度"为"2 像素"，设置"颜色"为黑色，设置"位置"为"居中"，设置"模式"为"正常"，设置"不透明度"为"50"（%），点击"确定"按钮。

（9）点击"文件"→"存储为"，在弹出的"存储为"对话框中，点击"文件名"右边的文本框，输入"简易透明字.psd"，点击"格式"右边的下拉列表，选择"Photoshop（*.PSD;*.PDD）"，点击"保存"按钮。在弹出的"Photoshop 格式选项"对话框中，点击"确定"按钮。

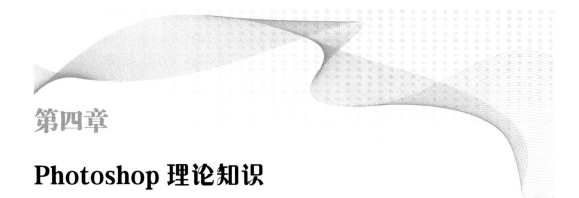

第四章

Photoshop 理论知识

本章介绍 Photoshop 的理论知识。Photoshop 是由 Adobe 公司开发的图形处理系列软件之一，是主要应用于图像处理、广告设计的一种电脑软件。最先它只是在 Apple 机（MAC）上使用，后来也开发出了 For Window 的版本。下面是该软件一些基本的概念。

第一节 基 本 概 念

（1）位图。

又称光栅图，一般用于照片品质的图像处理，是由许多像小方块一样的"像素"组成的图形。由其位置与颜色值表示，能表现出颜色阴影的变化。Photoshop 主要用于处理位图。

（2）矢量图。

通常无法提供生成照片的图像物性，一般用于工程技术绘图，如灯光的质量效果很难在一幅矢量图表现出来。

（3）像素。

在 Photoshop 中，像素（Pixel）是组成图像的最基本单元，它是一个小的方形的颜色块，一个图像通常由许多像素组成，这些像素被排成横行或纵列。当用缩放工具将图像放到足够大时，就可以看到类似马赛克的效果，每个小方块就是一个像素，也可称之为栅格。每个像素都有不同的颜色值。单位长度内的像素越多，该分辨率（Ppi）越高，图像的效果就越好。

（4）分辨率。

每单位长度上的像素叫做图像的分辨率，简单讲即是电脑图像的清晰与模糊，分辨率有很多种。如屏幕分辨率，扫描仪的分辨率，打印分辨率。

图像尺寸与图像大小及分辨率的关系：如图像尺寸大，分辨率大，文件较大，所占内存大，电脑处理速度会慢；相反，任意一个因素减少，处理速度都会加快。

（5）图层。

通俗地讲，图层就像是含有文字或图形等元素的胶片，一张张按顺序叠放在一起，组合起来形成页面的最终效果。图层可以将页面上的元素精确定位。图层中可以加入文本、图片、表格、插件，也可以在里面再嵌套图层。图层就像一张透明的纸，在透明纸上绘画，被画上的部分叫不透明区，没画上的部分叫透明区，通过透明区可以看到下一层的内容。把透明纸按顺序叠加在一起就组成了完整的图像。

（6）通道。

通道是用来存放图像信息的地方。Photoshop 将图像的原色数据信息分开保存，我们把保存这些原色信息的数据带称为"颜色通道"，简称为通道。

通道的分类：通道用两种，颜色通道和 Alpha 通道。颜色通道用来存放图像的颜色信息，Alpha 通道用来存放和计算图像的选区。

通道的特点：通道将不同色彩模式图像的原色数据信息，分开保存在不同的颜色通道中，可以对各颜色通道进行编辑来修补、改善图像的颜色色调（例：RGB 模式的图像由红、绿、蓝三原色组成，那么它就有三个颜色通道，除此以外还有一个复合通道）。也可将图像中的局部区域的选区存储在 Alpha 通道中，随时对该区域进行编辑。

（7）路径。

"路径"（Paths）是 Photoshop 中的重要工具，其主要用于进行光滑图像选择区域及辅助抠图、绘制光滑线条、定义画笔等工具的绘制轨迹，输出输入路径及和选择区域之间转换。在辅助抠图上，它突出显示了强大的可编辑性，具有特有的光滑曲率属性，与通道相比，有着更精确、更光滑的特点。

（8）形状。

从技术上讲，形状图层是带图层剪贴路径的填充图层。填充图层定义形状的颜色，而图层剪贴路径定义形状的几何轮廓。可以使用形状工具直接拖曳产生一个形状，或使用钢笔工具创建形状，因为形状存在于一个图层中，你可以改变图层的内容，形状由当前的前景色自动填充，但是您也可以轻松地将填充更改为其他颜色、渐变或图案。你也可以应用图层样式到图层上，比如斜角和浮雕还有图案填充等。

（9）动作。

所谓"动作"，实际上是由自定义的操作步骤组成的批处理命令，它会根据你定义操作步骤的顺序，逐一显示在动作浮动面板中，这个过程我们称之为"录制"。以后需要对图像进行此类重复操作时，只需把录制的动作"搬"出来，按一下"播放"，一系列的动作就会应用在新的图像中了。

（10）滤镜。

"滤镜"是图像处理软件所特有的，它的产生主要是为了适应复杂的图像处理的需求。滤镜是一种植入 Photoshop 的外挂功能模块，或者也可以说它是一种开放式的程序，它是为了众多图像处理软件进行图像特殊效果处理制作而设计的系统处理接口。目前 Photoshop 内部自身附带的滤镜（系统滤镜）有近百种之多，另外还有第三方厂商开发的滤镜，以插件的方式挂接到 Photoshop 中；当然，用户还可以用 Photoshop Fiter SDK 来开发自己设计的滤镜。我们把 Photoshop 内部自身附带的滤镜叫内部滤镜，把第三方厂商开发的滤镜叫外挂滤镜。

第二节　图像的色彩模式

图像的颜色是由各种不同的基色来合成的，在 PS 中称作颜色模式。下面是 PS 中各种色彩模式的简介：

（1）RGB 彩色模式：又叫加色模式，是屏幕显示的最佳颜色，由红、绿、蓝三种颜色组成，每一种颜色可以有 0～255 的亮度变化。

（2）CMYK 彩色模式：由品蓝、品红、品黄和黄色组成，又叫减色模式。一般打印输出及印刷都是这种模式，所以打印图片一般都采用 CMYK 模式。

（3）HSB 彩色模式：是将色彩分解为色调、饱和度及亮度，通过调整色调、饱和度及亮度得到颜色的变化。

（4）Lab 彩色模式：这种模式通过一个光强和两个色调来描述一个色调叫 a，另一个色调叫 b。它主要影响着色调的明暗。一般 RGB 转换成 CMYK 都先经 Lab 的转换。

（5）索引颜色：这种颜色下，图像像素用一个字节表示它最多包含有 256 色的色表储存并索引其所用的颜色，它图像质量不高，占空间较少。

（6）灰度模式：即只用黑色和白色显示图像，像素 0 值为黑色，像素 255 为白色。

（7）位图模式：像素不是由字节表示，而是由二进制表示，即黑色和白色由二进制表示，从而占磁盘空间最小。

第三节　图像的格式

图像的格式就是指图像的存储格式，PS 中的存储格式很多，不同的图像文件格式代表着不同的图像信息——矢量图像还是位图图像、色彩数、压缩程度等，下面简单介绍几种常用的图象文件格式及其特点：

（1）PSD 格式：PSD 格式是 PS 中专用的文件格式，也是唯一可以存储所有 PS 特有的文件信息以及色彩模式等，用这种格式存储的图像清晰度高，而且很好地保留了图片的制作过程，以便于以后修改，如果图像文件中包含图层、通道以及路径的记录，就必须以 PSD 格式进行存储。

（2）BMP 格式：BMP 格式是微软公司 Windows 的图像格式，这种文件格式保真度非常高，可以轻松地处理 24 位颜色的图像。但它的缺点就是压缩功能不大，不能对文件大小进行有效地压缩，换句话说 BMP 文件的容量是很大的。

（3）JPEG 格式：JPEG 格式是一种高效的压缩图像文件格式，也是有损的压缩，所以 JPEG 格式不适合印刷，但它的兼容性很大，而且跨平台性好，所以应用范围也是很广的。

（4）GIF 格式：GIF 格式多用于网络方面，支持 256 种阴影彩色和灰度图像，支持多平台，文件容量不大，很适合网络的传输，常见的 GIF 图像是以动画文件出现的，主要是因为 GIF 文件可以存储多个映象图像，而 JPEG 格式不可以保存动画，只能保存单一图像，但 GIF 文件的图像颜色效果没有 JPEG 的格式好。

（5）EPS 格式：该格式是 Adobe 公司开发，是一种应用非常广泛的 Postscript 格式，常用于绘图或排版。

（6）PCX 格式：该格式是专门为 DOS 环境设计的，从最早的 16 色发展到现在的 1 677 万色。

（7）PDF 格式：Adobe 公司开发的图像文件格式，支持文本格式，常用于排版印刷、制作教程等方面。

（8）TIFF 格式：采用 LZW 的压缩方法，是一种无损失压缩，应用于印刷。

第四节　图层混合模式

混合模式的本质究竟是什么？只有把这个定性的问题搞清楚了，其他探讨才更有意义。

（1）混合模式与加深、减淡等编辑工具以及色阶、曲线等调整命令的本质是相同的，即改变色阶。换言之，编辑工具、调整命令、混合模式是图像调整中改变像素色阶的三类主要手段。

（2）混合模式可以有多种理解方法：一是基于混合色改变基色，将结果色视为改变后的基色；二是基于基色改变混合色，将结果色视为改变后的混合色；三是由基色和混合色生成结果色，结果色独立于基色和混合色。但我觉得，第一种理解方法较为妥当，另外，也便于对相应模拟曲线的理解。

（3）我们通常所说的变暗组模式以及变亮组模式等，不管是变亮，还是变暗，都是相对于基色而言的，而不是相对于混合色而言的。所谓变亮，就是使基色色阶增大；所谓变暗，就是使基色色阶减小；所谓叠加，基色色阶可能增大，也可能减小。

下面是图层混合模式简介。

（1）正常。此模式，上下图层间的混合与叠加关系则需要依据上方图层的"不透明度"而定。如果上方图层透明度为 100%，则完全覆盖下方图层。反之则随不透明度的降低，下方图层逐渐显现。

（2）溶解。用于在当前图层中的图像出现透明像素的情况下，依据图像中透明像素的量显示出颗粒化效果。

（3）变暗。选择此模式时，PS 将上下层图像进行比较，以上方图层较暗的像素代替下方图层较亮的像素，且下方图层较暗的区域代替上方图层较亮的区域，因此图像变暗。

（4）正片叠底。此模式，PS 会将上下两图层的颜色相乘并除以 255，最终得到的图像比上下两个图层要暗些。

（5）颜色加深。此模式用于加深图像的颜色，通常用于创建非常暗的阴影效果或降低图像的局部亮度。

（6）线性加深。察看每一个颜色通道的颜色信息，加暗所有通道的基色，并通过提高其他颜色的亮度来反映混合颜色，此模式对于白色无效。

（7）变亮。选择此模式时，PS 将上下层图像进行比较，以上方图层较亮的像素代替下方图层较暗的像素，且下方图层较亮的区域代替上方图层较暗的区域，因此图像变亮。

（8）滤色。选择此选项在整体效果上显示由上方图层及下方图层的像素值中较亮的像素合成图像效果。通常用于显示下方图层的高亮部分。

（9）颜色减淡。此模式可以生成非常亮的合成效果，其原理为上方图层的像素值与下方图层的像素值采取一定的算法相加，此模式通常用来创建光源中心点极亮的效果。

（10）线性减淡。查看每一个颜色通道的颜色信息，加亮所有通道的基色，并通过降低其他颜色的亮度来反映混合颜色，此模式对于黑色无效。

（11）叠加。选择此模式时，图像的最终效果将取决于下方图层，但上方图层的明暗对比效果也将直接影响到整体效果，叠加后下方图层的亮度区与阴影区仍被保留。

（12）柔光。PS 将根据上下图层的图像，使图像的颜色变亮或变暗，具体变化程度取决于像素的明暗程度，如果上方图层的像素比 50%灰色亮，则图像变亮；反之，变暗。

（13）强光。与柔光类似，但其加亮与变暗程度较柔光模式大许多。

（14）亮光。如果混合色比 50%灰度亮，图像通过降低对比度来加亮图像，反之则通过提高对比度来加暗图像。

（15）线性光。如果混合色比 50%灰度亮，图像通过提高对比度来加亮图像，反之则通过降低对比度来加暗图像。

（16）点光。此模式通过置换颜色像素来混合图像，如果混合色比 50%灰度亮，比源图像暗的像素会被置换，而比源图像亮的像素无变化；反之，比源图像亮的像素会被置换，而比源图像暗的像素则无变化。

（17）实色混合。查看每个通道中的颜色信息，并将基色与混合色复合。结果色总是较暗的颜色。

（18）差值。选择此模式，PS 将对比上下两图层的像素值，并以较大的像素值减去较小的像素值，以两者之差决定最终显示的图像的像素值。

（19）排除。此模式可创建一种与差值模式相似，但对比度较低的效果。

（20）色相。此模式时，最终图像的像素值由下方图层的"亮度"与"饱和度"值，及上方图层的"色相"值构成。

（21）饱和度。选择此模式时，最终图像的值由下方图层的"亮度"和"色相"值，及上方图层的"饱和度"值构成。

（22）颜色。此模式，最终图像的像素值由下方图层的"亮度"及上方图层的"色相"和"饱和度"值构成。

（23）亮度。此模式，最终图像的像素值由下方图的"色相"和"饱和度"值及上方图层的"亮度"值构成。

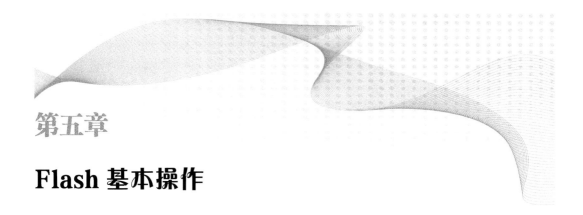

第五章

Flash 基本操作

本章介绍 Flash 的基本操作，包括介绍 Flash CS6 软件的界面、Flash CS6 的基本工具等。本书所用的图片和动画，全都来自于网络。

第一节　Flash CS6 界面

打开软件 Flash CS6，界面如图 5.1.1 所示。

图 5.1.1　Flash CS6 界面

下面详细介绍 Flash CS6 开始界面的具体细节。

1．Flash CS6 界面概述

（1）界面左上角的 Fl，是 Flash CS6 的图标。"Fl"是"Flash"的缩写。

（2）Flash CS6 图标Fl的右边，是 Flash CS6 的菜单栏。菜单栏包括如下菜单：文件（F）、编辑（E）、命令（C）、窗口（W）、帮助（H）。

（3）界面中间有 3 列：从模板创建、新建、学习。

（4）界面的下方，是"时间轴"面板。如果没有出现"时间轴"面板，点击"窗口"→"时间轴"，"时间轴"面板就会出现。如果已经有"时间轴"面板，点击"窗口"→"时间轴"，"时间轴"面板就会隐藏起来。"时间轴"面板的右边，是"帧"。

（5）界面的右边，有"属性"面板。如果右边没有"属性"面板，点击"窗口"→"属性"，"属性"浮动面板就会出现。如果已经有"属性"面板，点击"窗口"→"属性"，"属性"浮动面板就会隐藏起来。

（6）界面的右边，有"工具"面板。如果右边没有"工具"面板，点击"窗口"→"工具"，"工具"浮动面板就会出现。如果已经有"工具"面板，点击"窗口"→"工具"，"工具"浮动面板就会隐藏起来。

2．新建文件

点击"文件"→"新建"，或者点击"Ctrl+N"，可以新建文件。弹出"新建文档"对话框，点击"ActionScript 3.0"，如图 5.1.2 所示。点击"确定"按钮。

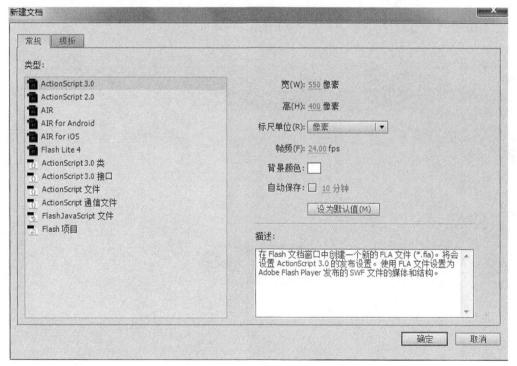

图 5.1.2 "新建文档"对话框

新建文件之后，界面发生了变化。界面如图 5.1.3 所示。

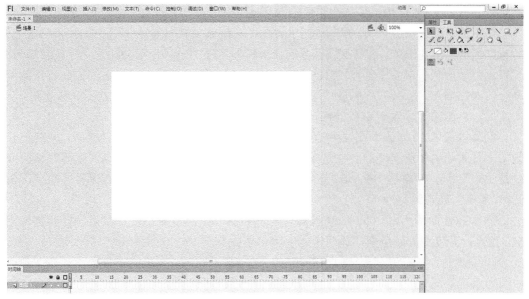

图 5.1.3　新建文件之后的窗口

（1）菜单栏中的选项增多了。菜单栏包括：文件（F）、编辑（E）、视图（V）、插入（I）、修改（M）、文本（T）、命令（C）、控制（O）、调试（D）、窗口（W）、帮助（H）。

（2）"时间轴"面板中有了一个图层："图层 1"。

（3）窗口的左上方选项卡，是新建的文件名字："未命名-1"。

（4）选项卡的左下面，是"场景 1"，选项卡的右下方，是"编辑场景"图标，"编辑元件"图标，最右边的文本框，表示窗口的大小比例。

（5）窗口的工作区，是一片灰色区域，中间一块白色区域，这是舞台。

（6）在工具箱中点击"选择工具"，用鼠标点击舞台，点击"窗口"→"属性"，打开属性面板，如图 5.1.4 所示。

（7）在属性面板中，FPS 是 Frames Per Second 的缩写，表示每秒传输帧数。FPS 右边默认为 24，这个数字可以更改。

对 Frames Per Second 更确切的解释是"每秒钟填充图像的帧数（帧/秒）"。FPS 是测量用于保存、显示动态视频的信息数量。通俗来讲就是指动画或视频的画面数。例如在电影视频及数字视频上，每一帧都是静止的图像；快速连续地显示帧便形成了

图 5.1.4　属性面板

运动的假象。每秒钟帧数（FPS）愈多，所显示的动作就会愈流畅。通常，要避免动作

不流畅的最低 FPS 是 30。某些计算机视频格式，每秒只能提供 15 帧。

这里的"FPS"也可以理解为我们常说的"刷新率（单位为 Hz）"，例如我们常在 CS 游戏里说的"FPS 值"。我们在装机选购显卡和显示器的时候，都会注意到"刷新率"。一般我们设置缺省刷新率都在 75Hz（即 75 帧/秒）以上。例如：75Hz 的刷新率是指屏幕一秒内扫描 75 次，即 75 帧/秒。而当刷新率太低时我们肉眼都能感觉到屏幕的闪烁，不连贯，对图像显示效果和视觉感观产生不好的影响。

电影以每秒 24 张画面的速度播放，也就是一秒钟内在屏幕上连续投射出 24 张静止画面。有关动画播放速度的单位是 FPS，其中的 F 就是英文单词 Frame（画面、帧），P 就是 Per（每），S 就是 Second（秒）。用中文表达就是多少帧每秒，或每秒多少帧。电影是 24fps，通常简称为 24 帧。

（8）属性面板中，"大小"表示舞台的宽和高，以像素为单位。默认舞台的宽度为 550 像素，高度为 400 像素，这两个数字可以更改。

（9）"舞台"右边有一个白色的矩形，点击这个矩形，弹出一个调色板，在调色板中选择合适的舞台颜色。

3. 工具箱

点击"窗口"→"工具"，右边就出现"工具"浮动面板。再次点击"窗口"→"工具"，右边出现的"工具"浮动面板会隐藏。工具箱如图 5.1.5 所示。"工具"浮动面板分成 3 块，第一块是各个工具，第二块是 ，第三块是各个工具对应的特殊属性，当点击不同工具的时候，第三块发生变化。下面介绍"工具"浮动面板中的各工具。

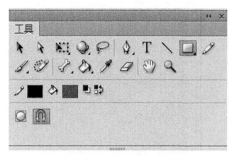

图 5.1.5 "工具"浮动面板

（1）"选择工具" ，用来进行选择。点击这个工具之后，"工具"浮动面板的最下面一块出现 。

（2）"部分选区工具" 。

（3）"任意变形工具" 。点击这个工具之后，"工具"浮动面板的最下面一块出现 。

（4）"3D 旋转工具" 。工具的右下方，有一个黑色的三角形。点击"3D 旋转工具"，按住鼠标不放，会弹出同一系列的工具："3D 旋转工具" 、"3D 平移工具" 。点击这个工具之后，"工具"浮动面板的最下面一块出现 。

（5）"套索工具" 。点击这个工具之后，"工具"浮动面板的最下面一块出现 。

（6）"钢笔工具" 。工具的右下方，有一个黑色的三角形。点击"钢笔工具"，按住鼠标不放，会弹出同一系列的工具："钢笔工具" 、"添加锚点工具" 、"删除锚点工具" 、"转换锚点工具" 。点击这个工具之后，"工具"浮动面板的最下面一块出现 。

（7）"文本工具" 。

（8）"线条工具" ＼。点击这个工具之后，"工具"浮动面板的最下面一块出现 ◎ ⋒。

（9）"矩形工具" ▢。工具的右下方，有一个黑色的三角形。点击"矩形工具"，按住鼠标不放，会弹出同一系列的工具："矩形工具" ▢ 矩形工具(R)、"椭圆工具" ◯ 椭圆工具(O)、"基本矩形工具" ▢ 基本矩形工具(R)、"基本椭圆工具" ◯ 基本椭圆工具(O)、"多角星形工具" ⬡ 多角星形工具。点击这个工具之后，"工具"浮动面板的最下面一块出现 ◎ ⋒。

（10）"铅笔工具" ✎。点击这个工具之后，"工具"浮动面板的最下面一块出现 ◎ ↖。

（11）"刷子工具" ✒。工具的右下方，有一个黑色的三角形。点击"矩形工具"，按住鼠标不放，会弹出同一系列的工具："刷子工具" ✒ 刷子工具(B)、"喷涂刷工具" 🗐 喷涂刷工具(B)。点击这个工具之后，"工具"浮动面板的最下面一块出现 ◎ ◎ ◎ ٠ ●。

（12）"Deco 工具" 🖌。

（13）"骨骼工具" ✐。工具的右下方，有一个黑色的三角形。点击"矩形工具"，按住鼠标不放，会弹出同一系列的工具："骨骼工具" ✐ 骨骼工具(M)、"绑定工具" ◔ 绑定工具(M)。点击这个工具之后，"工具"浮动面板的最下面一块出现 ⋒。

（14）"颜料桶工具" ◔。工具的右下方，有一个黑色的三角形。点击"矩形工具"，按住鼠标不放，会弹出同一系列的工具："颜料桶工具" ◇ 颜料桶工具(K)、"墨水瓶工具" 🖋 墨水瓶工具(S)。点击这个工具之后，"工具"浮动面板的最下面一块出现 ◎ ٠ ▣。

（15）"滴管工具" ✐。

（16）"橡皮擦工具" ✐。点击这个工具之后，"工具"浮动面板的最下面一块出现 ◎ ▤ ●。

（17）"手形工具" ✋。

（18）"缩放工具" 🔍。点击这个工具之后，"工具"浮动面板的最下面一块出现 🔍 🔍。

4. Swf 文件说明

通过 Flash CS6 软件，新建一个 Flash 文件，按"Ctrl+Enter"组合键之后，当前目录下就会出现一个同名的 Swf 格式的文件。Swf 格式的文件，可以直接点击运行，不依赖 Flash 软件编译环境。

第二节　大象直线运动

"大象直线运动"文件夹中有图片："大象.gif"。做一个大象直线运动的动画。

（1）点击"文件"→"新建"，或者点击"Ctrl+N"，在弹出"新建文档"对话框中点击"ActionScript 3.0"。

（2）按"Ctrl+S"保存，"文件名"为"大象直线运动"，"保存类型"为"Flash CS6 文档（*.fla）"。

（3）在工具箱中点击"选择工具"。用鼠标点击舞台，点击"窗口"→"属性"，打开属性面板。在属性面板中，分别调整"FPS"的值、"大小"的值、舞台颜色。

（4）点击"文件"→"导入"→"导入到库"。在相关目录中选择"大象.gif"，点击

"打开"按钮。

（5）点击"窗口"→"库"，打开库面板。库面板中有一个"影片剪辑"类型的元件"元件 1" 元件 1。注意观察"元件 1"前面的图标，是一个电影胶片的图标，表示这是一个"影片剪辑"类型的元件。点击"元件 1"，上面出现一个大象，大象的右上方，有图标 ▶，点击右上方的那个三角形图标，大象就开始运动。

（6）双击"元件 1"这几个字，使之处于可编辑状态，输入"大象"，回车。

（7）现在"时间轴"面板中只有一个图层"图层 1"。双击"图层 1"这几个字，使之处于可编辑状态，输入"大象"，回车。

（8）点击"大象"图层的第一帧。打开库面板，把影片剪辑类型的元件"大象"，用鼠标拖拽到舞台的左下角。点击第一帧，舞台的左下角有一个大象。第一帧变成关键帧。

（9）右击"大象"图层的第 150 帧，在弹出的选项卡中点击"转换为关键帧"。点击第 150 帧，舞台的左下角有一个大象。

（10）在工具箱中点击"选择工具"。点击第 150 帧，舞台左下角有一个大象，用鼠标把大象拖拽到舞台的右上方。

（11）点击"大象"图层的第一帧。点击"插入"→"传统补间"。第 1 帧到第 150 帧之间，就多了一条实心的有向线段。

（12）按"Ctrl+Enter"。弹出一个"大象直线运动"Swf 格式的对话框，大象从左下方向右上方直线运动，周而复始。当前目录下多了一个 Swf 文件："大象直线运动.swf"。

第三节　豹子直线运动

"豹子直线运动"文件夹中有图片："豹子.gif"。做一个豹子直线运动的动画。

（1）点击"文件"→"新建"，或者点击"Ctrl+N"，在弹出"新建文档"对话框中点击"ActionScript 3.0"。

（2）按"Ctrl+S"保存，"文件名"为"豹子直线运动"，"保存类型"为"Flash CS6文档（*.fla）"。

（3）在工具箱中点击"选择工具"。用鼠标点击舞台，点击"窗口"→"属性"，打开属性面板。在属性面板中，分别调整"FPS"的值、"大小"的值、舞台颜色。

（4）点击"文件"→"导入"→"导入到库"。在相关目录中选择"豹子.gif"，点击"打开"按钮。

（5）点击"窗口"→"库"，打开库面板。库面板中有一个"影片剪辑"类型的元件"元件 1" 元件 1。注意观察"元件 1"前面的图标，是一个电影胶片的图标，表示这是一个"影片剪辑"类型的元件。点击"元件 1"，上面出现一个豹子，豹子的右上方，有图标 ▶，点击右上方的那个三角形图标，豹子就开始运动。

（6）双击"元件 1"这几个字，使之处于可编辑状态，输入"豹子"，回车。

（7）现在"时间轴"面板中只有一个图层"图层 1"。双击"图层 1"这几个字，使之处于可编辑状态，输入"豹子"，回车。

（8）点击"豹子"图层的第一帧。打开库面板，把影片剪辑类型的元件"豹子"，用鼠标拖拽到舞台的左下角。点击第一帧，舞台的左下角有一个豹子。第一帧变成关键帧。

（9）右击"豹子"图层的第 150 帧，在弹出的选项卡中点击"转换为关键帧"。点击第 150 帧，舞台的左下角有一个豹子。

（10）在工具箱中点击"选择工具"。点击第 150 帧，舞台左下角有一个豹子，用鼠标把豹子拖拽到舞台的右上方。

（11）点击"豹子"图层的第一帧。点击"插入"→"传统补间"。第 1 帧到第 150 帧之间，就多了一条实心的有向线段。

（12）按"Ctrl+Enter"。弹出一个"豹子直线运动"Swf 格式的对话框，豹子从左下方向右上方直线运动，周而复始。当前目录下多了一个 Swf 文件："豹子直线运动.swf"。

第四节　鸟直线运动

"鸟直线运动"文件夹中有图片："鸟.gif"。做一个鸟直线运动的动画。

（1）点击"文件"→"新建"，或者点击"Ctrl+N"，在弹出"新建文档"对话框中点击"ActionScript 3.0"。

（2）按"Ctrl+S"保存，"文件名"为"鸟直线运动"，"保存类型"为"Flash CS6 文档（*.fla）"。

（3）在工具箱中点击"选择工具"。用鼠标点击舞台，点击"窗口"→"属性"，打开属性面板。在属性面板中，分别调整"FPS"的值、"大小"的值、舞台颜色。

（4）点击"文件"→"导入"→"导入到库"。在相关目录中选择"鸟.gif"，点击"打开"按钮。

（5）点击"窗口"→"库"，打开库面板。库面板中有一个"影片剪辑"类型的元件"元件 1" 元件 1。注意观察"元件 1"前面的图标，是一个电影胶片的图标，表示这是一个"影片剪辑"类型的元件。点击"元件 1"，上面出现一个鸟，鸟的右上方，有图标，点击右上方的那个三角形图标，鸟就开始运动。

（6）双击"元件 1"这几个字，使之处于可编辑状态，输入"鸟"，回车。

（7）现在"时间轴"面板中只有一个图层"图层 1"。双击"图层 1"这几个字，使之处于可编辑状态，输入"鸟"，回车。

（8）点击"鸟"图层的第一帧。打开库面板，把影片剪辑类型的元件"鸟"，用鼠标拖拽到舞台的左下角。点击第一帧，舞台的左下角有一个鸟。第一帧变成关键帧。

（9）右击"鸟"图层的第 150 帧，在弹出的选项卡中点击"转换为关键帧"。点击第 150 帧，舞台的左下角有一个鸟。

（10）在工具箱中点击"选择工具"。点击第 150 帧，舞台左下角有一个鸟，用鼠标把鸟拖拽到舞台的右上方。

（11）点击"鸟"图层的第一帧。点击"插入"→"传统补间"。第 1 帧到第 150 帧之间，就多了一条实心的有向线段。

（12）按"Ctrl+Enter"。弹出一个"鸟直线运动"Swf 格式的对话框，鸟从左下方向右上方直线运动，周而复始。当前目录下多了一个 Swf 文件："鸟直线运动.swf"。

第五节　大象转身运动

"大象转身运动"文件夹中有图片："大象.gif"。做一个大象转身运动的动画。

（1）点击"文件"→"新建"，或者点击"Ctrl+N"，在弹出"新建文档"对话框中点击"ActionScript 3.0"。

（2）按"Ctrl+S"保存，"文件名"为"大象转身运动"，"保存类型"为"Flash CS6 文档（*.fla）"。

（3）在工具箱中点击"选择工具"。用鼠标点击舞台，点击"窗口"→"属性"，打开属性面板。在属性面板中，分别调整"FPS"的值、"大小"的值、舞台颜色。

（4）点击"文件"→"导入"→"导入到库"。在相关目录中选择"大象.gif"，点击"打开"按钮。

（5）点击"窗口"→"库"，打开库面板。库面板中有一个"影片剪辑"类型的元件"元件 1" 元件 1。注意观察"元件 1"前面的图标，是一个电影胶片的图标，表示这是一个"影片剪辑"类型的元件。点击"元件 1"，上面出现一个大象，大象的右上方，有图标 ▶，点击右上方的那个三角形图标，大象就开始运动。

（6）双击"元件 1"这几个字，使之处于可编辑状态，输入"大象"，回车。

（7）现在"时间轴"面板中只有一个图层"图层 1"。双击"图层 1"这几个字，使之处于可编辑状态，输入"大象"，回车。

（8）点击"大象"图层的第一帧。打开库面板，把影片剪辑类型的元件"大象"，用鼠标拖拽到舞台的左下角。点击第一帧，舞台的左下角有一个大象。第一帧变成关键帧。

（9）右击"大象"图层的第 150 帧，在弹出的选项卡中点击"转换为关键帧"。点击第 150 帧，舞台的左下角有一个大象。

（10）在工具箱中点击"选择工具"。点击第 150 帧，舞台左下角有一个大象，用鼠标把大象拖拽到舞台的右上方。

（11）右击"大象"图层的第 151 帧，在弹出的选项卡中点击"转换为关键帧"。点击第 151 帧，舞台的右上方有一个大象。

（12）点击舞台右上方的大象，点击"修改"→"变形"→"水平翻转"，大象水平翻转。点击"修改"→"变形"→"任意变形"，大象的周围出现 8 个控制点，中间一个白色的小圆圈，是大象的重心。把光标移动到右上方那个控制点的旁边，光标弯曲。按住鼠标左键不放，旋转大象，使得大象运动方向为左下方。

（13）右击"大象"图层的第 300 帧，在弹出的选项卡中点击"转换为关键帧"。点击第 300 帧，舞台的右上方有一个大象。

（14）在工具箱中点击"选择工具"。点击第 300 帧，舞台右上方有一个大象，用鼠标把大象拖拽到舞台的左下角。

（15）点击"大象"图层的第一帧。点击"插入"→"传统补间"。第 1 帧到第 150 帧之间，就多了一条实心的有向线段。

（16）点击"大象"图层的第 151 帧。点击"插入"→"传统补间"。第 151 帧到第 300 帧之间，就多了一条实心的有向线段。

（17）按"Ctrl+Enter"。弹出一个"大象转身运动"Swf 格式的对话框，大象从左下方向右上方直线运动，然后转身，从右上方向左下方运动，周而复始。当前目录下多了一个 Swf 文件："大象转身运动.swf"。

第六节　豹子转身运动

"豹子转身运动"文件夹中有图片："豹子.gif"。做一个豹子转身运动的动画。

（1）点击"文件"→"新建"，或者点击"Ctrl+N"，在弹出"新建文档"对话框中点击"ActionScript 3.0"。

（2）按"Ctrl+S"保存，"文件名"为"豹子转身运动"，"保存类型"为"Flash CS6 文档（*.fla）"。

（3）在工具箱中点击"选择工具"。用鼠标点击舞台，点击"窗口"→"属性"，打开属性面板。在属性面板中，分别调整"FPS"的值、"大小"的值、舞台颜色。

（4）点击"文件"→"导入"→"导入到库"。在相关目录中选择"豹子.gif"，点击"打开"按钮。

（5）点击"窗口"→"库"，打开库面板。库面板中有一个"影片剪辑"类型的元件"元件 1" 🎬 元件 1。注意观察"元件 1"前面的图标，是一个电影胶片的图标，表示这是一个"影片剪辑"类型的元件。点击"元件 1"，上面出现一个豹子，豹子的右上方，有图标 ▶，点击右上方的那个三角形图标，豹子就开始运动。

（6）双击"元件 1"这几个字，使之处于可编辑状态，输入"豹子"，回车。

（7）现在"时间轴"面板中只有一个图层"图层 1"。双击"图层 1"这几个字，使之处于可编辑状态，输入"豹子"，回车。

（8）点击"豹子"图层的第一帧。打开库面板，把影片剪辑类型的元件"豹子"，用鼠标拖拽到舞台的左下角。点击第一帧，舞台的左下角有一个豹子。第一帧变成关键帧。

（9）右击"豹子"图层的第 150 帧，在弹出的选项卡中点击"转换为关键帧"。点击第 150 帧，舞台的左下角有一个豹子。

（10）在工具箱中点击"选择工具"。点击第 150 帧，舞台左下角有一个豹子，用鼠标把豹子拖拽到舞台的右上方。

（11）右击"豹子"图层的第 151 帧，在弹出的选项卡中点击"转换为关键帧"。点击第 151 帧，舞台的右上方有一个豹子。

（12）点击舞台右上方的豹子，点击"修改"→"变形"→"水平翻转"，豹子水平翻转。点击"修改"→"变形"→"任意变形"，豹子的周围出现 8 个控制点，中间一个白色的小圆圈，是豹子的重心。把光标移动到右上方那个控制点的旁边，光标弯曲。按住鼠标左键不放，旋转豹子，使得豹子运动方向为左下方。

（13）右击"豹子"图层的第 300 帧，在弹出的选项卡中点击"转换为关键帧"。点击第 300 帧，舞台的右上方有一个豹子。

（14）在工具箱中点击"选择工具"。点击第 300 帧，舞台右上方有一个豹子，用鼠标把豹子拖拽到舞台的左下角。

（15）点击"豹子"图层的第一帧。点击"插入"→"传统补间"。第 1 帧到第 150 帧之间，就多了一条实心的有向线段。

（16）点击"豹子"图层的第 151 帧。点击"插入"→"传统补间"。第 151 帧到第 300 帧之间，就多了一条实心的有向线段。

（17）按"Ctrl+Enter"。弹出一个"豹子转身运动"Swf 格式的对话框，豹子从左下方向右上方直线运动，然后转身，从右上方向左下方运动，周而复始。当前目录下多了一个 Swf 文件："豹子转身运动.swf"。

第七节　鸟转身运动

"鸟转身运动"文件夹中有图片："鸟.gif"。做一个鸟转身运动的动画。

（1）点击"文件"→"新建"，或者点击"Ctrl+N"，在弹出"新建文档"对话框中点击"ActionScript 3.0"。

（2）按"Ctrl+S"保存，"文件名"为"鸟转身运动"，"保存类型"为"Flash CS6 文档（*.fla）"。

（3）在工具箱中点击"选择工具"。用鼠标点击舞台，点击"窗口"→"属性"，打开属性面板。在属性面板中，分别调整"FPS"的值、"大小"的值、舞台颜色。

（4）点击"文件"→"导入"→"导入到库"。在相关目录中选择"鸟.gif"，点击"打开"按钮。

（5）点击"窗口"→"库"，打开库面板。库面板中有一个"影片剪辑"类型的元件"元件 1" 元件 1。注意观察"元件 1"前面的图标，是一个电影胶片的图标，表示这是一个"影片剪辑"类型的元件。点击"元件 1"，上面出现一个豹子，豹子的右上方，有图标 ▶，点击右上方的那个三角形图标，鸟就开始运动。

（6）双击"元件 1"这几个字，使之处于可编辑状态，输入"鸟"，回车。

（7）现在"时间轴"面板中只有一个图层"图层 1"。双击"图层 1"这几个字，使之处于可编辑状态，输入"鸟"，回车。

（8）点击"鸟"图层的第一帧。打开库面板，把影片剪辑类型的元件"鸟"，用鼠标拖拽到舞台的左下角。点击第一帧，舞台的左下角有一个鸟。第一帧变成关键帧。

（9）右击"鸟"图层的第 150 帧，在弹出的选项卡中点击"转换为关键帧"。点击第 150 帧，舞台的左下角有一个鸟。

（10）在工具箱中点击"选择工具"。点击第 150 帧，舞台左下角有一个鸟，用鼠标把鸟拖拽到舞台的右上方。

（11）右击"鸟"图层的第 151 帧，在弹出的选项卡中点击"转换为关键帧"。点击第 151 帧，舞台的右上方有一个鸟。

（12）点击舞台右上方的鸟，点击"修改"→"变形"→"水平翻转"，鸟水平翻转。点击"修改"→"变形"→"任意变形"，鸟的周围出现 8 个控制点，中间一个白色的小圆圈，是鸟的重心。把光标移动到右上方那个控制点的旁边，光标弯曲。按住鼠标左键不放，旋转豹子，使得鸟运动方向为左下方。

（13）右击"鸟"图层的第 300 帧，在弹出的选项卡中点击"转换为关键帧"。点击第 300 帧，舞台的右上方有一个鸟。

（14）在工具箱中点击"选择工具"。点击第 300 帧，舞台右上方有一个鸟，用鼠标把鸟拖拽到舞台的左下角。

（15）点击"鸟"图层的第一帧。点击"插入"→"传统补间"。第 1 帧到第 150 帧之间，就多了一条实心的有向线段。

（16）点击"鸟"图层的第 151 帧。点击"插入"→"传统补间"。第 151 帧到第 300 帧之间，就多了一条实心的有向线段。

（17）按"Ctrl+Enter"。弹出一个"鸟转身运动"Swf 格式的对话框，鸟从左下方向右上方直线运动，然后转身，从右上方向左下方运动，周而复始。当前目录下多了一个 Swf 文件："鸟转身运动.swf"。

第八节　奔　　马

"奔马"文件夹中有好几个图片。做一个奔马的动画。

（1）点击"文件"→"新建"，或者点击"Ctrl+N"，在弹出"新建文档"对话框中点击"ActionScript 3.0"。

（2）按"Ctrl+S"保存，"文件名"为"奔马"，"保存类型"为"Flash CS6 文档（*.fla）"。

（3）在工具箱中点击"选择工具"。用鼠标点击舞台，点击"窗口"→"属性"，打开属性面板。在属性面板中，分别调整"FPS"的值、"大小"的值、舞台颜色。

（4）现在"时间轴"面板中只有一个图层"图层 1"。双击"图层 1"这几个字，使之处于可编辑状态，输入"奔马"，回车。

（5）点击"文件"→"导入"→"导入到舞台"。在相关目录中选择"HORSE1.jpg"，点击"打开"按钮。

（6）弹出来"Adobe Flash CS6"对话框："此文件看起来是图像序列的组成部分。是否导入序列中的所有图像？"。点击"是"按钮，如图 5.8.1 所示。

图 5.8.1　"Adobe Flash CS6"对话框

（7）此时，"奔马"图层的 1～10 帧，全都变成了关键帧。按"Ctrl+Enter"。弹出一个"奔马"Swf 格式的对话框，奔马开始运动，周而复始。当前目录下多了一个 Swf 文件："奔马.swf"。

（8）说明：连续的帧存放连续的图片，播放起来就是动画。这是动画的原理。

第九节　飞　　鸟

"飞鸟"文件夹中有 8 个图片。做一个飞鸟的动画。

（1）点击"文件"→"新建"，或者点击"Ctrl+N"，在弹出"新建文档"对话框中点击"ActionScript 3.0"。

（2）按"Ctrl+S"保存，"文件名"为"飞鸟"，"保存类型"为"Flash CS6 文档（*.fla）"。

（3）在工具箱中点击"选择工具"。用鼠标点击舞台，点击"窗口"→"属性"，打开属性面板。在属性面板中，分别调整"FPS"的值、"大小"的值、舞台颜色为白色。

（4）现在"时间轴"面板中只有一个图层"图层 1"。双击"图层 1"这几个字，使之处于可编辑状态，输入"飞鸟"，回车。

（5）点击"文件"→"导入"→"导入到舞台"。在相关目录中选择"鸟 1.jpg"，点击"打开"按钮。

（6）弹出来"Adobe Flash CS6"对话框："此文件看起来是图像序列的组成部分。是否导入序列中的所有图像？"。点击"是"按钮，如图 5.9.1 所示。

图 5.9.1　"Adobe Flash CS6"对话框

（7）此时，"飞鸟"图层的 1～8 帧，全都变成了关键帧。按"Ctrl+Enter"。弹出一个"飞鸟"Swf 格式的对话框，奔马开始运动，周而复始。当前目录下多了一个 Swf 文件："飞鸟.swf"。

第十节　月 亮 自 转

做一个月亮自转的效果。

（1）点击"文件"→"新建"，或者点击"Ctrl+N"，在弹出"新建文档"对话框中点击"ActionScript 3.0"。

（2）按"Ctrl+S"保存，"文件名"为"月亮自转"，"保存类型"为"Flash CS6 文档（*.fla）"。

（3）现在"时间轴"面板中只有一个图层"图层 1"。双击"图层 1"这几个字，使之处于可编辑状态，输入"月亮自转"，回车。

（4）点击"插入"→"新建元件"。在弹出的"创建新元件"对话框中，"名称"为"月亮"，"类型"选择"图形"。点击"确定"按钮，如图 5.10.1 所示。

图 5.10.1　"创建新元件"对话框

（5）当前窗口为创建新元件的窗口，左上角的图标为　，表示目前窗口要创建图形元件。窗口的中间，是一个加号。

（6）在"工具箱"中，点击"椭圆工具"　。

（7）点击"窗口"→"属性"，打开"属性"面板。在"属性"面板中设置"填充和笔触"颜色。设置"笔触颜色"为"无"　，设置"填充颜色"为立体的黑白色　。"属性"面板中"填充和笔触"下的图标为　。

（8）按住鼠标左键不放，在窗口工作区画一个椭圆。

（9）在工具箱中，点击"选择工具"　，用鼠标选择这个椭圆。

（10）打开"属性"面板，在"位置和大小"选项中进行设置。"X:"为"－100"，"Y:"为"－100"，"宽:"为"200"，"高:"为"200"，如图 5.10.2 所示。这样一来，椭圆变成了正圆，重心和加号重合。

（11）在工具箱中点击"文本工具"　。打开"属性"面板进行设置。"文本引擎"选择"传统文本"，"文本类型"选择"静态文本"，"字符"选项中，"大小"为 72 点，颜色为蓝色，如图 5.10.3 所示。

图 5.10.2　"属性"面板中设置椭圆"位置和大小"

图 5.10.3　"属性"面板中设置文本

（12）点击月亮，输入两个字"月亮"。

（13）在工具箱中点击第 3 个工具"任意变形工具" ，"月亮"两个字的周围出现 8 个控制点，中间有个白色的小圆圈，是月亮的重心。用鼠标移动"月亮"这两个字，可以使用上下左右键进行微调，使得"月亮"两个字的重心，就是那个白色的小圆圈，和加号重合。把光标移动到右下角那个控制点的上面，形成一个−45 度的双箭头，按住 shift 键不放，等比例缩放这两个字，使得这两个字的大小与月亮的大小成比例。

（14）点击窗口左上角的"场景 1"。库面板中有一个图形类型的元件"月亮"。

图 5.10.4 "属性"面板中"补间"选项

（15）点击"月亮自转"图层的第一帧，从库面板中，把图形类型的元件"月亮"，拖拽到舞台的中央位置。

（16）右击"月亮自转"图层的第 150 帧，在弹出的选项卡中点击"转换为关键帧"。

（17）点击"月亮自转"图层的第一帧，点击"插入"→"传统补间"，第一帧到第 150 帧之间，就有了一条实心的有向线段。

（18）点击第一帧，打开属性面板，设置"补间"选项。点击"旋转"右边的下拉列表，选择"顺时针"，点击右边的文本，设置为"2"，如图 5.10.4 所示。

（19）按"Ctrl+Enter"。弹出一个"月亮自转"Swf 格式的对话框，月亮顺时针方向转动，周而复始。当前目录下多了一个 Swf 文件："月亮自转.swf"。

第十一节　地　球　自　转

做一个地球自转的效果。

（1）点击"文件"→"新建"，或者点击"Ctrl+N"，在弹出"新建文档"对话框中点击"ActionScript 3.0"。

（2）按"Ctrl+S"保存，"文件名"为"地球自转"，"保存类型"为"Flash CS6 文档（*.fla）"。

（3）现在"时间轴"面板中只有一个图层"图层 1"。双击"图层 1"这几个字，使之处于可编辑状态，输入"地球自转"，回车。

（4）点击"插入"→"新建元件"。在弹出的"创建新元件"对话框中，"名称"为"地球"，"类型"选择"图形"。点击"确定"按钮，如图 5.11.1 所示。

（5）当前窗口为创建新元件的窗口，左上角的图标为 地球，表示目前窗口要创建图形元件。窗口的中间，是一个加号。

（6）在"工具箱"中，点击"椭圆工具" 椭圆工具(O)。

（7）点击"窗口"→"属性"，打开"属性"面板。在"属性"面板中设置"填充和笔触"颜色。设置"笔触颜色"为"无" ，设置"填充颜色"为立体的蓝色 。"属性"面板中"填充和笔触"下的图标为 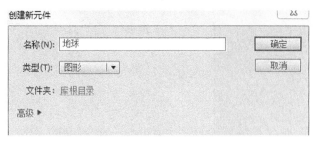 。

图 5.11.1 "创建新元件"对话框

（8）按住鼠标左键不放，在窗口工作区画一个椭圆。

（9）在工具箱中，点击"选择工具" ，用鼠标选择这个椭圆。

（10）打开"属性"面板，在"位置和大小"选项中进行设置。"X:"为"–100"，"Y:"为"–100"，"宽:"为"200"，"高:"为"200"，如图 5.11.2 所示。这样一来，椭圆变成了正圆，重心和加号重合。

（11）在工具箱中点击"文本工具" 。打开"属性"面板进行设置。"文本引擎"选择"传统文本"，"文本类型"选择"静态文本"，"字符"选项中，"系列"为"隶书"，"大小"为 72 点，颜色为绿色，如图 5.11.3 所示。

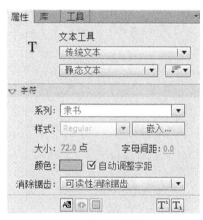

图 5.11.2 "属性"面板中设置椭圆"位置和大小"　　图 5.11.3 "属性"面板中设置文本

（12）点击地球，输入两个字"地球"。

（13）在工具箱中点击第 3 个工具"任意变形工具" ，"地球"两个字的周围出现 8 个控制点，中间有个白色的小圆圈，是地球的重心。用鼠标移动"地球"这两个字，可以使用上下左右键进行微调，使得"地球"两个字的重心，就是那个白色的小圆圈，和加号重合。把光标移动到右下角那个控制点的上面，形成一个–45 度的双箭头，按住 Shift 键不放，等比例缩放这两个字，使得这两个字的大小与地球的大小成比例。

（14）点击窗口左上角的"场景 1"。库面板中有一个图形类型的元件"地球"。

（15）点击"地球自转"图层的第一帧，从库面板中，把图形类型的元件"地球"，拖拽到舞台的中央位置。

图 5.11.4 "属性"面板中"补间"选项

（16）右击"地球自转"图层的第 150 帧，在弹出的选项卡中点击"转换为关键帧"。

（17）点击"地球自转"图层的第一帧，点击"插入"→"传统补间"，第一帧到第 150 帧之间，就有了一条实心的有向线段。

（18）点击第一帧，打开属性面板，设置"补间"选项。点击"旋转"右边的下拉列表，选择"顺时针"，点击右边的文本，设置为"2"，如图 5.11.4 所示。

（19）按"Ctrl+Enter"。弹出一个"地球自转"Swf 格式的对话框，地球顺时针方向转动，周而复始。当前目录下多了一个 Swf 文件："地球自转.swf"。

第十二节 太 阳 自 转

做一个太阳自转的效果。太阳有光芒。

（1）点击"文件"→"新建"，或者点击"Ctrl+N"，在弹出"新建文档"对话框中点击"ActionScript 3.0"。

（2）按"Ctrl+S"保存，"文件名"为"太阳自转"，"保存类型"为"Flash CS6 文档（*.fla）"。

（3）现在"时间轴"面板中只有一个图层"图层 1"。双击"图层 1"这几个字，使之处于可编辑状态，输入"太阳自转"，回车。

（4）点击"插入"→"新建元件"。在弹出的"创建新元件"对话框中，"名称"为"太阳"，"类型"选择"图形"。点击"确定"按钮，如图 5.12.1 所示。

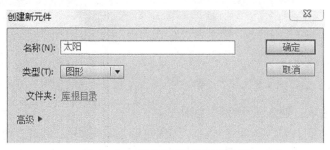

图 5.12.1 "创建新元件"对话框

（5）当前窗口为创建新元件的窗口，左上角的图标为 🔲 太阳 ，表示目前窗口要创建图形元件。窗口的中间，是一个加号。

（6）在"工具箱"中，点击"椭圆工具" 〇 椭圆工具(O) 。

（7）点击"窗口"→"属性"，打开"属性"面板。在"属性"面板中设置"填充和笔触"颜色。点击"笔触"图标 ✐ 右边的矩形，弹出笔触颜色的调色板，点击"Alpha:%"

右边的数字，设置为"100"，点击红色方块▉，从而设置"笔触颜色"为"红色"。如图 5.12.2 所示。设置"填充颜色"为立体的红色▉。"属性"面板中"填充和笔触"下的图标为 ✎ ▉ ◇ ▉。

（8）在"属性"面板中，点击"笔触"右边的文本框，输入"60"，回车。"样式"选择"斑马线"，如图 5.12.3 所示。

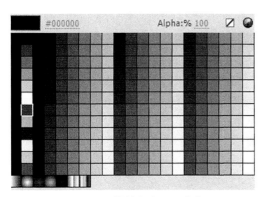

图 5.12.2　"笔触颜色"调色板

图 5.12.3　"属性"面板中设置"填充和笔触"

（9）按住鼠标左键不放，在窗口工作区画一个椭圆。

（10）在工具箱中，点击"选择工具" ▶，用鼠标选择太阳及其光芒。打开"属性"面板，在"位置和大小"选项中进行设置。"X:"为"–100"，"Y:"为"–100"，"宽:"为"200"，"高:"为"200"。这样一来，太阳的重心和加号重合。

（11）在工具箱中点击"文本工具" T。打开"属性"面板进行设置。"文本引擎"选择"传统文本"，"文本类型"选择"静态文本"，"字符"选项中，"系列"为"隶书"，"大小"为 72 点，颜色为绿色，如图 5.12.4 所示。

（12）点击太阳，输入两个字"太阳"。

（13）在工具箱中点击第 3 个工具"任意变形工具" ▨，"太阳"两个字的周围出现 8 个控制点，中间有个白色的小圆圈，是太阳的重心。用鼠标移动"太阳"这两个字，可以使用上下左右键进行微调，使得"太阳"两个字的重心，就是那个白色的小圆圈，和加号重合。把光标移动到右下角那个控制点的上面，形成一个–45 度的双箭头，按住 Shift 键不放，等比例缩放这两个字，使得这两个字的大小与太阳的大小成比例。

图 5.12.4　"属性"面板中设置文本属性

（14）点击窗口左上角的"场景 1"。库面板中有一个图形类型的元件"太阳"。

（15）点击"太阳自转"图层的第一帧，从库面板中，把图形类型的元件"太阳"，拖拽到舞台的中央位置。

（16）在工具箱中点击第 3 个工具"任意变形工具" ，太阳的周围出现 8 个控制点，中间有个白色的小圆圈，是太阳的重心。把光标移动到右下角那个控制点的上面，形成一个–45 度的双箭头，按住 Shift 键不放，等比例缩放太阳。可以通过鼠标以及上下左右键，移动太阳的位置，使得太阳位于舞台中央位置。

（17）右击"太阳自转"图层的第 150 帧，在弹出的选项卡中点击"转换为关键帧"。

（18）点击"太阳自转"图层的第一帧，点击"插入"→"传统补间"，第一帧到第150 帧之间，就有了一条实心的有向线段。

（19）点击第一帧，打开属性面板，设置"补间"选项。点击"旋转"右边的下拉列表，选择"顺时针"，点击右边的文本，设置为"2"。

（20）按"Ctrl+Enter"。弹出一个"太阳自转"Swf 格式的对话框，太阳顺时针方向转动，周而复始。当前目录下多了一个 Swf 文件："太阳自转.swf"。

第十三节　生 肖 自 转

做一个生肖自转的效果。

（1）点击"文件"→"新建"，或者点击"Ctrl+N"，在弹出"新建文档"对话框中点击"ActionScript 3.0"。按"Ctrl+S"保存文件。

（2）"文件名"为"生肖自转"，"保存类型"为"Flash CS6 文档（*.fla）"。

（3）现在"时间轴"面板中只有一个图层"图层 1"。双击"图层 1"这几个字，使之处于可编辑状态，输入"生肖自转"，回车。

（4）点击"文件"→"导入"→"导入到库"。在相关目录中选择"生肖.jpg"，点击"打开"按钮。库面板中，就有了一个图片"生肖.jpg"。

（5）点击"生肖自转"图层的第一帧。打开库面板，把影片剪辑类型的元件"生肖.jpg"，用鼠标拖拽到舞台的中央。第一帧变成关键帧。

图 5.13.1 "属性"面板中设置"补间"属性

（6）右击"生肖自转"图层的第 150 帧，在弹出的选项卡中点击"转换为关键帧"。

（7）点击"生肖自转"图层的第 1 帧，点击"插入"→"传统补间"，第一帧到第 150帧之间，就有了一条实心的有向线段。

（8）点击"生肖自转"图层的第一帧，打开属性面板，设置"补间"选项。点击"旋转"右边的下拉列表，选择"顺时针"，点击右边的文本，设置为"1"，如图 5.13.1 所示。

（9）按"Ctrl+Enter"。弹出一个"生肖自转"Swf 格式的对话框，生肖顺时针方向转动，周而复始。当前目录下多了一个 Swf文件："生肖自转.swf"。

第十四节　Flash 自 转

做一个 FLASH 自转的效果。

（1）点击"文件"→"新建"，或者点击"Ctrl+N"，在弹出"新建文档"对话框中点击"ActionScript 3.0"。

（2）按"Ctrl+S"保存文件。"文件名"为"FLASH 自转"，"保存类型"为"Flash CS6 文档（*.fla）"。

（3）现在"时间轴"面板中只有一个图层"图层 1"。双击"图层 1"这几个字，使之处于可编辑状态，输入"FLASH 自转"，回车。

（4）点击"插入"→"新建元件"，在弹出的"创建新元件"对话框中，"名称"为"FLASH"，"类型"选择"图形"。点击"确定"按钮，如图 5.14.1 所示。

图 5.14.1　"创建新元件"对话框

（5）在工具箱中点击"文本工具" **T** 。打开"属性"面板进行设置。"文本引擎"选择"传统文本"，"文本类型"选择"静态文本"，"字符"选项中，"系列"为"隶书"，"大小"为 120 点，颜色为黑色，如图 5.14.2 所示。

（6）点击窗口，输入"F"。

（7）在工具箱中点击第 3 个工具"任意变形工具" **※** ，"F"的周围出现 8 个控制点，中间有个白色的小圆圈，是"F"的重心。用鼠标移动"F"，可以使用上下左右键进行微调，使得"F"两个字的重心，就是那个白色的小圆圈，和加号重合。

（8）点击"F"，连续多次按向上的箭头。"F"的重心位于加号的正上方。

（9）用鼠标拖动"F"的重心，就是那个白色的小圆圈，可以点击上下键进行微调，使得"F"的重心，就是那个白色的小圆圈，和加号重合。

（10）点击"窗口"→"变形"，弹出"变形"浮动面板。勾选"旋转"，点击"旋转"右边的数字"0"，输入"72"，回车，如图 5.14.3 所示。"F"向右旋转 72 度。

（11）点击"变形"浮动面板中右下角的"重置选区和变形"图标 ，连续点击 4 次。

（12）在工具箱中点击"文本工具" **T** 。

（13）用鼠标选中右数第 2 个"F"，输入"L"。用鼠标选中右数第 3 个"F"，输入"A"。用鼠标选中右数第 3 个"F"，输入"S"。用鼠标选中右数第 2 个"F"，输入"H"。

图 5.14.2 在"属性"面板中设置
"文本工具"的参数

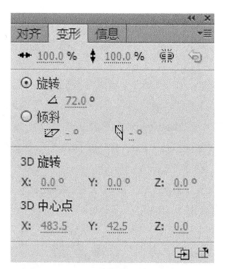

图 5.14.3 在"变形"面板中设置

（14）点击窗口左上角的"场景 1"。库面板中有一个图形类型的元件"FLASH"
FLASH。

（15）点击"FLASH 自转"图层的第一帧，从库面板中把图形类型的元件"FLASH"，
拖到舞台的中央位置。

（16）在工具箱中点击第 3 个工具"任意变形工具"，"FLASH"元件的周围出现
8 个控制点，中间有个白色的小圆圈，是"FLASH"元件的重心，还有一个加号。用鼠
标拖动白色的小圆圈，使得白色的小圆圈和加号重合。把光标移动到右下角那个控制点
的上面，形成一个–45 度的双箭头，按住 Shift 不放，等比例缩放"FLASH"元件。

（17）右击"FLASH 自转"图层的第 150 帧，在弹出的选项卡中点击"转换为关
键帧"。

图 5.14.4 在"属性"面板中设置"旋转"属性

（18）点击"FLASH 自转"图层的第 1
帧，点击"插入"→"传统补间"，第一帧
到第 150 帧之间，就有了一条实心的有向
线段。

（19）点击"FLASH 自转"图层的第
一帧，打开属性面板，设置"补间"选项。
点击"旋转"右边的下拉列表，选择"顺
时针"，点击右边的文本，设置为"1"，如
图 5.14.4 所示。

（20）按"Ctrl+Enter"。弹出一个
"FLASH 自转"Swf 格式的对话框，
"FLASH"顺时针方向转动,周而复始。当前目录下多了一个 Swf 文件:"FLASH 自转.swf"。

第十五节　图形补间形状

（1）点击"文件"→"新建"，或者点击"Ctrl+N"，在弹出"新建文档"对话框中点击"ActionScript 3.0"。

（2）按"Ctrl+S"保存，"文件名"为"图形补间形状"，"保存类型"为"Flash CS6 文档（*.fla）"。

（3）现在"时间轴"面板中只有一个图层"图层 1"。双击"图层 1"这几个字，使之处于可编辑状态，输入"图形变换"，回车。

（4）在工具箱中点击"矩形工具"■。

（5）点击"窗口"→"属性"，打开"属性"面板。

（6）"属性"面板中，"填充和笔触"下面，"笔触"图标 ✎ 的右边，是一个矩形，点击这个矩形，打开笔触颜色的调色板。点击☑，那么笔触颜色为"无"，就是没有笔触颜色，如图 5.15.1 所示。

（7）"属性"面板中，"填充和笔触"下面，"填充"图标 ✎ 的右边，是一个矩形，点击这个矩形，打开填充颜色的调色板。点击■，那么填充颜色为立体的红色，如图 5.15.2 所示。

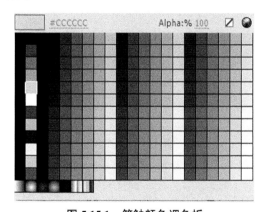

图 5.15.1　笔触颜色调色板

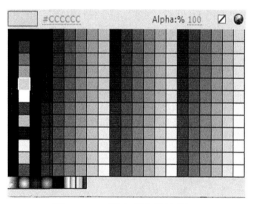

图 5.15.2　填充颜色调色板

（8）"属性"面板如图 5.15.3 所示。

（9）点击"图形变换"图层的第一帧，用鼠标画一个矩形。

（10）在工具箱中点击"选择工具" ▶，用鼠标选择这个矩形。

（11）打开"属性"面板，在"位置和大小"选项中进行设置。"X:"为"100"，"Y:"为"50"，"宽:"为"300"，"高:"为"300"，如图 5.15.4 所示。

（12）右击"图形变换"图层的第 150 帧，在弹出的选项卡中点击"转换为空白关键帧"。

（13）在"工具箱"中选择"椭圆工具" ◯ 椭圆工具(O)。

（14）打开"属性"面板，设置椭圆工具的"填充和笔触"颜色。"属性"面板中，"填充和笔触"下面，"笔触"图标 ✎ 的右边，是一个矩形，点击这个矩形，打开笔触颜

图 5.15.3 "属性"面板中设置"填充和笔触"　　图 5.15.4 "属性"面板中设置"位置和大小"

色的调色板。点击 ，设置笔触颜色为"无"。"填充"图标 的右边，是一个矩形，点击这个矩形，打开填充颜色的调色板。点击 ，那么填充颜色为立体的绿色。"属性"面板中"填充和笔触"下的图标为 。

（15）点击"图形变换"图层的第 150 帧，用鼠标画一个椭圆。

（16）在工具箱中点击"选择工具" ，用鼠标选择这个椭圆。

（17）打开"属性"面板，在"位置和大小"选项中进行设置。"X:"为"100"，"Y:"为"50"，"宽:"为"300"，"高:"为"300"，如图 5.15.5 所示。

图 5.15.5 "属性"面板中设置
"位置和大小"

（18）右击"图形变换"图层的第 300 帧，在弹出的选项卡中点击"转换为空白关键帧"。

（19）在"工具箱"中，选择"多角星形工具" 多角星形工具。

（20）打开"属性"面板，设置椭圆工具的"填充和笔触"颜色。"笔触"颜色为"无" ，"填充"颜色为立体的蓝色 。"属性"面板中"填充和笔触"下的图标为 。

（21）点击"图形变换"图层的第 300 帧，用鼠标画一个多角星形。

（22）在工具箱中点击"选择工具" ，用鼠标选择这个多角星形。

（23）打开"属性"面板，在"位置和大小"选项中进行设置。"X:"为"100"，"Y:"为"50"，"宽:"为"300"，"高:"为"300"。

（24）点击"图形变换"图层的第一帧。点击"插入"→"补间形状"。第 1 帧到第 150 帧之间，就多了一条实心的有向线段。

（25）点击"图形变换"图层的第 150 帧。点击"插入"→"补间形状"。第 150 帧到第 300 帧之间，就多了一条实心的有向线段。

（26）按"Ctrl+Enter"。弹出一个"图形变换"Swf 格式的对话框，矩形转换为圆形，然后转换为五边形，颜色也逐渐变换，周而复始。当前目录下多了一个 Swf 文件："图形补间形状.swf"。

第十六节　Wmf 补间形状

对 Wmf 格式的图片补间形状。

（1）点击"文件"→"新建"，或者点击"Ctrl+N"，在弹出"新建文档"对话框中点击"ActionScript 3.0"。

（2）按"Ctrl+S"保存，"文件名"为"Wmf 补间形状"，"保存类型"为"Flash CS6 文档（*.fla）"。

（3）在工具箱中点击"选择工具" 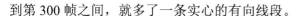。用鼠标点击舞台，点击"窗口"→"属性"，打开属性面板。在属性面板中，分别调整"FPS"的值、"大小"的值、舞台颜色。

（4）点击"文件"→"导入"→"导入到库"。在相关目录中选择"frog.wmf、horse.wmf、lion.wmf"这 3 个文件，然后点击"打开"按钮。

注意：为了显示 Wmf 格式的图片，"文件类型"下拉列表中应该选择"所有文件（*.*）"

所有文件 (*.*)　　　　　▼。

（5）点击"窗口"→"库"，打开库面板。库面板中有"frog.wmf、horse.wmf、lion.wmf"这 3 个文件。

（6）现在"时间轴"面板中只有一个图层"图层 1"。双击"图层 1"这几个字，使之处于可编辑状态，输入"补间形状"，回车。

（7）点击"补间形状"图层的第一帧。打开库面板，把元件"frog.wmf"，用鼠标拖拽到舞台的中间位置。第一帧变成关键帧。

（8）右击"补间形状"图层的第 150 帧，在弹出的选项卡中点击"转换为空白关键帧"。打开库面板，把元件"horse.wmf"，用鼠标拖拽到舞台的中间位置。

（9）右击"补间形状"图层的第 300 帧，在弹出的选项卡中点击"转换为空白关键帧"。打开库面板，把元件"lion.wmf"，用鼠标拖拽到舞台的中间位置。

（10）点击"补间形状"图层的第 1 帧，点击舞台上的青蛙，两次按"Ctrl+B"组合键，把青蛙"点状化"、"打散"。

（11）点击"补间形状"图层的第 150 帧，点击舞台上的马头，两次按"Ctrl+B"组合键，把马头"点状化"、"打散"。

（12）点击"补间形状"图层的第 300 帧，点击舞台上的狮子头，两次按"Ctrl+B"组合键，把狮子头"点状化"、"打散"。

（13）点击"补间形状"图层的第 1 帧，点击"插入"→"补间形状"。第 1 帧到第 150 帧之间，有了一条实心的有向线段。

（14）点击"补间形状"图层的第 150 帧，点击"插入"→"补间形状"。第 150 帧到第 300 帧之间，有了一条实心的有向线段。

（15）按"Ctrl+Enter"。弹出一个"wmf 补间形状"Swf 格式的对话框，青蛙逐渐转换为马头，马头逐渐转换为狮子头，周而复始。当前目录下多了一个 Swf 文件："Wmf 补间形状.swf"。

第十七节　Jpg 补间形状

（1）点击"文件"→"新建"，或者点击"Ctrl+N"，在弹出"新建文档"对话框中点击"ActionScript 3.0"。

（2）按"Ctrl+S"保存，"文件名"为"jpg 补间形状"，"保存类型"为"Flash CS6 文档（*.fla）"。

（3）在工具箱中点击"选择工具"。用鼠标点击舞台，点击"窗口"→"属性"，打开属性面板。在属性面板中，分别调整"FPS"的值、"大小"的值、舞台颜色。

（4）点击"文件"→"导入"→"导入到库"。在相关目录中选择"beibei.jpg、jingjing.jpg、huanhuan.jpg、yingying.jpg、nini.jpg"这 5 个文件，然后点击"打开"按钮。

（5）点击"窗口"→"库"，打开库面板。库面板中有"beibei.jpg、jingjing.jpg、huanhuan.jpg、yingying.jpg、nini.jpg"这 5 个文件。

（6）现在"时间轴"面板中只有一个图层"图层 1"。双击"图层 1"这几个字，使之处于可编辑状态，输入"补间形状"，回车。

（7）点击"补间形状"图层的第一帧。打开库面板，把文件"beibei.jpg"，用鼠标拖拽到舞台的中间位置。第一帧变成关键帧。

（8）右击"补间形状"图层的第 150 帧，在弹出的选项卡中点击"转换为空白关键帧"。打开库面板，把文件"jingjing.jpg"，用鼠标拖拽到舞台的中间位置。

（9）右击"补间形状"图层的第 300 帧，在弹出的选项卡中点击"转换为空白关键帧"。打开库面板，把元件"huanhuan.jpg"，用鼠标拖拽到舞台的中间位置。

（10）右击"补间形状"图层的第 450 帧，在弹出的选项卡中点击"转换为空白关键帧"。打开库面板，把元件"yingying.jpg"，用鼠标拖拽到舞台的中间位置。

（11）右击"补间形状"图层的第 600 帧，在弹出的选项卡中点击"转换为空白关键帧"。打开库面板，把元件"nini.jpg"，用鼠标拖拽到舞台的中间位置。

图 5.17.1　"转换位图为矢量图"对话框

（12）点击"补间形状"图层的第 1 帧，点击舞台上的图片，点击"修改"→"位图"→"转换位图为矢量图"，弹出"转换位图为矢量图"对话框，点击"确定"按钮，如图 5.17.1 所示。

（13）点击"补间形状"图层的第 150 帧，点击舞台上的图片，点击"修改"→"位图"→"转换位图为矢量图"，弹出"转换位图为矢量图"对话框，点击"确定"按钮。

（14）点击"补间形状"图层的第 300 帧，点击舞台上的图片，点击"修改"→"位图"→"转换位图为矢量图"，弹出"转换位图

为矢量图"对话框，点击"确定"按钮。

（15）点击"补间形状"图层的第 450 帧，点击舞台上的图片，点击"修改"→"位图"→"转换位图为矢量图"，弹出"转换位图为矢量图"对话框，点击"确定"按钮。

（16）点击"补间形状"图层的第 600 帧，点击舞台上的图片，点击"修改"→"位图"→"转换位图为矢量图"，弹出"转换位图为矢量图"对话框，点击"确定"按钮。

（17）点击"补间形状"图层的第 1 帧，点击"插入"→"补间形状"。第 1 帧到第 150 帧之间，有了一条实心的有向线段。

（18）点击"补间形状"图层的第 150 帧，点击"插入"→"补间形状"。第 150 帧到第 300 帧之间，有了一条实心的有向线段。

（19）点击"补间形状"图层的第 300 帧，点击"插入"→"补间形状"。第 300 帧到第 450 帧之间，有了一条实心的有向线段。

（20）点击"补间形状"图层的第 450 帧，点击"插入"→"补间形状"。第 450 帧到第 600 帧之间，有了一条实心的有向线段。

（21）按"Ctrl+Enter"。弹出一个"Jpg 补间形状"Swf 格式的对话框，"beibei.jpg"逐渐转换为"jingjing.jpg"，然后逐渐转换为"huanhuan.jpg"，然后逐渐转化为"yingying.jpg"，然后逐渐转换"nini.jpg"，周而复始。当前目录下多了一个 Swf 文件："Jpg 补间形状.swf"。

第十八节　同 桌 的 你

一张同学图片慢慢出现，然后慢慢消失。第二张同学图片慢慢出现，然后慢慢消失。

（1）点击"文件"→"新建"，或者点击"Ctrl+N"，在弹出"新建文档"对话框中点击"ActionScript 3.0"。

（2）按"Ctrl+S"保存，"文件名"为"同桌的你"，"保存类型"为"Flash CS6 文档（*.fla）"。

（3）在工具箱中点击"选择工具"。用鼠标点击舞台，点击"窗口"→"属性"，打开属性面板。在属性面板中，分别调整"FPS"的值（6）、"大小"的值、舞台颜色。

（4）点击"文件"→"导入"→"导入到库"。在相关目录中选择"同桌 1.jpg、同桌 2.jpg"这两个文件，然后点击"打开"按钮。库面板中有"同桌 1.jpg、同桌 2.jpg"这两个图片文件。

（5）现在"时间轴"面板中只有一个图层"图层 1"。双击"图层 1"这几个字，使之处于可编辑状态，输入"同桌的你"，回车。

（6）点击"同桌的你"图层的第一帧，打开库面板，从库面板中，用鼠标把"同桌 1.jpg"拖拽到舞台上。

（7）点击舞台上的图片，点击"修改"→"转换为元件"，在"转换为元件"对话框中，"名称"为"同桌 1"，"类型"选择"图形"，点击"确定"按钮，如图 5.18.1 所示。

图 5.18.1 "转换为元件"对话框

（8）点击舞台上的图片，打开"属性"面板，展开"色彩效果"，"样式"选择"Alpha"，"Alpha"的值，设置为 0（%），如图 5.18.2 所示。

（9）右击"同桌的你"图层的第 50 帧，在弹出的选项卡列表中点击"转换为关键帧"。

（10）点击"同桌的你"图层的第 50 帧，点击舞台上的图片，打开"属性"面板，展开"色彩效果"，"样式"选择"Alpha"，"Alpha"的值设置为 100（%），如图 5.18.3 所示。

图 5.18.2 在"属性"面板中设置"色彩效果"

图 5.18.3 在"属性"面板中设置"色彩效果"

图 5.18.4 在"属性"面板中设置"色彩效果"

（11）右击"同桌的你"图层的第 100 帧，在弹出的选项卡列表中点击"转换为关键帧"。

（12）点击"同桌的你"图层的第 100 帧，点击舞台上的图片，打开"属性"面板，展开"色彩效果"，"样式"选择"Alpha"，"Alpha"的值，设置为 0（%），如图 5.18.4 所示。

（13）右击第 101 帧，在弹出的选项卡列表中点击"转换为空白关键帧"。

（14）点击第 101 帧，打开库面板，从库面板中，用鼠标把"同桌 2.jpg"拖拽到舞台上。

（15）点击舞台上的图片，点击"修改"→"转换为元件"，在"转换为元件"对话框中，"名称"为"同桌 2"，"类型"选择"图形"，点击"确定"按钮。

（16）点击舞台上的图片，打开"属性"面板，展开"色彩效果"，"样式"选择"Alpha"，"Alpha"的值，设置为 0（%）。

（17）右击"同桌的你"图层的第 150 帧，在弹出的选项卡列表中点击"转换为关键帧"。

（18）点击"同桌的你"图层的第 150 帧，点击舞台上的图片，打开"属性"面板，展开"色彩效果"，"样式"选择"Alpha"，"Alpha"的值设置为 100（%）。

（19）右击"同桌的你"图层的第 200 帧，在弹出的选项卡列表中点击"转换为关键帧"。

（20）点击"同桌的你"图层的第 200 帧，点击舞台上的图片，打开"属性"面板，展开"色彩效果"，"样式"选择"Alpha"，"Alpha"的值，设置为 100（%）。

（21）点击第 1 帧，点击"插入"→"传统补间"。

（22）点击第 50 帧，点击"插入"→"传统补间"。

（23）点击第 101 帧，点击"插入"→"传统补间"。

（24）点击第 150 帧，点击"插入"→"传统补间"。

（25）按"Ctrl+Enter"。弹出一个"同桌的你"、Swf 格式的对话框，"同桌 1.jpg"慢慢出现，然后慢慢消失；"同桌 2.jpg"慢慢出现，然后慢慢消失，周而复始。当前目录下多了一个 Swf 文件："同桌的你.swf"。

第十九节 我 的 战 友

背景是一面红旗，一张战友图片慢慢出现，然后慢慢消失。第二张战友图片慢慢出现，然后慢慢消失。

（1）点击"文件"→"新建"，或者点击"Ctrl+N"，在弹出"新建文档"对话框中点击"ActionScript 3.0"。

（2）按"Ctrl+S"保存，"文件名"为"我的战友"，"保存类型"为"Flash CS6 文档（*.fla）"。

（3）在工具箱中点击"选择工具"。用鼠标点击舞台，点击"窗口"→"属性"，打开属性面板。在属性面板中，分别设置"FPS"的值（6）、"大小"的值、舞台颜色。

（4）点击"文件"→"导入"→"导入到库"。在相关目录中选择"战友 1.jpg、战友 2.jpg、红旗.jpg"这 3 个文件，然后点击"打开"按钮。库面板中有"战友 1.jpg、战友 2.jpg、红旗.jpg"这 3 个图片文件。

（5）现在"时间轴"面板中只有一个图层"图层 1"。双击"图层 1"这几个字，使之处于可编辑状态，输入"红旗"，回车。

（6）点击"红旗"图层的第一帧，打开库面板，从库面板中，用鼠标把"红旗.jpg"拖拽到舞台上。

（7）右击"红旗"图层的第 200 帧，在弹出的选项卡列表中点击"转换为关键帧"。

（8）给"红旗"图层上锁。

（9）右击"红旗"图层，在弹出的选项卡列表中点击"插入图层"，新增图层"图层 2"。双击"图层 2"这几个字，使之处于可编辑状态，输入"战友"，回车。

（10）点击"战友"图层的第 1 帧，从库面板中，用鼠标把"战友 1.jpg"拖拽到舞台上。

（11）点击舞台上的图片，点击"修改"→"转换为元件"，在"转换为元件"对话框中，"名称"输入"战友 1"，"类型"选择"图形"，点击"确定"按钮。图片转换为图形类型的元件，图片的中间有一个圆圈。

（12）右击"战友"图层的第 50 帧，在弹出的选项卡列表中点击"转换为关键帧"。

（13）右击"战友"图层的第 100 帧，在弹出的选项卡列表中点击"转换为关键帧"。

（14）点击"战友"图层的第 1 帧，点击舞台上的元件，打开"属性"面板，设置"色彩效果"："样式"选择"Alpha"，"Alpha"的值，设置为 0（%）。

（15）点击"战友"图层的第 50 帧，点击舞台上的元件，打开"属性"面板，设置"色彩效果"："样式"选择"Alpha"，"Alpha"的值，设置为 100（%）。

（16）点击"战友"图层的第 100 帧，点击舞台上的元件，打开"属性"面板，设置"色彩效果"："样式"选择"Alpha"，"Alpha"的值，设置为 0（%）。

（17）右击"战友"图层的第 101 帧，弹出的选项卡列表中点击"转换为空白关键帧"。

（18）点击"战友"图层的第 101 帧，从库面板中，把"战友 2.jpg"拖拽到舞台上。

（19）点击舞台上的图片，点击"修改"→"转换为元件"，在"转换为元件"对话框中，"名称"输入"战友 2"，"类型"选择"图形"，点击"确定"按钮。图片转换为图形类型的元件，图片的中间有一个圆圈。

（20）右击"战友"图层的第 150 帧，在弹出的选项卡列表中点击"转换为关键帧"。

（21）右击"战友"图层的第 200 帧，在弹出的选项卡列表中点击"转换为关键帧"。

（22）点击"战友"图层的第 101 帧，点击舞台上的元件，打开"属性"面板，设置"色彩效果"："样式"选择"Alpha"，"Alpha"的值，设置为 0（%）。

（23）点击"战友"图层的第 150 帧，点击舞台上的元件，打开"属性"面板，设置"色彩效果"："样式"选择"Alpha"，"Alpha"的值，设置为 100（%）。

（24）点击"战友"图层的第 200 帧，点击舞台上的元件，打开"属性"面板，设置"色彩效果"："样式"选择"Alpha"，"Alpha"的值，设置为 0（%）。

（25）点击"战友"图层的第 1 帧，点击"插入"→"传统补间"。

（26）点击"战友"图层的第 50 帧，点击"插入"→"传统补间"。

（27）点击"战友"图层的第 101 帧，点击"插入"→"传统补间"。

（28）点击"战友"图层的第 150 帧，点击"插入"→"传统补间"。

（29）按"Ctrl+Enter"。弹出一个"我的战友"、Swf 格式的对话框，"战友 1.jpg"慢慢出现，然后慢慢消失；"战友 2.jpg"慢慢出现，然后慢慢消失，周而复始。当前目录下多了一个 Swf 文件："我的战友.swf"。

第二十节　音乐持续播放

一个小球从左向右，然后从右向左滚动，周而复始。音乐持续不间断的播放。

（1）点击"文件"→"新建"，或者点击"Ctrl+N"，在弹出"新建文档"对话框中点击"ActionScript 3.0"。

（2）按"Ctrl+S"保存，"文件名"为"音乐持续播放"，"保存类型"为"Flash CS6文档（*.fla)"。

（3）在工具箱中点击"选择工具"。用鼠标点击舞台，点击"窗口"→"属性"，打开属性面板。在属性面板中，分别设置"FPS"的值、"大小"的值、舞台颜色。

（4）点击"文件"→"导入"→"导入到库"。在相关目录中选择"为了谁.mp3"这个文件，然后点击"打开"按钮。库面板中有"为了谁.mp3"这个声音文件。

（5）点击"插入"→"新建元件"。在弹出的"创建新元件"对话框中，"名称"为"球"，"类型"选择"图形"。点击"确定"按钮。当前窗口为创建新元件的窗口，左上角的图标为"球"，表示目前窗口要创建图形元件。窗口的中间，是一个加号。

（6）在"工具箱"中，点击"椭圆工具"。点击"窗口"→"属性"，打开"属性"面板。在"属性"面板中设置"填充和笔触"颜色。设置"笔触颜色"为"无" ☑ ，设置"填充颜色"为立体的红色。

（7）按住鼠标左键不放，在窗口工作区画一个椭圆。

（8）在工具箱中，点击"选择工具"，用鼠标选择这个椭圆。打开"属性"面板，在"位置和大小"选项中进行设置。"X:"为"–50"，"Y:"为"–50"，"宽:"为"100"，"高:"为"100"。这样一来，椭圆变成了正圆，重心和加号重合。

（9）在工具箱中点击"文本工具"。打开"属性"面板进行设置。"文本引擎"选择"传统文本"，"文本类型"选择"静态文本"，"字符"选项中，"大小"为72点，颜色为黄色。点击月亮，输入一个字"球"。

（10）在工具箱中点击第 3 个工具"任意变形工具"，"球"字的周围出现 8 个控制点，中间有个白色的小圆圈，是字的重心。用鼠标移动"球"这个字，可以使用上下左右键进行微调，使得"球"字的重心，就是那个白色的小圆圈，和加号重合。把光标移动到右下角那个控制点的上面，形成一个–45 度的双箭头，按住 Shift 键不放，等比例缩放这个字，使得这个字的大小与球的大小成比例。

（11）点击左上角的"场景 1"。库面板中有 1 个图形类型的元件"球"和声音文件"为了谁.mp3"。在工具箱中点击"选择工具"。

（12）现在"时间轴"面板中只有一个图层"图层 1"。双击"图层 1"这几个字，使之处于可编辑状态，输入"球"，回车。

（13）在工具箱中点击"选择工具"。点击"球"图层的第一帧，从库面板中，把图形类型的元件"球"，用鼠标拖拽到舞台左侧。

（14）右击"球"图层的第 100 帧，在弹出的下拉列表中点击"转换为关键帧"。

（15）右击"球"图层的第 200 帧，在弹出的下拉列表中点击"转换为关键帧"。

（16）点击"球"图层的第 100 帧，球在舞台左侧，用鼠标把球拖动到舞台的右侧。

（17）点击"球"图层的第 1 帧，点击"插入"→"传统补间"，第 1 帧到第 100 帧之间，就有了一条有向线段。

（18）点击"球"图层的第 100 帧，点击"插入"→"传统补间"，第 100 帧到第 200 帧之间，就有了一条有向线段。

（19）点击"球"图层的第 1 帧，打开"属性"面板，设置"补间"中的"旋转"，设置为"顺时针、2 次"。

（20）点击"球"图层的第 100 帧，打开"属性"面板，设置"补间"中的"旋转"，设置为"逆时针、2 次"。

（21）给"球"图层上锁。

（22）右击"球"图层，在弹出的选项列表中点击"插入图层"。"球"图层的上面新增一个图层"图层 2"。双击"图层 2"这几个字，输入"音乐"，回车。

（23）点击"音乐"图层的第 1 帧，打开"属性"面板，设置"声音"。在"名称"右边的下拉列表中，选择"为了谁.mp3"；在"效果"右边的下拉列表中，选择"无"；在"同步"右边的下拉列表中，选择"开始"，在"开始"下面的下拉列表中，选择"循环"，如图 5.20.1 所示。

图 5.20.1 在"属性"面板中设置"声音"

（24）按"Ctrl+Enter"组合键，弹出"音乐持续播放.swf"窗口。一个小球从左向右顺时针滚动，然后从右向左逆时针滚动。背景音乐"为了谁.mp3"持续播放。当前目录下出现 Swf 格式文件"音乐持续播放.swf"。

第二十一节　音乐随运动播放

小球从左向右滚动，然后从右向左滚动，周而复始。音乐随着小球运动方向而改变。

（1）点击"文件"→"新建"，或者点击"Ctrl+N"，在弹出"新建文档"对话框中点击"ActionScript 3.0"。

（2）按"Ctrl+S"保存，"文件名"为"音乐随运动播放"，"保存类型"为"Flash CS6 文档（*.fla）"。

（3）在工具箱中点击"选择工具"。用鼠标点击舞台，点击"窗口"→"属性"，打开属性面板。在属性面板中，分别设置"FPS"的值、"大小"的值、舞台颜色。

（4）点击"文件"→"导入"→"导入到库"。在相关目录中选择"为了谁.mp3、高山流水.mp3"这两个文件，点击"打开"按钮。库面板中有"为了谁.mp3、高山流水.mp3"。

（5）点击"插入"→"新建元件"。在弹出的"创建新元件"对话框中，"名称"为"球"，"类型"选择"图形"。点击"确定"按钮。当前窗口为创建新元件的窗口，左上

角的图标为"球"，表示目前窗口要创建图形元件。窗口的中间，是一个加号。

（6）在"工具箱"中，点击"椭圆工具"。点击"窗口"→"属性"，打开"属性"面板。在"属性"面板中设置"填充和笔触"颜色。设置"笔触颜色"为"无"☑，设置"填充颜色"为立体的红色。

（7）按住鼠标左键不放，在窗口工作区画一个椭圆。

（8）在工具箱中，点击"选择工具"，用鼠标选择这个椭圆。打开"属性"面板，在"位置和大小"选项中进行设置。"X:"为"–50"，"Y:"为"–50"，"宽:"为"100"，"高:"为"100"。这样一来，椭圆变成了正圆，重心和加号重合。

（9）在工具箱中点击"文本工具"。打开"属性"面板进行设置。"文本引擎"选择"传统文本"，"文本类型"选择"静态文本"，"字符"选项中，"大小"为 72 点，颜色为黄色。点击月亮，输入一个字"球"。

（10）在工具箱中点击第 3 个工具"任意变形工具"，"球"字的周围出现 8 个控制点，中间有个白色的小圆圈，是字的重心。用鼠标移动"球"这个字，可以使用上下左右键进行微调，使得"球"字的重心，就是那个白色的小圆圈，和加号重合。把光标移动到右下角那个控制点的上面，形成一个–45 度的双箭头，按住 Shift 键不放，等比例缩放这个字，使得这个字的大小与球的大小成比例。

（11）点击左上角的"场景 1"。库面板中有 1 个图形类型的元件"球"、声音文件"为了谁.mp3"、声音文件"高山流水.mp3"。在工具箱中点击"选择工具"。

（12）现在"时间轴"面板中只有一个图层"图层 1"。双击"图层 1"这几个字，使之处于可编辑状态，输入"球"，回车。

（13）在工具箱中点击"选择工具"。点击"球"图层的第一帧，从库面板中，把图形类型的元件"球"，用鼠标拖拽到舞台左侧。

（14）右击"球"图层的第 100 帧，在弹出的下拉列表中点击"转换为关键帧"。

（15）右击"球"图层的第 200 帧，在弹出的下拉列表中点击"转换为关键帧"。

（16）点击"球"图层的第 100 帧，球在舞台左侧，用鼠标把球拖动到舞台的右侧。

（17）点击"球"图层的第 1 帧，点击"插入"→"传统补间"，第 1 帧到第 100 帧之间，就有了一条有向线段。

（18）点击"球"图层的第 100 帧，点击"插入"→"传统补间"，第 100 帧到第 200 帧之间，就有了一条有向线段。

（19）点击"球"图层的第 1 帧，打开"属性"面板，设置"补间"中的"旋转"，设置为"顺时针、2 次"。

（20）点击"球"图层的第 100 帧，打开"属性"面板，设置"补间"中的"旋转"，设置为"逆时针、2 次"。

（21）给"球"图层上锁。

（22）右击"球"图层，在弹出的选项列表中点击"插入图层"。"球"图层的上面新增一个图层"图层 2"。双击"图层 2"这几个字，输入"音乐"，回车。

（23）右击"音乐"图层的第 100 帧，在弹出的下拉列表中点击"转换为关键帧"。

（24）右击"音乐"图层的第 200 帧，在弹出的下拉列表中点击"转换为关键帧"。

（25）点击"音乐"图层的第 1 帧，打开"属性"面板，设置"声音"。在"名称"右边的下拉列表中，选择"为了谁.mp3"；在"效果"右边的下拉列表中，选择"无"；在"同步"右边的下拉列表中，选择"数据量"，在"数据量"下面的下拉列表中，选择"重复"，右边输入"1"，如图 5.21.1 所示。

（26）点击"音乐"图层的第 100 帧，打开"属性"面板，设置"声音"。在"名称"右边的下拉列表中，选择"高山流水.mp3"；在"效果"右边的下拉列表中，选择"无"；在"同步"右边的下拉列表中，选择"数据量"，在"数据量"下面的下拉列表中，选择"重复"，右边输入"1"，如图 5.21.2 所示。

图 5.21.1　在"属性"面板中设置"声音"　　　图 5.21.2　在"属性"面板中设置"声音"

（27）按"Ctrl+Enter"组合键，弹出"音乐随运动播放.swf"窗口。一个小球从左向右顺时针滚动，然后从右向左逆时针滚动。当小球从左向右滚动的时候，音乐"为了谁.mp3"从头响起，当小球从右向左滚动的时候，音乐"为了谁.mp3"停止，音乐"高山流水.mp3"从头想起。当前目录下出现 Swf 格式文件"音乐随运动播放.swf"。

第二十二节　字　的　轮　廓

（1）点击"文件"→"新建"，或者点击"Ctrl+N"，在弹出"新建文档"对话框中点击"ActionScript 3.0"。

（2）按"Ctrl+S"保存，"文件名"为"字的轮廓"，"保存类型"为"Flash CS6 文档（*.fla）"。

（3）在工具箱中点击"选择工具"。用鼠标点击舞台，点击"窗口"→"属性"，打开属性面板。在属性面板中，分别设置舞台"大小"的值、舞台颜色。

（4）"时间轴"面板中目前只有一个图层"图层 1"，双击"图层 1"这几个字，使之处于可编辑状态，输入"字轮廓"，回车。

（5）在工具箱中点击"文本工具"。打开"属性"面板进行设置。"文本引擎"选择"传统文本"，"文本类型"选择"静态文本"，"字符"选项中，"系列"为"隶书"，"大小"为 72 点，颜色为红色，如图 5.22.1 所示。

（6）点击舞台，输入"王"。

在工具箱中点击第 3 个工具"任意变形工具","王"字的周围出现 8 个控制点。把光标移动到右下角那个控制点的上面，形成–45 度的双箭头，按住 Shift 键不放，等比例缩放"王"字，使得"王"字的大小与舞台的大小成比例，充满整个舞台。用鼠标拖动"王"字，可以使用上下左右键进行微调，使得"王"字位于舞台的中间。

（7）两次按"Ctrl+B"组合键。"王"字被打散，字的边框变成颗粒状。

（8）在工具箱中点击"选择工具"，用鼠标点击舞台空白处（这一步很重要）。

（9）在工具箱中选择"墨水瓶工具" ，在"属性"面板中设置"填充和笔触"："笔触颜色"设置为黑色，"笔触高度"设置为"10"，"样式"设置为"实线"，如图 5.22.2 所示。

图 5.22.1　在"属性"面板中设置"文本工具"　图 5.22.2　在"属性"面板中设置"墨水瓶工具"

（10）把光标移动到舞台上"王"字上面，点击一下。"王"字边框镶了黑边。

（11）在工具箱中点击第一个工具"选择工具"，点击"王"字的红色字体部分。按"Delete"键删除。红色字体部分被删除，只剩下黑色的轮廓。

第二十三节　图片挤压出现

舞台上一个图片慢慢出现，同时舞台上原有的图片慢慢消失，有图片挤压效果。

（1）点击"文件"→"新建"，或者点击"Ctrl+N"，在弹出"新建文档"对话框中点击"ActionScript 3.0"。

（2）按"Ctrl+S"保存，"文件名"为"图片挤压"，"保存类型"为"Flash CS6 文档（*.fla）"。

（3）在工具箱中点击"选择工具"。用鼠标点击舞台，点击"窗口"→"属性"，打开属性面板。在属性面板中，分别调整"FPS"的值、"大小"的值、舞台颜色。

（4）点击"文件"→"导入"→"导入到库"。在相关目录中选择"广场.jpg、立交桥.jpg、运动场.jpg、高山云雾.jpg、海岛风光.jpg、湖光山色"这 6 个文件，然后点击"打开"按钮。

（5）现在"时间轴"面板中只有一个图层"图层 1"。双击"图层 1"这几个字，使之处于可编辑状态，输入"广场"，回车。

（6）点击"广场"图层的第一帧。打开库面板，把文件"广场.jpg"，用鼠标拖拽到舞台的中间位置。点击舞台上的图片"广场.jpg"，打开"属性"面板，设置"位置和大小"：设置"X:"为"0"，设置"Y:"为"0"，"宽:"为"550"，"高:"为400。

（7）点击舞台上的图片"广场.jpg"，按"Ctrl+B"。把图片打散。

（8）右击"广场"图层的第 100 帧，在弹出的选项列表中点击"转换为关键帧"。

（9）点击"广场"图层的第 100 帧，点击舞台上的图片，打开"属性"面板，设置"位置和大小"：设置"X:"为"0"，设置"Y:"为"0"，"宽:"为"1"，"高:"为"400"。

（10）点击"广场"图层的第 1 帧，点击"插入"→"补间形状"。

（11）把"广场"图层隐藏起来，给"广场"图层上锁。

（12）右击"广场"图层，在弹出的选项列表中点击"插入图层"。"立交桥"图层上面新增一个图层"图层 2"。双击"图层 2"这几个字，输入"立交桥"，回车。

（13）点击"立交桥"图层的第一帧。打开库面板，把文件"立交桥.jpg"，用鼠标拖拽到舞台的中间位置。点击舞台上的图片"立交桥.jpg"，打开"属性"面板，设置"位置和大小"：设置"X:"为"0"，设置"Y:"为"0"，"宽:"为"550"，"高:"为400。

（14）点击舞台上的图片"立交桥.jpg"，按"Ctrl+B"。把图片打散。

（15）右击"立交桥"图层的第 100 帧，在弹出的选项列表中点击"转换为关键帧"。

（16）右击"立交桥"图层的第 200 帧，在弹出的选项列表中点击"转换为关键帧"。

（17）点击"立交桥"图层的第 1 帧，点击舞台上的图片，打开"属性"面板，设置"位置和大小"：设置"X:"为"549"，设置"Y:"为"0"，"宽:"为"1"，"高:"为400。

（18）点击"立交桥"图层的第 200 帧，点击舞台上的图片，打开"属性"面板，设置"位置和大小"：设置"X:"为"0"，设置"Y:"为"0"，"宽:"为"1"，"高:"为400。

（19）点击"立交桥"图层的第 1 帧，点击"插入"→"补间形状"。

（20）点击"立交桥"图层的第 100 帧，点击"插入"→"补间形状"。

（21）把"立交桥"图层隐藏起来，给"立交桥"图层上锁。

（22）右击"立交桥"图层，在弹出的选项列表中点击"插入图层"。"立交桥"图层上面新增一个图层"图层 3"。双击"图层 3"这几个字，输入"运动场"，回车。

（23）右击"运动场"图层第 100 帧，在弹出的选项列表中点击"转换为空白关键帧"。

（24）点击"运动场"图层第 100 帧，打开库面板，把文件"运动场.jpg"，用鼠标拖拽到舞台的中间位置。点击舞台上的图片"运动场.jpg"，打开"属性"面板，设置"位置和大小"：设置"X:"为"0"，设置"Y:"为"0"，"宽:"为"550"，"高:"为400。

（25）点击舞台上的图片"运动场.jpg"，按"Ctrl+B"。把图片打散。

（26）右击"运动场"图层的第 200 帧，在弹出的选项列表中点击"转换为关键帧"。

（27）右击"运动场"图层的第 300 帧，在弹出的选项列表中点击"转换为关键帧"。

（28）点击"运动场"图层第 100 帧，点击舞台上的图片，打开"属性"面板，设置"位置和大小"：设置"X:"为"549"，设置"Y:"为"0"，"宽:"为"1"，"高:"为400。

（29）点击"运动场"图层第 300 帧，点击舞台上的图片，打开"属性"面板，设置"位置和大小"：设置"X:"为"0"，设置"Y:"为"0"，"宽:"为"1"，"高:"为 400。

（30）点击"运动场"图层第 100 帧，点击"插入"→"补间形状"。

（31）点击"运动场"图层第 200 帧，点击"插入"→"补间形状"。

（32）把"运动场"图层隐藏起来，给"运动场"图层上锁。

（33）右击"运动场"图层，在弹出的选项列表中点击"插入图层"。"运动场"图层上面新增一个图层"图层 4"。双击"图层 4"这几个字，输入"高山云雾"，回车。

（34）右击"高山云雾"图层第 200 帧，点击弹出选项列表中的"转换为空白关键帧"。

（35）点击"高山云雾"图层第 200 帧，打开库面板，把文件"高山云雾.jpg"拖拽到舞台的中间位置。点击舞台上的图片"高山云雾.jpg"，打开"属性"面板，设置"位置和大小"：设置"X:"为"0"，设置"Y:"为"0"，"宽:"为"550"，"高:"为 400。

（36）点击舞台上的图片"高山云雾.jpg"，按"Ctrl+B"。把图片打散。

（37）右击"高山云雾"图层第 300 帧，在弹出的选项列表中点击"转换为关键帧"。

（38）右击"高山云雾"图层第 400 帧，在弹出的选项列表中点击"转换为关键帧"。

（39）点击"高山云雾"图层第 200 帧，点击舞台上图片，打开"属性"面板，设置"位置和大小"：设置"X:"为"549"，设置"Y:"为"0"，"宽:"为"1"，"高:"为 400。

（40）点击"高山云雾"图层第 400 帧，点击舞台上图片，打开"属性"面板，设置"位置和大小"：设置"X:"为"0"，设置"Y:"为"0"，"宽:"为"1"，"高:"为 400。

（41）点击"高山云雾"图层第 200 帧，点击"插入"→"补间形状"。

（42）点击"高山云雾"图层第 300 帧，点击"插入"→"补间形状"。

（43）把"高山云雾"图层隐藏起来，给"高山云雾"图层上锁。

（44）右击"高山云雾"图层，在弹出的选项列表中点击"插入图层"。"高山云雾"图层上面新增一个图层"图层 5"。双击"图层 5"这几个字，输入"海岛风光"，回车。

（45）右击"海岛风光"图层第 300 帧，点击弹出选项列表中的"转换为空白关键帧"。

（46）点击"海岛风光"图层第 300 帧，打开库面板，把文件"海岛风光.jpg"拖拽到舞台的中间位置。点击舞台上的图片"海岛风光.jpg"，打开"属性"面板，设置"位置和大小"：设置"X:"为"0"，设置"Y:"为"0"，"宽:"为"550"，"高:"为 400。

（47）点击舞台上的图片"海岛风光.jpg"，按"Ctrl+B"。把图片打散。

（48）右击"海岛风光"图层第 400 帧，在弹出的选项列表中点击"转换为关键帧"。

（49）右击"海岛风光"图层第 500 帧，在弹出的选项列表中点击"转换为关键帧"。

（50）点击"海岛风光"图层第 300 帧，点击舞台上图片，打开"属性"面板，设置"位置和大小"：设置"X:"为"549"，设置"Y:"为"0"，"宽:"为"1"，"高:"为 400。

（51）点击"海岛风光"图层第 500 帧，点击舞台上图片，打开"属性"面板，设置"位置和大小"：设置"X:"为"0"，设置"Y:"为"0"，"宽:"为"1"，"高:"为 400。

（52）点击"海岛风光"图层第 300 帧，点击"插入"→"补间形状"。

（53）点击"海岛风光"图层第 400 帧，点击"插入"→"补间形状"。

（54）把"海岛风光"图层隐藏起来，给"海岛风光"图层上锁。

（55）右击"海岛风光"图层，在弹出的选项列表中点击"插入图层"。"海岛风光"图层上面新增一个图层"图层 6"。双击"图层 6"这几个字，输入"湖光山色"，回车。

（56）右击"湖光山色"图层第 400 帧，点击弹出选项列表中的"转换为空白关键帧"。

（57）点击"湖光山色"图层第 400 帧，打开库面板，把文件"湖光山色.jpg"拖拽到舞台的中间位置。点击舞台上的图片"湖光山色.jpg"，打开"属性"面板，设置"位置和大小"：设置"X:"为"0"，设置"Y:"为"0"，"宽:"为"550"，"高:"为"400"。

（58）点击舞台上的图片"湖光山色.jpg"，按"Ctrl+B"。把图片打散。

（59）右击"湖光山色"图层第 500 帧，在弹出的选项列表中点击"转换为关键帧"。

（60）右击"湖光山色"图层第 600 帧，在弹出的选项列表中点击"转换为关键帧"。

（61）点击"湖光山色"图层第 400 帧，点击舞台上图片，打开"属性"面板，设置"位置和大小"：设置"X:"为"549"，设置"Y:"为"0"，"宽:"为"1"，"高:"为"400"。

（62）点击"湖光山色"图层第 600 帧，点击舞台上图片，打开"属性"面板，设置"位置和大小"：设置"X:"为"0"，设置"Y:"为"0"，"宽:"为"1"，"高:"为"400"。

（63）点击"湖光山色"图层第 400 帧，点击"插入"→"补间形状"。

（64）点击"湖光山色"图层第 500 帧，点击"插入"→"补间形状"。

（65）把"湖光山色"图层隐藏起来，给"湖光山色"图层上锁。

（66）点击"广场"图层，将"广场"图层解锁，显示"广场"图层。

（67）右击"广场"图层第 500 帧，在弹出的选项列表中点击"转换为关键帧"。

（68）右击"广场"图层第 600 帧，在弹出的选项列表中点击"转换为关键帧"。

（69）在工具箱中选择第 3 个工具"任意变形工具"。

（70）点击"广场"图层的第 500 帧，选择舞台上的图片（那条细线），打开"属性"面板，设置"位置和大小"：设置"X:"为"549"，设置"Y:"为"0"，"宽:"为"1"，"高:"为"400"。

（71）点击"广场"图层的第 600 帧，选择舞台上的图片（那条细线），打开"属性"面板，设置"位置和大小"：设置"X:"为"0"，设置"Y:"为"0"，"宽:"为"550"，"高:"为"400"。

（72）点击"广场"图层第 500 帧，点击"插入"→"补间形状"。

（73）把"广场"图层隐藏起来，给"广场"图层上锁。

（74）按"Ctrl+Enter"组合键，弹出"图片挤压.swf"窗口。当前目录下出现 Swf 格式文件"图片挤压.swf"。

第二十四节　海鸥飞翔

（1）点击"文件"→"新建"，或者点击"Ctrl+N"，在弹出"新建文档"对话框中点击"ActionScript 3.0"。

（2）按"Ctrl+S"保存，"文件名"为"海鸥飞翔"，"保存类型"为"Flash CS6 文档（*.fla）"。

（3）在工具箱中点击"选择工具"。用鼠标点击舞台，点击"窗口"→"属性"，打开属性面板。在属性面板中，分别调整"FPS"的值、"大小"的值、舞台颜色（白色）。

（4）点击"插入"→"新建元件"，在弹出的"创建新元件"对话框中进行设置，"名称"为"海鸥"，"类型"选择"影片剪辑"。点击"确定"按钮。

（5）目前处于做影片剪辑类型的工作区。点击"文件"→"导入"→"导入到舞台"，从相关目录中，点击"鸟 1.jpg"，然后点击"打开"按钮。

（6）弹出对话框"此文件看起来是图像序列的组成部分。是否导入序列中的所有图像？"点击"是"按钮。

（7）点击左上角的"场景 1"。在工具箱中点击第 3 个工具"任意变形工具"。

（8）目前图层中只有一个图层"图层 1"，将"图层 1"改为"海鸥"。

（9）点击"海鸥"图层的第一帧，从库面板中，把影片剪辑类型的元件"海鸥"，拖到舞台的右上角。

（10）右击"海鸥"图层的第 200 帧，在弹出的选项列表中点击"转换为关键帧"。

（11）点击"海鸥"图层第 1 帧，舞台上海鸥被选中，周围有 8 个控制点。把光标移动到海鸥右下角那个控制点的上面，形成一个–45 度的双箭头，按住 Shift 键，等比例缩小海鸥，使之成为一个点。可以使用上下左右键进行微调，把海鸥移动到舞台的右上角。

（12）点击"海鸥"图层的第 200 帧，舞台上海鸥被选中，周围有 8 个控制点。把光标移动到海鸥右下角那个控制点的上面，形成一个–45 度的双箭头，按住 Shift 键，等比例放大海鸥。可以使用上下左右键进行微调，把海鸥拖到舞台的左下角。

（13）点击"海鸥"图层的第一帧，点击"插入"→"传统补间"。给"海鸥"图层上锁。

（14）按"Ctrl+Enter"组合键，弹出"海鸥飞翔.swf"窗口。当前目录下出现 Swf 格式文件"海鸥飞翔.swf"。一只海鸥从右上角到左下角，越来越大。

第二十五节　太　极　图

（1）点击"文件"→"新建"，或者点击"Ctrl+N"，在弹出"新建文档"对话框中点击"ActionScript 3.0"。

（2）按"Ctrl+S"保存，"文件名"为"太极图"，"保存类型"为"Flash CS6 文档（*.fla）"。

（3）在工具箱中点击"选择工具"。用鼠标点击舞台，点击"窗口"→"属性"，打开属性面板。在属性面板中，分别调整"FPS"的值、"大小"的值、舞台颜色（白色）。

（4）目前时间轴面板中只有一个图层"图层 1"。双击"图层 1"这几个字，使之处于可编辑状态，输入"太极图"，回车。

（5）在工具箱中选择椭圆工具，打开"属性"面板进行设置。笔触颜色为红色，笔触颜色"Alpha:%"的值为"100"，笔触高度为 1，样式为实线，填充颜色为"无" ☑。

（6）点击"太极图"图层的第一帧，画一个椭圆。

（7）在工具箱中点击"选择工具"。选择这个椭圆，打开"属性"面板，设置椭圆的"位置和大小"：设置"X:"为"0"，设置"Y:"为"0"，"宽:"为"300"，"高:"为 300。

（8）在工具箱中选择椭圆工具，在舞台上椭圆之外，按住鼠标左键不放，画一个椭圆。

（9）在工具箱中点击"选择工具"。选择刚画的这个椭圆，打开"属性"面板，设置椭圆"位置和大小"："X:"为"0"，"Y:"为"75"，"宽:"为"150"，"高:"为 150。

（10）在工具箱中选择椭圆工具，在舞台上椭圆之外，按住鼠标左键不放，画一个椭圆。

（11）在工具箱中点击"选择工具"。选择刚画的这个椭圆，打开"属性"面板设置椭圆"位置和大小"："X:"为"150"，"Y:"为"75"，"宽:"为"150"，"高:"为 150。

（12）舞台上有一个大圆，大圆中有两个小圆。两个小圆相切，每个小圆都与大圆相切。

（13）把光标移动到左边小圆上半部分曲线的旁边，光标的尾部出现一个弯曲的线段，点击左边小圆上半部分曲线，上半部分曲线被选中，按"Delete"键删除。

（14）把光标移动到右边小圆下半部分曲线的旁边，光标的尾部出现一个弯曲的线段，点击右边小圆下半部分曲线，下半部分曲线被选中，按"Delete"键删除。

（15）目前舞台上有一个红色边框的大圆，中间是一条连续的、弯曲的红色曲线。

（16）在工具箱中点击填充工具，打开"属性"面板进行，设置填充颜色为黑色。

（17）用鼠标点击大圆的上半部分，大圆上半部分填充为黑色。

（18）打开"属性"面板，设置填充颜色为蓝色。

（19）用鼠标点击大圆的下半部分，大圆下半部分填充为蓝色。

（20）舞台上有个红色边框的大圆，大圆中间有一条连续的、弯曲的红线，大圆上半部分填充为黑色，大圆下半部分填充为蓝色。

（21）按"Ctrl+Enter"组合键，弹出"太极图.swf"窗口。当前目录下出现 Swf 格式文件"太极图.swf"。

第二十六节　跳动的心

心不断地出现，心从小到大跳动。

（1）点击"文件"→"新建"，或者点击"Ctrl+N"，在弹出"新建文档"对话框中点击"ActionScript 3.0"。

（2）按"Ctrl+S"保存，"文件名"为"跳动的心"，"保存类型"为"Flash CS6 文档（*.fla）"。

（3）在工具箱中点击"椭圆工具"。打开"属性"面板，设置"填充和笔触"："笔触颜色"为"无"，"填充颜色"为红色。

（4）目前"时间轴"面板只有一个图层"图层 1"。将"图层 1"改为"心"。点击"心"图层的第一帧，点击舞台，画一个椭圆。

（5）在工具箱中点击"选择工具"，选择舞台上的椭圆，按"Ctrl+C"复制，按"Ctrl+V"粘贴。舞台上有 2 个椭圆。

（6）选择第一个椭圆，打开"属性"面板，设置椭圆的"位置和大小"："X:"为"0"，"Y:"为"100"，"宽:"为"50"，"高:"为"50"。

（7）选择第 2 个椭圆，打开"属性"面板，设置椭圆的"位置和大小"："X:"为"0"，"Y:"为"25"，"宽:"为"50"，"高:"为"50"。两个圆交叉。

（8）在工具箱中选择"部分选区工具"。点击两个圆的边缘，两个圆的周围被绿线包围，两个圆周围有很多点。

（9）点击两个圆下部交叉的那个点，按住鼠标左键向下拖动。拉出一块红色区域。

（10）拉出的红色区域和左边的圆有夹角。点击夹角 2 次，左夹角出现 4 个绿色实心的点。按"Delete"键删除，左边夹角消失，鼓出一块红色区域。

（11）拉出的红色区域和右边的圆有夹角。点击夹角 2 次，右夹角处出现 4 个绿色实心的点。按"Delete"键删除，右边夹角消失，鼓出一块红色区域。

（12）如果还有其他夹角，那么点击夹角 2 次，夹角处出现 4 个绿色实心的点，按"Delete"键删除，夹角消失，鼓出一块红色区域。

（13）舞台上出现一个红色的心。

（14）在工具箱中点击"选择工具"，选择红色的心，按"Ctrl+C"复制，多次按"Ctrl+V"粘贴。舞台上有 6 个红色的心。调整红心的位置，红心分散于舞台上。

（15）点击"心"图层的第一帧，舞台上的 6 个红心被选中。

（16）点击"修改"→"时间轴"→"分散到图层"。新增 6 个图层，每个图层有一个红心。"心"图层中已经没有红心，"心"图层第一帧变为空白关键帧。

（17）删除"心"图层，其余 6 个图层的名字分别修改为"心 1、心 2、心 3、心 4、心 5、心 6"。

（18）点击"心 1"图层的第 1 帧，用鼠标把黑色的点（就是关键帧），拖拽到"心 1"图层的第 20 帧。

（19）点击"心 3"图层的第 1 帧，用鼠标把黑色的点（就是关键帧），拖拽到"心 3"图层的第 50 帧。

（20）点击"心 4"图层的第 1 帧，用鼠标把黑色的点（就是关键帧），拖拽到"心 4"图层的第 80 帧。

（21）点击"心 5"图层的第 1 帧，用鼠标把黑色的点（就是关键帧），拖拽到"心 5"图层的第 100 帧。

（22）点击"心 6"图层的第 1 帧，用鼠标把黑色的点（就是关键帧），拖拽到"心6"图层的第 120 帧。

（23）同时选择"心 1"图层、"心 2"图层、"心 3"图层、"心 4"图层、"心 5"图层、"心 6"图层这 6 个图层的第 200 帧，右击这 6 个图层的第 200 帧，在弹出的选项列表中点击"转换为关键帧"。

（24）在工具箱中选择第 3 个工具"任意变形工具"。

（25）点击"心 1"图层的第 20 帧，舞台上的红心被选中，红心周围有 8 个控制点，把光标移动到右下角那个控制点上面，形成一个–45 度的双箭头，按住 Shift 不放，等比例改变红心的大小（建议缩小）。可以改变心的颜色。

点击"心 1"图层的第 200 帧，舞台上的红心被选中，红心周围有 8 个控制点，把光标移动到右下角那个控制点上面，形成一个–45 度的双箭头，按住 Shift 不放，等比例改变红心的大小（建议放大）。可以改变心的颜色。

点击"心 1"图层第 20 帧，点击"插入"→"补间形状"。

（26）点击"心 2"图层的第 1 帧，舞台上的红心被选中，红心周围有 8 个控制点，把光标移动到右下角那个控制点上面，形成一个–45 度的双箭头，按住 Shift 不放，等比例改变红心的大小（建议缩小）。可以改变心的颜色。

点击"心 2"图层的第 200 帧，舞台上的红心被选中，红心周围有 8 个控制点，把光标移动到右下角那个控制点上面，形成一个–45 度的双箭头，按住 Shift 不放，等比例改变红心的大小（建议放大）。可以改变心的颜色。

点击"心 2"图层第 1 帧，点击"插入"→"补间形状"。

（27）点击"心 3"图层的第 50 帧，舞台上的红心被选中，红心周围有 8 个控制点，把光标移动到右下角那个控制点上面，形成一个–45 度的双箭头，按住 Shift 不放，等比例改变红心的大小（建议缩小）。可以改变心的颜色。

点击"心 3"图层的第 200 帧，舞台上的红心被选中，红心周围有 8 个控制点，把光标移动到右下角那个控制点上面，形成一个–45 度的双箭头，按住 Shift 不放，等比例改变红心的大小（建议放大）。可以改变心的颜色。

点击"心 3"图层第 50 帧，点击"插入"→"补间形状"。

（28）点击"心 4"图层的第 80 帧，舞台上的红心被选中，红心周围有 8 个控制点，把光标移动到右下角那个控制点上面，形成一个–45 度的双箭头，按住 Shift 不放，等比例改变红心的大小（建议缩小）。可以改变心的颜色。

点击"心 4"图层的第 200 帧，舞台上的红心被选中，红心周围有 8 个控制点，把光标移动到右下角那个控制点上面，形成一个–45 度的双箭头，按住 Shift 不放，等比例改变红心的大小（建议放大）。可以改变心的颜色。

点击"心 4"图层第 80 帧，点击"插入"→"补间形状"。

（29）点击"心 5"图层的第 100 帧，舞台上的红心被选中，红心周围有 8 个控制点，把光标移动到右下角那个控制点上面，形成一个–45 度的双箭头，按住 Shift 不放，等比例改变红心的大小（建议缩小）。可以改变心的颜色。

点击"心 5"图层的第 200 帧，舞台上的红心被选中，红心周围有 8 个控制点，把光标移动到右下角那个控制点上面，形成一个–45 度的双箭头，按住 Shift 不放，等比例改变红心的大小（建议放大）。可以改变心的颜色。

点击"心 5"图层第 100 帧，点击"插入"→"补间形状"。

（30）点击"心 6"图层的第 120 帧，舞台上的红心被选中，红心周围有 8 个控制点，把光标移动到右下角那个控制点上面，形成一个–45 度的双箭头，按住 Shift 不放，等比例改变红心的大小（建议缩小）。可以改变心的颜色。

点击"心 6"图层的第 200 帧，舞台上的红心被选中，红心周围有 8 个控制点，把光标移动到右下角那个控制点上面，形成一个–45 度的双箭头，按住 Shift 不放，等比例改变红心的大小（建议放大）。可以改变心的颜色。

点击"心 6"图层第 120 帧，点击"插入"→"补间形状"。

（31）分别给"心 1、心 2、心 3、心 4、心 5、心 6"图层上锁。

（32）按"Ctrl+Enter"组合键，弹出"跳动的心.swf"窗口。当前目录下出现 Swf 格式文件"跳动的心.swf"。

第二十七节　Deco 工 具

（1）点击"文件"→"新建"，或者点击"Ctrl+N"，在弹出"新建文档"对话框中点击"ActionScript 3.0"。

（2）按"Ctrl+S"保存，"文件名"为"Deco 工具"，"保存类型"为"Flash CS6 文档（*.fla）"。

（3）在工具箱中选择"矩形工具"，打开"属性"面板，设置"填充和笔触"："笔触颜色"为"无"，"填充颜色"为红色。

（4）目前"时间轴"面板只有一个图层"图层 1"。将"图层 1"改为"Deco 工具"。点击"Deco 工具"图层的第 1 帧，点击舞台，按住鼠标左键不放，画一个红色矩形。

（5）在工具箱中点击"Deco 工具"。

（6）点击舞台上的红色矩形区域。

（7）点击舞台上红色矩形之外的白色区域。

（8）舞台如图 5.27.1 所示。

（9）按"Ctrl+Enter"组合键，弹出"Deco 工具.swf"窗口。当前目录下出现 Swf 格式文件"Deco 工具.swf"。

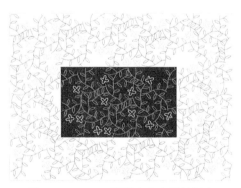

图 5.27.1　Deco 工具点击之后的舞台

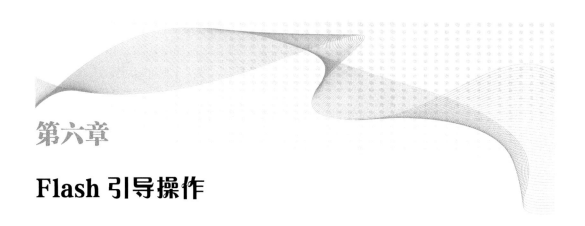

第六章

Flash 引导操作

本章介绍 Flash 的引导操作。本书所用的图片，全都来自于网络。

第一节　大　象　转　圈

大象绕着椭圆线运动，大象的重心在椭圆线上，大象的运动方向和大象重心的椭圆切线方向基本平行。

（1）点击"文件"→"新建"，或者按"Ctrl+N"组合键，新建一个文件。在弹出的"新建文档"对话框中，点击"ActionScript 3.0"，然后点击"确定"按钮。

（2）按"Ctrl+S"保存文件。"文件名"为"大象转圈.fla"，"保存类型"为"Flash CS6 文档（*.fla）"，点击"保存"按钮。

（3）在工具箱中点击"选择工具" ，点击舞台，打开"属性"面板，设置"FPS"的值以及舞台的颜色。

（4）"时间轴"面板中目前只有一个图层"图层 1"，双击"图层 1"这几个字，使之处于可编辑状态，输入"大象"，回车。

（5）点击"文件"→"导入"→"导入到库"，在弹出的"导入到库"对话框中，从相关文件夹中点击"大象.gif"，然后点击"打开"按钮。

（6）打开库面板。库面板中有一个影片剪辑类型的元件"元件 1"　元件 1。双击"元件 1"这几个字，使之处于可编辑状态，输入"大象"，回车。

（7）点击"大象"图层的第一帧，从库面板中，把影片剪辑类型的元件"大象"　大象，用鼠标拖拽到舞台的中间位置。

（8）右击"大象"图层的第 150 帧，在弹出的下拉列表中点击"转换为关键帧"。点击"大象"图层的第 150 帧，舞台上有一个大象，用鼠标把大象向右拖拽一些。

（9）点击"大象"图层的第一帧，点击"插入"→"传统补间"，第一帧到第 150 帧之间，就有了一条实心的有向线段。

（10）给"大象"图层上锁　大象　　　　　　□。"大象"图层右边有两个白点，点击第二个白点，给"大象"图层上锁。

（11）右击"大象"图层，在弹出的选项列表中点击"添加传统运动引导层"。"大象"图层的上面新增一个图层"引导层：大象"，而且"大象"图层向内缩进。

图 6.1.1　在"属性"面板中设置椭圆工具的参数

（12）在工具箱中点击椭圆工具，打开"属性"面板，设置填充颜色为"无"，笔触颜色为红色，而且笔触颜色"Alpha：%"的值为"100" Alpha:% 100。笔触高度输入"10"，回车。笔触样式选择"实线"，如图 6.1.1 所示。

（13）点击"引导层：大象"图层的第一帧。按住鼠标左键不放，在舞台上画一条椭圆线。

（14）点击工具箱中的第三个工具"任意变形工具"，点击"引导层：大象"图层的第一帧。舞台上的椭圆线被选中，椭圆线的周围有 8 个控制点，椭圆线的中间有一个白色的小圆圈，是椭圆线的重心。通过 8 个控制点可以改变椭圆线的大小，通过鼠标移动椭圆线，以及通过上下左右键进行微调，可以改变椭圆线的位置。调整椭圆线，使它位于舞台中间位置。

（15）点击"引导层：大象"图层的第一帧，椭圆线被选中。按"Ctrl+C"复制椭圆线。给"引导层：大象"图层上锁。

（16）右击"引导层：大象"图层，在弹出的选项列表中点击"插入图层"。"引导层：大象"图层的上面新增一个图层"图层 3"。双击"图层 3"这几个字，输入"椭圆线"，回车。

（17）点击"椭圆线"图层的第一帧，按"Ctrl+Shift+V"，不但粘贴椭圆线，而且粘贴椭圆线的位置信息，"椭圆线"图层、"引导层：大象"图层中的两条椭圆线完全重合。

（18）给"椭圆线"图层上锁，把"椭圆线"图层隐藏起来 椭圆线。

（19）点击"引导层：大象"图层，点击这个图层的锁图标，把这个图层解锁。

（20）在工具箱中点击"橡皮擦工具"，点击"引导层：大象"图层，用"橡皮擦工具"，把椭圆线擦开一个小的缺口，建议在椭圆线的上方擦开一个缺口。给"引导层：大象"图层上锁。

（21）点击"大象"图层，点击这个图层的锁图标，把这个图层解锁。

（22）在工具箱中点击第 3 个工具"任意变形工具"，点击"大象"图层的第一帧。舞台上的大象周围出现 8 个控制点，中间有一个白色的小圆圈，是大象的重心。用鼠标移动大象，可以使用上下左右键进行微调，使得大象的重心，就是那个白色的小圆圈，在椭圆线上，在缺口的右侧。把光标移动到大象右上方那个控制点的旁边，光标箭头弯曲，按住鼠标左键旋转大象，使得大象的运动方向，和重心那个点所在的椭圆线切线方向，基本平行。

（23）点击"大象"图层的第一帧，打开"属性"面板，展开"补间"选项，勾选

"调整到路径"前面的复选框，如图 6.1.2 所示。

（24）在工具箱中点击第 3 个工具"任意变形工具" ，点击"大象"图层的第 150 帧，舞台上的大象周围出现 8 个控制点，中间有一个白色的小圆圈，是大象的重心。用鼠标移动大象，可以使用上下左右键进行微调，使得大象的重心，就是那个白色的小圆圈，在椭圆线上，在缺口的左侧。把光标移动到大象右上方那个控制点的旁边，光标箭头弯曲，按住鼠标左键旋转大象，使得大象的运动方向，和重心那个点所在的椭圆线切线方向，基本平行。

（25）给"大象"图层上锁。

（26）点击"引导层：大象"图层，按住鼠标左键不放，用鼠标拖动"引导层：大象"图层，拖到"椭圆线"图层的上面去。"大象"图层随之上移。

（27）现在图层顺序是："引导层：大象"、"大象"、"椭圆线"，如图 6.1.3 所示。

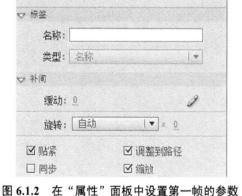
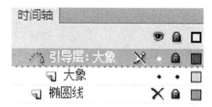

图 6.1.2 在"属性"面板中设置第一帧的参数　　**图 6.1.3** "时间轴"面板中图层

（28）按"Ctrl+Enter"组合键，弹出"大象转圈.swf"窗口，一条红色的闭合的椭圆线，大象绕着椭圆线运动，大象的重心在椭圆线上，大象的运动方向和重心所在的椭圆切线方向基本平行。当前目录下出现 Swf 格式文件"大象转圈.swf"。

第二节　月亮绕着地球转

地球自转，月亮自转，月亮绕着地球转，月亮运行轨道是椭圆。

（1）点击"文件"→"新建"，或者按"Ctrl+N"组合键，新建一个文件。在弹出的"新建文档"对话框中，点击"ActionScript 3.0"，然后点击"确定"按钮。

（2）按"Ctrl+S"保存文件。"文件名"为"月亮绕着地球转.fla"，"保存类型"为"Flash CS6 文档（*.fla）"，点击"保存"按钮。

（3）在工具箱中点击"选择工具" ，点击舞台，打开"属性"面板，设置"FPS"的值以及舞台的颜色、大小（800×600 像素）。

（4）点击"插入"→"新建元件"。在弹出的"创建新元件"对话框中，"名称"为"月亮"，"类型"选择"图形"。点击"确定"按钮。当前窗口为创建新元件的窗口，左上角的图标为 月亮，表示目前窗口要创建图形元件。窗口的中间，是一个加号。

（5）在"工具箱"中，点击"椭圆工具" 椭圆工具(O)。点击"窗口"→"属性"，打开"属性"面板。在"属性"面板中设置"填充和笔触"颜色。设置"笔触颜色"为"无" ，设置"填充颜色"为立体的黑白色 。"属性"面板中"填充和笔触"下的图标为 。

（6）按住鼠标左键不放，在窗口工作区画一个椭圆。

（7）在工具箱中，点击"选择工具" ，用鼠标选择这个椭圆。打开"属性"面板，在"位置和大小"选项中进行设置。"X："为"-100"，"Y："为"-100"，"宽："为"200"，"高："为"200"。这样一来，椭圆变成了正圆，重心和加号重合。

（8）在工具箱中点击"文本工具" T。打开"属性"面板进行设置。"文本引擎"选择"传统文本"，"文本类型"选择"静态文本"，"字符"选项中，"大小"为 72 点，颜色为蓝色。点击月亮，输入两个字"月亮"。

（9）在工具箱中点击第 3 个工具"任意变形工具"，"月亮"两个字的周围出现 8 个控制点，中间有个白色的小圆圈，是字的重心。用鼠标移动"月亮"这两个字，可以使用上下左右键进行微调，使得"月亮"两个字的重心，就是那个白色的小圆圈，和加号重合。把光标移动到右下角那个控制点的上面，形成一个-45 度的双箭头，按住 Shift 键不放，等比缩放这两个字，使得这两个字的大小与月亮的大小成比例。

（10）点击"插入"→"新建元件"。在弹出的"创建新元件"对话框中，"名称"为"地球"，"类型"选择"图形"。点击"确定"按钮。当前窗口为创建新元件的窗口，左上角的图标为 地球，表示目前窗口要创建图形元件。窗口的中间，是一个加号。

（11）在"工具箱"中，点击"椭圆工具" 椭圆工具(O)。点击"窗口"→"属性"，打开"属性"面板。在"属性"面板中设置"填充和笔触"颜色。设置"笔触颜色"为"无" ，设置"填充颜色"为立体的蓝色 。"属性"面板中"填充和笔触"下的图标为 。

（12）按住鼠标左键不放，在窗口工作区画一个椭圆。

（13）在工具箱中，点击"选择工具" ，用鼠标选择这个椭圆。打开"属性"面板，在"位置和大小"选项中进行设置。"X："为"-200"，"Y："为"-200"，"宽："为"400"，"高："为"400"，如图 5.11.2 所示。这样一来，椭圆变成了正圆，重心和加号重合。

（14）在工具箱中点击"文本工具" T。打开"属性"面板进行设置。"文本引擎"选择"传统文本"，"文本类型"选择"静态文本"，"字符"选项中，"系列"为"隶书"，"大小"为 72 点，颜色为绿色。点击地球，输入两个字"地球"。

（15）在工具箱中点击第 3 个工具"任意变形工具"，"地球"两个字的周围出现 8 个控制点，中间有个白色的小圆圈，是地球的重心。用鼠标移动"地球"这两个字，可以使用上下左右键进行微调，使得"地球"两个字的重心，就是那个白色的小圆圈，和加号重合。把光标移动到右下角那个控制点的上面，形成一个-45 度的双箭头，按住 Shift

键不放，等比例缩放这两个字，使得这两个字的大小与地球的大小成比例。

（16）点击左上角的"场景 1"。库面板中有两个图形类型的元件"地球、月亮"。

（17）现在"时间轴"面板中只有一个图层"图层 1"。双击"图层 1"这几个字，使之处于可编辑状态，输入"地球"，回车。

（18）在工具箱中点击"选择工具"。点击"地球"图层的第一帧，从库面板中，把图形类型的元件"地球"，用鼠标拖拽到舞台上。点击地球，打开"属性"面板，设置地球的"宽"为"300"，"高"为"300"。调整地球到舞台的中间位置。

（19）右击"地球"图层的第 150 帧，在弹出的下拉列表中点击"转换为关键帧"。

（20）点击"地球"图层的第一帧，点击"插入"→"传统补间"，第 1 帧到第 150 帧之间，就有了一条有向线段。

（21）点击"地球"图层的第一帧，打开"属性"面板，设置"补间"中的"旋转"，设置为"顺时针、2 次"旋转：顺时针 ▼ × 2。给"地球"图层上锁。

（22）右击"地球"图层，在弹出的选项列表中点击"插入"图层，多了一个"图层 2"。双击"图层 2"这几个字，使之处于可编辑状态，输入"月亮"。

（23）在工具箱中点击"选择工具"。点击"月亮"图层的第一帧，从库面板中，把图形类型的元件"月亮"，用鼠标拖拽到舞台的中间位置。

（24）右击"月亮"图层的第 150 帧，在弹出的下拉列表中点击"转换为关键帧"。

（25）点击"月亮"图层的第一帧，点击"插入"→"传统补间"，第 1 帧到第 150 帧之间，就有了一条有向线段。

（26）点击"月亮"图层的第一帧，打开"属性"面板，设置"补间"中的"旋转"，设置为"顺时针、4 次"旋转：顺时针 ▼ × 2。给"月亮"图层上锁。

（27）右击"月亮"图层，在弹出的选项列表中点击"添加传统运动引导层"。"月亮"图层的上面新增一个图层"引导层：月亮"，而且下面的"月亮"图层向内缩进。

（28）在工具箱中点击椭圆工具，打开"属性"面板，设置填充颜色为"无" ⊠，笔触颜色为红色，而且笔触颜色"Alpha：%"的值为"100"。笔触高度输入"10"，回车。笔触样式选择"实线"。点击"引导层：月亮"图层的第一帧。按住鼠标左键不放，在舞台上画一条椭圆线。

（29）选择工具箱中的第三个工具"任意变形工具"，点击"引导层：月亮"图层的第一帧。舞台上的椭圆线被选中，椭圆线的周围有 8 个控制点，椭圆线的中间有一个白色的小圆圈，是椭圆线的重心。通过 8 个控制点可以改变椭圆线的大小，通过鼠标移动椭圆线，以及通过上下左右键进行微调，可以改变椭圆线的位置。调整椭圆线，使它位于舞台中间位置，椭圆线以地球为中心。

（30）点击"引导层：月亮"图层的第一帧，椭圆线被选中。按"Ctrl+C"复制椭圆线。给"引导层：月亮"图层上锁。

（31）右击"引导层：月亮"图层，在弹出的选项列表中点击"插入图层"。"引导层：月亮"图层的上面新增图层"图层 4"。双击"图层 4"这几个字，输入"椭圆线"，回车。

（32）点击"椭圆线"图层的第 1 帧，按"Ctrl+Shift+V"。

（33）给"椭圆线"图层上锁，把"椭圆线"图层隐藏起来。

（34）点击"引导层：月亮"图层，把这个图层解锁。

（35）在工具箱中点击"橡皮擦工具"，点击"引导层：月亮"图层，用"橡皮擦工具"，在椭圆线的上方擦开一个缺口。给"引导层：月亮"图层上锁。

（36）点击"月亮"图层，把这个图层解锁。

（37）在工具箱中点击第 3 个工具"任意变形工具"，点击"月亮"图层的第一帧。舞台上的月亮周围出现 8 个控制点，中间有一个白色的小圆圈，是月亮的重心。用鼠标移动月亮，可以使用上下左右键进行微调，使得月亮的重心，就是那个白色的小圆圈，在椭圆线上，在缺口的右侧。

（38）点击"月亮"图层的第 150 帧。舞台上的月亮周围出现 8 个控制点，中间有一个白色的小圆圈，是月亮的重心。用鼠标移动月亮，可以使用上下左右键进行微调，使得月亮的重心，就是那个白色的小圆圈，在椭圆线上，在缺口的左侧。

（39）给"月亮"图层上锁。

（40）点击"引导层：月亮"图层，按住鼠标左键不放，用鼠标拖动"引导层：月亮"图层，拖到"椭圆线"图层的上面去。"月亮"图层随之上移。现在图层顺序是："引导层：月亮"、"月亮"、"椭圆线"、"地球"。

（41）按"Ctrl+Enter"组合键，弹出"月亮绕着地球转.swf"窗口，一条红色的闭合的椭圆线，月亮绕着椭圆线运动，月亮的重心在椭圆线上，月亮自转，地球自转。当前目录下出现 Swf 格式文件"月亮绕着地球转.swf"。

第三节　地球绕着太阳转

地球自转，太阳自转，地球绕着太阳转，地球运行轨道是椭圆。

（1）点击"文件"→"新建"，或者按"Ctrl+N"组合键，新建一个文件。在弹出的"新建文档"对话框中，点击"ActionScript 3.0"，然后点击"确定"按钮。

（2）按"Ctrl+S"保存文件。"文件名"为"地球绕着太阳转.fla"，"保存类型"为"Flash CS6 文档（*.fla）"，点击"保存"按钮。

（3）在工具箱中点击"选择工具"，点击舞台，打开"属性"面板，设置"FPS"的值以及舞台的颜色、大小（800×600 像素）。

（4）点击"插入"→"新建元件"。在弹出的"创建新元件"对话框中，"名称"为"地球"，"类型"选择"图形"。点击"确定"按钮。当前窗口为创建新元件的窗口，窗口的中间，是一个加号。

（5）在"工具箱"中，点击"椭圆工具"。点击"窗口"→"属性"，打开"属性"面板。在"属性"面板中设置"填充和笔触"颜色。设置"笔触颜色"为"无" ⊠，设置"填充颜色"为立体的蓝色■。

（6）按住鼠标左键不放，在窗口工作区画一个椭圆。

（7）在工具箱中，点击"选择工具"，用鼠标选择这个椭圆。打开"属性"面板，在"位置和大小"选项中进行设置。"X："为"−80"，"Y："为"−80"，"宽："为"160"，

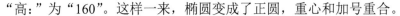

"高:"为"160"。这样一来,椭圆变成了正圆,重心和加号重合。

（8）在工具箱中点击"文本工具"。打开"属性"面板进行设置。"文本引擎"选择"传统文本","文本类型"选择"静态文本","字符"选项中,"系列"为"隶书","大小"为72点,颜色为绿色。点击地球,输入两个字"地球"。

（9）在工具箱中点击第3个工具"任意变形工具","地球"两个字的周围出现8个控制点,中间有个白色的小圆圈,是"地球"这两个字的重心。用鼠标拖动"地球"这两个字,可以使用上下左右键进行微调,使得"地球"两个字的重心,就是那个白色的小圆圈,和加号重合。把光标移动到右下角那个控制点的上面,形成一个−45度的双箭头,按住 Shift 键不放,等比例缩放这两个字,使得这两个字的大小与地球的大小成比例。

（10）点击"插入"→"新建元件"。在弹出的"创建新元件"对话框中,"名称"为"太阳","类型"选择"图形"。点击"确定"按钮。

（11）在"工具箱"中,点击"椭圆工具"。点击"窗口"→"属性",打开"属性"面板。在"属性"面板中设置"填充和笔触"颜色。设置"笔触"颜色为红色,"笔触"的"Alpha:%"值为"100","笔触"的高度为"60","笔触样式"为"斑马线"。设置"填充"颜色为立体的红色■。

（12）按住鼠标左键不放,在窗口工作区画一个椭圆。

（13）在工具箱中,点击"选择工具",用鼠标选择太阳及其光芒。打开"属性"面板,在"位置和大小"选项中进行设置。"X:"为"−150","Y:"为"−150","宽:"为"300","高:"为"300"。这样一来,太阳的重心和加号重合。

（14）在工具箱中点击"文本工具"。打开"属性"面板进行设置。"文本引擎"选择"传统文本","文本类型"选择"静态文本","字符"选项中,"系列"为"隶书","大小"为72点,颜色为黄色。点击太阳,输入两个字"太阳"。

（15）在工具箱中点击第3个工具"任意变形工具","太阳"两个字的周围出现8个控制点,中间有个白色的小圆圈,是"太阳"这两个字的重心。用鼠标移动"太阳"这两个字,可以使用上下左右键进行微调,使得"太阳"两个字的重心,就是那个白色的小圆圈,和加号重合。把光标移动到右下角那个控制点的上面,形成一个−45度的双箭头,按住 Shift 键不放,等比例缩放这两个字,使得这两个字的大小与太阳的大小成比例。

（16）点击左上角的"场景1"。库面板中有两个图形类型的元件"地球、太阳"。

（17）现在"时间轴"面板中只有一个图层"图层1"。双击"图层1"这几个字,使之处于可编辑状态,输入"太阳",回车。

（18）在工具箱中点击"选择工具"。点击"太阳"图层的第一帧,从库面板中,把图形类型的元件"太阳",用鼠标拖拽到舞台上。

（19）右击"太阳"图层的第150帧,在弹出的下拉列表中点击"转换为关键帧"。

（20）点击"太阳"图层的第一帧,点击"插入"→"传统补间",第1帧到第150帧之间,就有了一条有向线段。

（21）点击"太阳"图层的第一帧,打开"属性"面板,设置"补间"中的"旋转",设置为"顺时针、1次"。给"太阳"图层上锁。

（22）右击"太阳"图层,在弹出的选项列表中点击"插入"图层,多了一个"图层 2"。双击"图层 2"这几个字，使之处于可编辑状态，输入"地球"。

（23）在工具箱中点击"选择工具"。点击"地球"图层的第一帧，从库面板中，把图形类型的元件"地球"，用鼠标拖拽到舞台的中间位置。

（24）右击"地球"图层的第 150 帧，在弹出的下拉列表中点击"转换为关键帧"。

（25）点击"地球"图层的第一帧，点击"插入"→"传统补间"，第 1 帧到第 150 帧之间，就有了一条有向线段。

（26）点击"地球"图层的第一帧，打开"属性"面板，设置"补间"中的"旋转"，设置为"顺时针、2 次"。给"地球"图层上锁。

（27）右击"地球"图层，在弹出的选项列表中点击"添加传统运动引导层"。"地球"图层的上面新增一个图层"引导层：地球"，而且下面的"地球"图层向内缩进。

（28）在工具箱中点击椭圆工具，打开"属性"面板，设置填充颜色为"无" ，笔触颜色为红色，而且笔触颜色"Alpha：%"的值为"100"。笔触高度输入"10"，回车。笔触样式选择"实线"。点击"引导层：地球"图层的第一帧。按住鼠标左键不放，在舞台上画一条椭圆线。

（29）选择工具箱中的第三个工具"任意变形工具"，点击"引导层：地球"图层的第一帧。舞台上的椭圆线被选中，椭圆线的周围有 8 个控制点，椭圆线的中间有一个白色的小圆圈，是椭圆线的重心。通过 8 个控制点可以改变椭圆线的大小，通过鼠标移动椭圆线，以及通过上下左右键进行微调，可以改变椭圆线的位置。调整椭圆线，使它位于舞台中间位置，椭圆线以太阳为中心。

（30）点击"引导层：地球"图层的第一帧，椭圆线被选中。按"Ctrl+C"复制椭圆线。给"引导层：地球"图层上锁。

（31）右击"引导层：地球"图层，在弹出的选项列表中点击"插入图层"。"引导层：地球"图层的上面新增图层"图层 4"。双击"图层 4"这几个字，输入"椭圆线"，回车。

（32）点击"椭圆线"图层的第 1 帧，按"Ctrl+Shift+V"。

（33）给"椭圆线"图层上锁，把"椭圆线"图层隐藏起来。

（34）点击"引导层：地球"图层，把这个图层解锁。

（35）在工具箱中点击"橡皮擦工具"，点击"引导层：地球"图层，用"橡皮擦工具"，在椭圆线的上方擦开一个缺口。给"引导层：月亮"图层上锁。

（36）点击"地球"图层，把这个图层解锁。

（37）在工具箱中点击第 3 个工具"任意变形工具"，点击"地球"图层的第一帧。舞台上的地球周围出现 8 个控制点，中间有一个白色的小圆圈，是地球的重心。用鼠标移动地球，可以使用上下左右键进行微调，使得地球的重心，就是那个白色的小圆圈，在椭圆线上，在缺口的右侧。

（38）点击"地球"图层的第 150 帧。舞台上的地球周围出现 8 个控制点，中间有一个白色的小圆圈，是地球的重心。用鼠标移动地球，可以使用上下左右键进行微调，使得地球的重心，就是那个白色的小圆圈，在椭圆线上，在缺口的左侧。

（39）给"地球"图层上锁。

（40）点击"引导层：地球"图层，按住鼠标左键不放，用鼠标拖动"引导层：地球"图层，拖到"椭圆线"图层的上面去。"地球"图层随之上移。现在图层顺序是："引导层：地球"、"地球"、"椭圆线"、"太阳"。

（41）按"Ctrl+Enter"组合键，弹出"地球绕着太阳转.swf"窗口，一条红色的闭合的椭圆线，地球绕着椭圆线运动，地球的重心在椭圆线上，地球自转，太阳自转。当前目录下出现 Swf 格式文件"地球绕着太阳转.swf"。

第四节　大象引导运动

大象沿着引导线运动，大象的重心在引导线上面，大象的运动方向和重心所在的引导线切线方向基本平行。

（1）点击"文件"→"新建"，或者按"Ctrl+N"组合键，新建一个文件。在弹出的"新建文档"对话框中，点击"ActionScript 3.0"，然后点击"确定"按钮。

（2）按"Ctrl+S"保存文件。"文件名"为"大象引导运动.fla"，"保存类型"为"Flash CS6 文档（*.fla）"，点击"保存"按钮。

（3）在工具箱中点击"选择工具"，点击舞台，打开"属性"面板，设置"FPS"的值以及舞台的颜色、大小。

（4）"时间轴"面板中目前只有一个图层"图层 1"，双击"图层 1"这几个字，使之处于可编辑状态，输入"大象"，回车。

（5）点击"文件"→"导入"→"导入到库"，在弹出的"导入到库"对话框中，从相关文件夹中点击"大象.gif"，然后点击"打开"按钮。

（6）打开库面板。库面板中有一个影片剪辑类型的元件"元件 1"。双击"元件 1"这几个字，使之处于可编辑状态，输入"大象"，回车。

（7）点击"大象"图层的第 1 帧，从库面板中，把影片剪辑类型的元件"大象"，用鼠标拖拽到舞台的左下角位置。

（8）右击"大象"图层的第 150 帧，在弹出的下拉列表中点击"转换为关键帧"。点击"大象"图层的第 150 帧，舞台左下角有一个大象，用鼠标把大象拖拽到舞台右上角。

（9）点击"大象"图层的第一帧，点击"插入"→"传统补间"，第一帧到第 150 帧之间，就有了一条实心的有向线段。

（10）给"大象"图层上锁。

（11）右击"大象"图层，在弹出的选项列表中点击"添加传统运动引导层"。"大象"图层的上面新增一个图层"引导层：大象"，而且"大象"图层向内缩进。

（12）在工具箱中点击"铅笔工具" ✎，打开"属性"面板，设置"铅笔工具"的"填充和笔触"：设置笔触颜色 ✎ 为红色 ■，而且笔触颜色"Alpha：%"的值为"100" Alpha:% 100 。笔触高度输入"10"，回车，笔触样式选择"实线"，如图 6.4.1 所示。

（13）点击"引导层：大象"图层的第一帧。按住鼠标左键不放，用铅笔工具，在舞台上画一条从左下角到右上角的连续的、不间断的曲线。

图 6.4.1　在"属性"面板中设置
铅笔工具的填充和笔触

（14）　点击工具箱中的第三个工具"任意变形工具"，点击"引导层：大象"图层的第一帧。舞台上的曲线被选中。按"Ctrl+C"复制椭圆线。

（15）　给"引导层：大象"图层上锁。

（16）　右击"引导层：大象"图层，在弹出的选项列表中点击"插入图层"。"引导层：大象"图层的上面新增一个图层"图层3"。双击"图层3"这几个字，输入"引导线"，回车。

（17）　点击"引导线"图层的第一帧，按"Ctrl+Shift+V"，不但粘贴引导线，而且粘贴引导线的位置信息，"引导线"图层、"引导层：大象"图层中的两条曲线线完全重合。

（18）　给"引导线"图层上锁。

（19）　点击"大象"图层，把这个图层解锁。

（20）　在工具箱中点击第3个工具"任意变形工具"，点击"大象"图层的第一帧。舞台上的大象周围出现8个控制点，中间有一个白色的小圆圈，是大象的重心。用鼠标移动大象，可以使用上下左右键进行微调，使得大象的重心，就是那个白色的小圆圈，在引导线上，左下角开始位置。把光标移动到大象右上方那个控制点的旁边，光标箭头弯曲，按住鼠标左键旋转大象，使得大象的运动方向，和重心所在的引导线切线方向，基本平行。

（21）　点击"大象"图层的第一帧，打开"属性"面板，展开"补间"选项，勾选"调整到路径"前面的复选框。

（22）　在工具箱中点击第3个工具"任意变形工具"，点击"大象"图层的第150帧，舞台上的大象周围出现8个控制点，中间有一个白色的小圆圈，是大象的重心。用鼠标拖动大象，可以使用上下左右键进行微调，使得大象的重心，就是那个白色的小圆圈，在引导线上，右上角结束位置。把光标移动到大象右上方那个控制点的旁边，光标箭头弯曲，按住鼠标左键旋转大象，使得大象的运动方向，和重心所在的引导线切线方向，基本平行。

（23）　给"大象"图层上锁。

（24）　点击"引导层：大象"图层，按住鼠标左键不放，用鼠标拖动"引导层：大象"图层，拖到"引导线"图层的上面去。"大象"图层随之上移。

（25）　现在图层顺序是："引导层：大象"、"大象"、"引导线"，如图 6.4.2 所示。

（26）　按"Ctrl+Enter"组合键，弹出"大象引导运动.swf"窗口，一条红色的引导线，大象沿着引导线运动，大象的重心在引导线上，大象的运动方向和

图 6.4.2　"时间轴"面板中图层

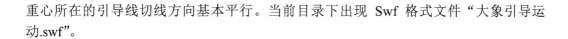

重心所在的引导线切线方向基本平行。当前目录下出现 Swf 格式文件"大象引导运动.swf"。

第五节 大象运动轨迹

大象曲线运动，大象有一条运动轨迹。

（1）点击"文件"→"新建"，或者按"Ctrl+N"组合键，新建一个文件。在弹出的"新建文档"对话框中，点击"ActionScript 3.0"，然后点击"确定"按钮。

（2）按"Ctrl+S"保存文件。"文件名"为"大象运动轨迹.fla"，"保存类型"为"Flash CS6 文档（*.fla）"，点击"保存"按钮。

（3）在工具箱中点击"选择工具"，点击舞台，打开"属性"面板，设置"FPS"的值为"1"，设置舞台的颜色、大小。

（4）"时间轴"面板中目前只有一个图层"图层 1"，双击"图层 1"这几个字，使之处于可编辑状态，输入"大象"，回车。

（5）点击"文件"→"导入"→"导入到库"，在弹出的"导入到库"对话框中，从相关文件夹中点击"大象.gif"，然后点击"打开"按钮。

（6）打开库面板。库面板中有一个影片剪辑类型的元件"元件 1"。双击"元件 1"这几个字，使之处于可编辑状态，输入"大象"，回车。

（7）点击"大象"图层的第 1 帧，从库面板中，把影片剪辑类型的元件"大象"，用鼠标拖拽到舞台的左下角位置。

（8）右击"大象"图层的第 10 帧，在弹出的下拉列表中点击"转换为关键帧"。点击"大象"图层的第 10 帧，舞台左下角有一个大象，用鼠标把大象拖拽到舞台右上角。

（9）点击"大象"图层的第一帧，点击"插入"→"传统补间"，第一帧到第 10 帧之间，就有了一条实心的有向线段。给"大象"图层上锁。

（10）右击"大象"图层，在弹出的选项列表中点击"添加传统运动引导层"。"大象"图层的上面新增一个图层"引导层：大象"，而且"大象"图层向内缩进。

（11）在工具箱中点击"铅笔工具"，打开"属性"面板，设置"铅笔工具"的"填充和笔触"：设置笔触颜色为红色，而且笔触颜色"Alpha：%"的值为"100"。笔触高度为"10"，笔触样式选择"实线"。

（12）点击"引导层：大象"图层的第一帧。按住鼠标左键不放，用铅笔工具，在舞台上画一条从左下角到右上角的连续的、不间断的曲线。

（13）选中工具箱中的第三个工具"任意变形工具"，点击"引导层：大象"图层的第一帧。舞台上的曲线被选中。按"Ctrl+C"复制椭圆线。给"引导层：大象"图层上锁。

（14）右击"引导层：大象"图层，在弹出的选项列表中点击"插入图层"。"引导层：大象"图层的上面新增一个图层"图层 3"。双击"图层 3"这几个字，输入"引导线"，回车。

（15）点击"引导线"图层的第一帧，按"Ctrl+Shift+V"。给"引导线"图层上锁。

（16）点击"大象"图层，把这个图层解锁。

（17）在工具箱中点击第 3 个工具"任意变形工具"，点击"大象"图层的第一帧。舞台上的大象周围出现 8 个控制点，中间有一个白色的小圆圈，是大象的重心。用鼠标移动大象，可以使用上下左右键进行微调，使得大象的重心，就是那个白色的小圆圈，在引导线上左下角开始位置。把光标移动到大象右上方那个控制点的旁边，光标箭头弯曲，按住鼠标左键旋转大象，使得大象的运动方向，和重心所在的引导线切线方向，基本平行。

（18）点击"大象"图层的第 1 帧，打开"属性"面板，展开"补间"选项，勾选"调整到路径"前面的复选框。

（19）点击"大象"图层的第 10 帧，舞台上的大象周围出现 8 个控制点，中间有一个白色的小圆圈，是大象的重心。用鼠标拖动大象，可以使用上下左右键进行微调，使得大象的重心，就是那个白色的小圆圈，在引导线上右上角结束位置。把光标移动到大象右上方那个控制点的旁边，光标箭头弯曲，按住鼠标左键旋转大象，使得大象的运动方向，和重心所在的引导线切线方向，基本平行。

（20）给"大象"图层上锁。

（21）点击"引导层：大象"图层，把"引导层：大象"图层隐藏起来。

（22）现在图层顺序是："引导线"、"引导层：大象"、"大象"。

（23）点击"引导线"图层，给"引导线"图层解锁。

（24）用鼠标选择"引导线"图层的前 10 帧。右击"引导线"图层的前 10 帧，在弹出的选项列表中点击"转换为关键帧"。"引导线"图层的前 10 帧，全都变成了关键帧。

（25）在工具箱中点击"橡皮擦工具"。

（26）点击"引导线"图层的第 9 帧，用鼠标擦除舞台上大象重心后面的引导线部分。

（27）点击"引导线"图层的第 8 帧，用鼠标擦除掉舞台上大象重心后面的引导线部分。

（28）点击"引导线"图层的第 7 帧，用鼠标擦除掉舞台上大象重心后面的引导线部分。

（29）点击"引导线"图层的第 6 帧，用鼠标擦除掉舞台上大象重心后面的引导线部分。

（30）点击"引导线"图层的第 5 帧，用鼠标擦除掉舞台上大象重心后面的引导线部分。

（31）点击"引导线"图层的第 4 帧，用鼠标擦除掉舞台上大象重心后面的引导线部分。

（32）点击"引导线"图层的第 3 帧，用鼠标擦除掉舞台上大象重心后面的引导线部分。

（33）点击"引导线"图层的第 2 帧，用鼠标擦除掉舞台上大象重心后面的引导线部分。

（34）点击"引导线"图层的第 1 帧，用鼠标擦除掉舞台上大象重心后面的引导线部分。

（35）按"Ctrl+Enter"组合键，弹出"大象运动轨迹.swf"窗口，大象曲线运动，有一条运动曲线。当前目录下出现 Swf 格式文件"大象运动轨迹.swf"。

第六节　大象顺着字轮廓运动

（1）点击"文件"→"新建"，或者点击"Ctrl+N"，在弹出"新建文档"对话框中点击"ActionScript 3.0"。

（2）按"Ctrl+S"保存，"文件名"为"大象顺着字轮廓运动"，"保存类型"为"Flash CS6 文档（*.fla）"。

（3）在工具箱中点击"选择工具"。用鼠标点击舞台，点击"窗口"→"属性"，打开属性面板。在属性面板中，分别设置舞台"大小"的值、舞台颜色。

（4）"时间轴"面板中目前只有一个图层"图层1"，双击"图层1"这几个字，使之处于可编辑状态，输入"字轮廓"，回车。

（5）在工具箱中点击"文本工具"。打开"属性"面板进行设置。"文本引擎"选择"传统文本"，"文本类型"选择"静态文本"，"字符"选项中，"大小"为72点，颜色为红色。

（6）点击舞台，输入"王"。

（7）在工具箱中点击第3个工具"任意变形工具"，"王"字的周围出现8个控制点。把光标移动到右下角那个控制点的上面，形成–45度的双箭头，按住 Shift 键不放，等比例缩放"王"字，使得"王"字的大小与舞台的大小成比例，充满整个舞台。用鼠标拖动"王"字，可以使用上下左右键进行微调，使得"王"字位于舞台的中间。

（8）两次按"Ctrl+B"组合键。"王"字被打散，字的边框变成颗粒状。

（9）在工具箱中点击"选择工具"，用鼠标点击舞台空白处（这一步很重要）。

（10）在工具箱中选择"墨水瓶工具"，在"属性"面板中设置"填充和笔触"："笔触颜色"设置为黑色，"笔触高度"设置为"10"，"样式"设置为"实线"。

（11）把光标移动到舞台上"王"字上面，点击一下。"王"字的边框镶了黑边。

（12）在工具箱中点击第一个工具"选择工具"，点击"王"字的红色字体部分。按"Delete"键删除。红色字体部分被删除，只剩下黑色的轮廓。

（13）右击"字轮廓"图层的第200帧，在弹出的下拉列表中点击"转换为关键帧"。给"字轮廓"图层上锁。

（14）右击"字轮廓"图层，在弹出的选项列表中点击"插入图层"。"字轮廓"图层的上面新增一个图层"图层2"。双击"图层2"这几个字，输入"大象"，回车。

（15）点击"文件"→"导入"→"导入到库"，在弹出的"导入到库"对话框中，从相关文件夹中点击"大象.gif"，然后点击"打开"按钮。

（16）打开库面板。库面板中有一个影片剪辑类型的元件"元件1"。双击"元件1"这几个字，使之处于可编辑状态，输入"大象"，回车。

（17）点击"大象"图层的第1帧，从库面板中，把影片剪辑类型的元件"大象"，用鼠标拖拽到舞台的左下角位置。

（18）右击"大象"图层的第 200 帧，在弹出的下拉列表中点击"转换为关键帧"。点击"大象"图层的第 200 帧，舞台左下角有一个大象，用鼠标把大象拖拽到舞台右上角。

（19）点击"大象"图层的第一帧，点击"插入"→"传统补间"，第一帧到第 200 帧之间，就有了一条实心的有向线段。给"大象"图层上锁。

（20）右击"大象"图层，在弹出的选项列表中点击"添加传统运动引导层"。"大象"图层的上面新增一个图层"引导层：大象"，而且"大象"图层向内缩进。

（21）在工具箱中点击第 3 个工具"任意变形工具"。

（22）给"字轮廓"图层解锁，点击"字轮廓"图层的第 1 帧。舞台上的"王"字被选中，点击"Ctrl+C"复制。给"字轮廓"图层上锁，把"字轮廓"图层隐藏起来。

（23）给"引导层：大象"图层解锁。点击"引导层：大象"图层第一帧，按"Ctrl+Shift+V"。

（24）在工具箱中点击"橡皮擦工具"，点击"引导层：大象"图层，用"橡皮擦工具"，把字轮廓线擦开一个小缺口，建议在轮廓上方擦。给"引导层：大象"图层上锁。

（25）点击"大象"图层，把这个图层解锁。

（26）在工具箱中点击第 3 个工具"任意变形工具"，点击"大象"图层的第一帧。舞台上的大象周围出现 8 个控制点，中间有一个白色的小圆圈，是大象的重心。用鼠标移动大象，可以使用上下左右键进行微调，使得大象的重心，就是那个白色的小圆圈，在轮廓线上，在缺口右侧。把光标移动到大象右上方那个控制点的旁边，光标箭头弯曲，按住鼠标左键旋转大象，使得大象的运动方向，和重心那个点所在的轮廓线切线方向，基本平行。

（27）点击"大象"图层的第 1 帧，打开"属性"面板，展开"补间"选项，勾选"调整到路径"前面的复选框。

（28）点击"大象"图层的第 200 帧，舞台上的大象周围出现 8 个控制点，中间有一个白色的小圆圈，是大象的重心。用鼠标移动大象，可以使用上下左右键进行微调，使得大象的重心，就是那个白色的小圆圈，在轮廓线上，在缺口的左侧。把光标移动到大象右上方那个控制点的旁边，光标箭头弯曲，按住鼠标左键旋转大象，使得大象的运动方向，和重心那个点所在的轮廓线切线方向，基本平行。

（29）给"大象"图层上锁。

（30）按"Ctrl+Enter"组合键，弹出"大象顺着字轮廓运动.swf"窗口，大象顺着字轮廓运动。当前目录下出现 Swf 格式文件"大象顺着字轮廓运动.swf"。

第七节　太阳、地球和月亮

太阳自转，地球自转，月亮自转，月亮绕着地球转，地球月亮绕着太阳转。

（1）点击"文件"→"新建"，或者按"Ctrl+N"组合键，新建一个文件。在弹出的"新建文档"对话框中，点击"ActionScript 3.0"，然后点击"确定"按钮。

（2）按"Ctrl+S"保存文件。"文件名"为"太阳、地球和月亮.fla"，"保存类型"为"Flash CS6 文档（*.fla）"，点击"保存"按钮。

（3）在工具箱中点击"选择工具"，点击舞台，打开"属性"面板，设置"FPS"的值以及舞台的颜色、大小（800×600 像素）。

（4）点击"插入"→"新建元件"。在弹出的"创建新元件"对话框中，"名称"为"月亮"，"类型"选择"图形"。点击"确定"按钮。当前窗口为创建新元件的窗口，窗口的中间，是一个加号。

（5）在"工具箱"中，点击"椭圆工具"。点击"窗口"→"属性"，打开"属性"面板。在"属性"面板中设置"填充和笔触"颜色。设置"笔触颜色"为"无" ，设置"填充颜色"为立体的黑白色。

（6）按住鼠标左键不放，在窗口工作区画一个椭圆。

（7）在工具箱中，点击"选择工具"，用鼠标选择这个椭圆。打开"属性"面板，在"位置和大小"选项中进行设置。"X："为"−50"，"Y："为"−50"，"宽："为"100"，"高："为"100"。这样一来，椭圆变成了正圆，重心和加号重合。

（8）在工具箱中点击"文本工具"。打开"属性"面板进行设置。"文本引擎"选择"传统文本"，"文本类型"选择"静态文本"，"字符"选项中，"大小"为72点，颜色为蓝色。点击月亮，输入两个字"月亮"。

（9）在工具箱中点击第3个工具"任意变形工具"，"月亮"两个字的周围出现8个控制点，中间有个白色的小圆圈，是字的重心。用鼠标移动"月亮"这两个字，可以使用上下左右键进行微调，使得"月亮"两个字的重心，就是那个白色的小圆圈，和加号重合。把光标移动到右下角那个控制点的上面，形成一个−45度的双箭头，按住 Shift 键不放，等比例缩放这两个字，使得这两个字的大小与月亮的大小成比例。

（10）点击"插入"→"新建元件"。在弹出的"创建新元件"对话框中，"名称"为"地球"，"类型"选择"图形"。点击"确定"按钮。当前窗口为创建新元件的窗口，左上角的图标为，表示目前窗口要创建图形元件。窗口的中间，是一个加号。

（11）在"工具箱"中，点击"椭圆工具"。点击"窗口"→"属性"，打开"属性"面板。在"属性"面板中设置"填充和笔触"颜色。设置"笔触颜色"为"无" ，设置"填充颜色"为立体的蓝色。

（12）按住鼠标左键不放，在窗口工作区画一个椭圆。

（13）在工具箱中，点击"选择工具"，用鼠标选择这个椭圆。打开"属性"面板，在"位置和大小"选项中进行设置。"X："为"−100"，"Y："为"−100"，"宽："为"200"，"高："为"200"。这样一来，椭圆变成了正圆，重心和加号重合。

（14）在工具箱中点击"文本工具"。打开"属性"面板进行设置。"文本引擎"选择"传统文本"，"文本类型"选择"静态文本"，"字符"选项中，"系列"为"隶书"，"大小"为72点，颜色为绿色。点击地球，输入两个字"地球"。

（15）在工具箱中点击第3个工具"任意变形工具"，"地球"两个字的周围出现8个控制点，中间有个白色的小圆圈，是地球的重心。用鼠标移动"地球"这两个字，可以使用上下左右键进行微调，使得"地球"两个字的重心，就是那个白色的小圆圈，和加号重合。把光标移动到右下角那个控制点的上面，形成一个–45 度的双箭头，按住 Shift 键不放，等比例缩放这两个字，使得这两个字的大小与地球的大小成比例。

（16）点击"插入"→"新建元件"。在弹出的"创建新元件"对话框中，"名称"为"太阳"，"类型"选择"图形"。点击"确定"按钮。

（17）在"工具箱"中，点击"椭圆工具"。点击"窗口"→"属性"，打开"属性"面板。在"属性"面板中设置"填充和笔触"颜色。设置"笔触"颜色为红色，"笔触"的"Alpha：%"值为"100"，"笔触"的高度为"60"，"笔触样式"为"斑马线"。设置"填充"颜色为立体的红色。

（18）按住鼠标左键不放，在窗口工作区画一个椭圆。

（19）在工具箱中，点击"选择工具"，用鼠标选择太阳及其光芒。打开"属性"面板，在"位置和大小"选项中进行设置。"X："为"–150"，"Y："为"–150"，"宽："为"300"，"高："为"300"。这样一来，太阳的重心和加号重合。

（20）在工具箱中点击"文本工具"。打开"属性"面板进行设置。"文本引擎"选择"传统文本"，"文本类型"选择"静态文本"，"字符"选项中，"系列"为"隶书"，"大小"为 72 点，颜色为黄色。点击太阳，输入两个字"太阳"。

（21）在工具箱中点击第 3 个工具"任意变形工具"，"太阳"两个字的周围出现 8 个控制点，中间有个白色的小圆圈，是"太阳"这两个字的重心。用鼠标移动"太阳"这两个字，可以使用上下左右键进行微调，使得"太阳"两个字的重心，就是那个白色的小圆圈，和加号重合。把光标移动到右下角那个控制点的上面，形成一个–45 度的双箭头，按住 Shift 键不放，等比例缩放这两个字，使得这两个字的大小与太阳的大小成比例。

（22）点击"插入"→"新建元件"。在弹出的"创建新元件"对话框中，"名称"为"月亮地球"，"类型"选择"影片剪辑"。点击"确定"按钮，如图 6.7.1 所示。

图 6.7.1　创建影片剪辑类型新元件"月亮地球"

（23）"时间轴"面板中目前只有一个图层"图层 1"，双击"图层 1"这几个字，使之处于可编辑状态，输入"地球"，回车。

（24）从库面板中，把图形类型的元件"地球"，拖到舞台的中央位置。在工具箱中点击第 3 个工具"任意变形工具"，"地球"两个字的周围出现 8 个控制点，中间有个白色的小圆圈，是地球的重心。用鼠标移动"地球"这两个字，可以使用上下左右键进行微调，使得"地球"两个字的重心，就是那个白色的小圆圈，和加号重合。

（25）右击"地球"图层的第 200 帧，在弹出的选项列表中点击"转换为关键帧"。

（26）点击"地球"图层的第一帧，点击"插入"→"传统补间"，第一帧到第 200

帧之间，就有了一条实心的有向线段。

（27）点击"地球"图层的第一帧，打开属性面板，设置"补间"选项。点击"旋转"右边的下拉列表，选择"顺时针"，点击右边的文本，设置为"2"。给"地球"图层上锁。

（28）右击"地球"图层，在弹出的选项列表中点击"插入"图层，多了一个"图层 2"。双击"图层 2"这几个字，使之处于可编辑状态，输入"月亮"。

（29）在工具箱中点击"选择工具"。点击"月亮"图层的第一帧，从库面板中，把图形类型的元件"月亮"，用鼠标拖拽到舞台的中间位置。

（30）右击"月亮"图层的第 200 帧，在弹出的下拉列表中点击"转换为关键帧"。

（31）点击"月亮"图层的第 1 帧，点击"插入"→"传统补间"，第 1 帧到第 200 帧之间，就有了一条有向线段。

（32）点击"月亮"图层的第 1 帧，打开"属性"面板，设置"补间"中的"旋转"，设置为"顺时针、4 次"。给"月亮"图层上锁。

（33）右击"月亮"图层，在弹出的选项列表中点击"添加传统运动引导层"。"月亮"图层的上面新增一个图层"引导层：月亮"，而且下面的"月亮"图层向内缩进。

（34）在工具箱中点击椭圆工具，打开"属性"面板，设置填充颜色为"无" ☑，笔触颜色为红色，而且笔触颜色"Alpha：%"的值为"100"。笔触高度输入"10"，回车。笔触样式选择"实线"。点击"引导层：月亮"图层的第一帧。按住鼠标左键不放，在舞台上画一条椭圆线。

（35）选择工具箱中的第三个工具"任意变形工具"，点击"引导层：月亮"图层的第一帧。舞台上的椭圆线被选中，椭圆线的周围有 8 个控制点，椭圆线的中间有一个白色的小圆圈，是椭圆线的重心。通过 8 个控制点可以改变椭圆线的大小，通过鼠标移动椭圆线，以及通过上下左右键进行微调，可以改变椭圆线的位置。调整椭圆线，使得椭圆线以地球为中心。也就是说，移动椭圆线，使得椭圆线的重心，就是那个白色的小圆圈，和加号重合。

（36）点击"引导层：月亮"图层的第 1 帧，椭圆线被选中。按"Ctrl+C"复制椭圆线。给"引导层：月亮"图层上锁。

（37）右击"引导层：月亮"图层，在弹出的选项列表中点击"插入图层"。"引导层：月亮"图层的上面新增图层"图层 4"。双击"图层 4"这几个字，输入"椭圆线"，回车。

（38）点击"椭圆线"图层的第 1 帧，按"Ctrl+Shift+V"。

（39）给"椭圆线"图层上锁，把"椭圆线"图层隐藏起来。

（40）点击"引导层：月亮"图层，把这个图层解锁。

（41）在工具箱中点击"橡皮擦工具"，点击"引导层：月亮"图层，用"橡皮擦工具"，在椭圆线的上方擦开一个缺口。给"引导层：月亮"图层上锁。

（42）点击"月亮"图层，把这个图层解锁。

（43）在工具箱中点击第 3 个工具"任意变形工具"，点击"月亮"图层的第 1 帧。舞台上的月亮周围出现 8 个控制点，中间有一个白色的小圆圈，是月亮的重心。用鼠标移动月亮，可以使用上下左右键进行微调，使得月亮的重心，就是那个白色的小圆圈，在椭圆线上，在缺口的右侧。

（44）点击"月亮"图层的第 200 帧。舞台上的月亮周围出现 8 个控制点，中间有一个白色的小圆圈，是月亮的重心。用鼠标移动月亮，可以使用上下左右键进行微调，使得月亮的重心，就是那个白色的小圆圈，在椭圆线上，在缺口的左侧。

（45）给"月亮"图层上锁。

（46）点击"引导层：月亮"图层，按住鼠标左键不放，用鼠标拖动"引导层：月亮"图层，拖到"椭圆线"图层的上面去。"月亮"图层随之上移。现在图层顺序是："引导层：月亮"、"月亮"、"椭圆线"、"地球"。

（47）点击"控制"→"播放"，可以查看影片剪辑类型元件的运行效果。

（48）库面板中有了一个影片剪辑类型的元件"月亮地球"，点击这个元件，上面出现这个元件的缩图，右上方有个黑色的三角，点击这个黑色的三角，可以查看这个影片剪辑类型元件的运行效果。

（49）点击左上角的"场景 1"。

（50）"时间轴"面板中目前只有一个图层"图层 1"，双击"图层 1"这几个字，使之处于可编辑状态，输入"太阳"，回车。

（51）从库面板中，把图形类型的元件"太阳"，拖到舞台的中央位置。

（52）右击"太阳"图层的第 200 帧，在弹出的选项列表中点击"转换为关键帧"。

（53）点击"太阳"图层的第一帧，点击"插入"→"传统补间"，第一帧到第 200 帧之间，就有了一条实心的有向线段。

（54）点击"太阳"图层的第一帧，打开属性面板，设置"补间"选项。点击"旋转"右边的下拉列表，选择"顺时针"，点击右边的文本，设置为"1"。给"太阳"图层上锁。

（55）右击"太阳"图层，在弹出的选项列表中点击"插入"图层，多了一个"图层 2"。双击"图层 2"这几个字，使之处于可编辑状态，输入"月亮地球"。

（56）在工具箱中点击"选择工具"。点击"地球月亮"图层的第一帧，从库面板中，把图形类型的元件"月亮地球"，用鼠标拖拽到舞台。这是一个影片剪辑类型的元件，被选中，周围有 8 个控制点，中间有个白色的圆圈，是这个影片剪辑类型元件的重心。元件中间还有一个加号，用鼠标拖动白色的圆圈，使得白色圆圈和加号重合。把光标移动到右下角控制点的上面，形成一个–45 度的双箭头，按住 Shift 键不放，等比例缩放这个影片剪辑类型的元件。

（57）右击"月亮地球"图层第 200 帧，在弹出的下拉列表中点击"转换为关键帧"。

（58）点击"月亮地球"图层的第 1 帧，点击"插入"→"传统补间"，第 1 帧到第 200 帧之间，就有了一条有向线段。

（59）右击"月亮地球"图层，在弹出的选项列表中点击"添加传统运动引导层"。"月亮"图层的上面新增一个图层"引导层：月亮地球"，而且下面"月亮地球"图层向内缩进。

（60）在工具箱中点击椭圆工具，打开"属性"面板，设置填充颜色为"无"，笔触颜色为红色，而且笔触颜色"Alpha：%"的值为"100"。笔触高度输入"10"，回车。笔触样式选择"实线"。点击"引导层：月亮地球"图层的第一帧。按住鼠标左键不放，在舞台上画一条椭圆线。

（61）选择工具箱中的第三个工具"任意变形工具"，点击"引导层：月亮地球"图层的第一帧。舞台上的椭圆线被选中，椭圆线的周围有 8 个控制点，椭圆线的中间有一个白色的小圆圈，是椭圆线的重心。通过 8 个控制点可以改变椭圆线的大小，通过鼠标移动椭圆线，以及通过上下左右键进行微调，可以改变椭圆线的位置。调整椭圆线，使得椭圆线以太阳为中心。

（62）点击"引导层：月亮地球"图层的第 1 帧，椭圆线被选中。按"Ctrl+C"复制椭圆线。给"引导层：月亮地球"图层上锁。

（63）右击"引导层：月亮地球"图层，在弹出的选项列表中点击"插入图层"。"引导层：月亮地球"图层上面新增图层"图层 4"。双击"图层 4"，输入"椭圆线"，回车。

（64）点击"椭圆线"图层的第 1 帧，按"Ctrl+Shift+V"。

（65）给"椭圆线"图层上锁，把"椭圆线"图层隐藏起来。

（66）点击"引导层：月亮地球"图层，把这个图层解锁。

（67）在工具箱中点击"橡皮擦工具"，点击"引导层：月亮地球"图层，用"橡皮擦工具"，在椭圆线的上方擦开一个缺口。给"引导层：月亮地球"图层上锁。

（68）点击"月亮地球"图层，把这个图层解锁。

（69）在工具箱中点击第 3 个工具"任意变形工具"，点击"月亮地球"图层的第 1 帧。舞台上的"月亮地球"这个影片剪辑元件周围出现 8 个控制点，中间有一个白色的小圆圈，是元件的重心。用鼠标移动元件，可以使用上下左右键进行微调，使得元件的重心，就是那个白色的小圆圈，在椭圆线上，在缺口的右侧。

（70）点击"月亮地球"图层的第 200 帧。舞台上的"月亮地球"元件周围出现 8 个控制点，中间有一个白色的小圆圈，是元件的重心。用鼠标移动元件，可以使用上下左右键进行微调，使得元件的重心，就是那个白色的小圆圈，在椭圆线上，在缺口的左侧。

（71）给"月亮地球"图层上锁。

（72）点击"引导层：月亮地球"图层，按住鼠标左键不放，用鼠标拖动"引导层：月亮地球"图层，拖到"椭圆线"图层的上面去。"月亮地球"图层随之上移。现在图层顺序是："引导层：月亮地球"、"月亮地球"、"椭圆线"、"太阳"。

（73）按"Ctrl+Enter"组合键，弹出"太阳、地球和月亮.swf"窗口。当前目录下出现 Swf 格式文件"太阳、地球和月亮.swf"。

第七章

Flash 遮罩操作

本章介绍 Flash 的遮罩操作。本书所用的图片，全都来自于网络。

第一节　广场普通遮罩

画布一片空白，一个小球从左向右移动，小球所经之处，可以看到小球后的背景图片。

（1）点击"文件"→"新建"，或者按"Ctrl+N"组合键，新建一个文件。在弹出的"新建文档"对话框中，点击"ActionScript 3.0"，然后点击"确定"按钮。

（2）按"Ctrl+S"保存文件。"文件名"为"广场遮罩.fla"，"保存类型"为"Flash CS6文档（*.fla）"，点击"保存"按钮。

（3）在工具箱中点击"选择工具"，点击舞台，打开"属性"面板，设置"FPS"的值以及舞台的颜色。

（4）"时间轴"面板中目前只有一个图层"图层1"，双击"图层1"这几个字，使之处于可编辑状态，输入"广场"，回车。

（5）点击"文件"→"导入"→"导入到库"，在弹出的"导入到库"对话框中，从相关文件夹中点击"广场.jpg"，然后点击"打开"按钮。库面板中有了图片"广场.jpg"。

（6）点击"插入"→"新建元件"。在弹出的"创建新元件"对话框中，设置"名称"为"球"，"类型"选择"图形"。点击"确定"按钮。窗口的中间，是一个加号。

（7）在"工具箱"中，点击"椭圆工具"。点击"窗口"→"属性"，打开"属性"面板。在"属性"面板中设置"填充和笔触"颜色。设置"笔触颜色"为"无" ☑，设置"填充颜色"为立体的红色█。

（8）按住鼠标左键不放，在窗口工作区画一个椭圆。

（9）在工具箱中，点击"选择工具"，用鼠标选择这个椭圆。打开"属性"面板，在"位置和大小"选项中进行设置。"X："为"−100"，"Y："为"−100"，"宽："为"200"，"高："为"200"。这样一来，椭圆变成了正圆，重心和加号重合。

（10）点击窗口左上角的"场景1"。

（11）"时间轴"面板中只有一个图层"广场"。库面板中有"广场.jpg"及图形类型元件"球"。

（12）点击"广场"图层的第1帧，从库面板中，把"广场.jpg"拖到舞台上来。点击舞台上的图片"广场.jpg"，打开"属性"面板，设置"位置和大小"：设置"X："为"0"，设置"Y："为"0"，"宽："为"550"，"高："为400。

（13）右击"广场"图层的第200帧，在弹出的选项列表中点击"转换为关键帧"。

（14）给"广场"图层上锁。

（15）右击"广场"图层，在弹出的选项列表中点击"插入图层"，新增图层"图层2"。双击"图层2"这几个字，使之处于可编辑状态，输入"球"，回车。

（16）点击"球"图层的第一帧，从库面板里面，把图形类型的元件"球"，拖到舞台上来，拖到图片的左侧。

（17）右击"球"图层的第200帧，在弹出的选项列表中点击"转换为关键帧"。用鼠标把球拖拽到图片右侧。

（18）点击"球"图层的第一帧，点击"插入"→"传统补间"。第一帧到第200帧之间，就有了一条实心的有向线段。

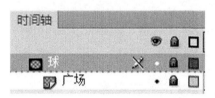

图 7.1.1 "时间轴"面板中的图层

（19）右击"球"图层，在弹出的选项列表中点击"遮罩层"。那么"广场"图层向里缩。"时间轴"面板中的图层如图7.1.1所示。

（20）按"Ctrl+Enter"组合键，弹出"广场遮罩.swf"窗口，一个圆从左向右移动，所经之处，露出圆后面的背景图片。当前目录下出现Swf格式文件"广场遮罩.swf"。

第二节　竹林模糊遮罩

背景半透明，一个小球从左向右移动，小球所经之处，可以看到小球后面的清晰背景。

（1）点击"文件"→"新建"，或者按"Ctrl+N"组合键，新建一个文件。在弹出的"新建文档"对话框中，点击"ActionScript 3.0"，然后点击"确定"按钮。

（2）按"Ctrl+S"保存文件。"文件名"为"竹林遮罩.fla"，"保存类型"为"Flash CS6文档（*.fla）"，点击"保存"按钮。

（3）在工具箱中点击"选择工具"，点击舞台，打开"属性"面板，设置"FPS"的值以及舞台的颜色。

（4）"时间轴"面板中目前只有一个图层"图层1"，双击"图层1"这几个字，使之处于可编辑状态，输入"竹林模糊"，回车。

（5）点击"文件"→"导入"→"导入到库"，在弹出的"导入到库"对话框中，从相关文件夹中点击"竹林.jpg"，然后点击"打开"按钮。库面板中有了图片"竹林.jpg"。

（6）点击"插入"→"新建元件"。在弹出的"创建新元件"对话框中，设置"名称"为"球"，"类型"选择"图形"。点击"确定"按钮。窗口的中间，是一个加号。

（7）在"工具箱"中，点击"椭圆工具"。点击"窗口"→"属性"，打开"属性"面板。在"属性"面板中设置"填充和笔触"颜色。设置"笔触颜色"为"无"，设置"填充颜色"为立体的红色。

（8）按住鼠标左键不放，在窗口工作区画一个椭圆。

（9）在工具箱中，点击"选择工具"，用鼠标选择这个椭圆。打开"属性"面板，在"位置和大小"选项中进行设置。"X："为"–50"，"Y："为"–50"，"宽："为"100"，"高："为"100"。这样一来，椭圆变成了正圆，重心和加号重合。

（10）点击窗口左上角的"场景 1"。库面板中有"竹林.jpg"及图形类型元件"球"。

（11）"时间轴"面板中只有一个图层"竹林模糊"。

（12）点击"竹林模糊"图层的第 1 帧，从库面板中，把"竹林.jpg"拖到舞台上来。

（13）点击舞台上的图片"竹林.jpg"，打开"属性"面板，设置"位置和大小"：设置"X："为"0"，设置"Y："为"0"，"宽："为"550"，"高："为 400。

（14）点击舞台上的图片"竹林.jpg"，点击"修改"→"转换为元件"，弹出"转换为元件"对话框，设置"名称"为"竹林"，"类型"选择"图形"，点击"确定"按钮，如图 7.2.1 所示。库面板中多了一个图形类型的元件"竹林"。舞台上图形类型的元件，中间有个圆圈。

（15）点击舞台上的元件，打开"属性"面板，设置"位置和大小"：设置"X："为"0"，设置"Y："为"0"，"宽："为"550"，"高："为 400。设置"色彩效果"："样式"选择"Alpha"，"Alpha"的值，设置为 60（%），如图 7.2.2 所示。

图 7.2.1　"转换为元件"对话框

图 7.2.2　在"属性"面板中设置"色彩效果"

（16）右击"竹林模糊"图层的第 200 帧，在弹出的选项列表中点击"转换为关键帧"。

（17）给"竹林模糊"图层上锁。

（18）右击"竹林模糊"图层，在弹出的选项列表中点击"插入图层"，新增图层"图层 2"。双击"图层 2"这几个字，使之处于可编辑状态，输入"竹林清晰"，回车。

（19）点击"竹林清晰"图层的第一帧，从库面板中，把"竹林.jpg"拖到舞台上来。

（20）点击舞台上的图片"竹林.jpg"，打开"属性"面板，设置"X："为"0"，设置"Y："为"0"，"宽："为"550"，"高："为 400。

（21）右击"竹林清晰"图层第 200 帧，在弹出的选项列表中点击"转换为关键帧"。

（22）给"竹林清晰"图层上锁。

（23）右击"竹林清晰"图层，在弹出的选项列表中点击"插入图层"，新增图层"图层 3"。双击"图层 3"这几个字，使之处于可编辑状态，输入"球"，回车。

（24）点击"球"图层的第一帧，从库面板里面，把图形类型的元件"球"，拖到舞台上来，用鼠标把球拖到图片的左侧。

（25）右击"球"图层的第 200 帧，在弹出的选项列表中点击"转换为关键帧"。用鼠标把球拖动到图片右侧。

（26）点击"球"图层的第一帧，点击"插入"→"传统补间"。第一帧到第 200 帧之间，就有了一条实心的有向线段。

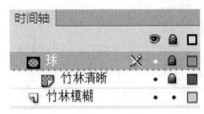

图 7.2.3 "时间轴"面板中的图层

（27）右击"球"图层，在弹出的选项列表中点击"遮罩层"。那么"竹林清晰"图层向里缩。"时间轴"面板中的图层如图 7.2.3 所示。

（28）按"Ctrl+Enter"组合键，弹出"竹林遮罩.swf"窗口，背景模糊，一个圆从左向右移动，所经之处，露出圆后面清晰的背景图片。当前目录下出现 Swf 格式文件"竹林遮罩.swf"。

第三节　海岛幕布遮罩

画布一片空白，幕布慢慢拉开，露出海岛风光，然后幕布慢慢关上。拉开幕布的时候，幕布两侧各有一个画轴展开，关闭幕布的时候，幕布两次各有一个画轴关闭。

（1）点击"文件"→"新建"，或者按"Ctrl+N"组合键，新建一个文件。在弹出的"新建文档"对话框中，点击"ActionScript 3.0"，然后点击"确定"按钮。

（2）按"Ctrl+S"保存文件。"文件名"为"海岛遮罩.fla"，"保存类型"为"Flash CS6 文档（*.fla）"，点击"保存"按钮。

（3）在工具箱中点击"选择工具"，点击舞台，打开"属性"面板，设置"FPS"的值以及舞台的颜色。

（4）"时间轴"面板中目前只有一个图层"图层 1"，双击"图层 1"这几个字，使之处于可编辑状态，输入"海岛风光"，回车。

（5）点击"文件"→"导入"→"导入到库"，在弹出的"导入到库"对话框中，从相关文件夹中点击"海岛风光.jpg"、"轴.wmf"，然后点击"打开"按钮。库面板中有了"海岛风光.jpg"，以及"轴.wmf"。

（6）点击"海岛风光"图层的第 1 帧，从库面板中，把"海岛风光.jpg"拖到舞台上来。

（7）点击舞台上的图片，打开"属性"面板，设置图片的"位置和大小"：设置"X："

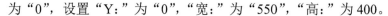

为"0"，设置"Y："为"0"，"宽："为"550"，"高："为 400。

（8）右击"海岛风光"图层的第 200 帧，在弹出的选项列表中点击"转换为关键帧"。给"海岛风光"图层上锁。

（9）右击"海岛风光"图层，在弹出的选项列表中点击"插入图层"，新增图层"图层 2"。双击"图层 2"这几个字，使之处于可编辑状态，输入"幕布"，回车。

（10）在工具箱中选择"矩形工具"，打开"属性"面板进行设置。设置"笔触颜色"为"无"，设置"填充颜色"为红色，而且笔触颜色"Alpha：%"的值为"100" Alpha：% 100。

（11）点击"幕布"图层的第一帧，在舞台上画一个矩形。

（12）右击"幕布"图层的第 100 帧，在弹出的选项列表中点击"转换为关键帧"。

（13）右击"幕布"图层的第 200 帧，在弹出的选项列表中点击"转换为关键帧"。

（14）点击"幕布"图层的第 1 帧，点击"插入"→"补间形状"。

（15）点击"幕布"图层的第 100 帧，点击"插入"→"补间形状"。

（16）在工具箱中点击"选择工具"，点击"幕布"图层的第 1 帧，点击舞台中的红色矩形，打开"属性"面板，设置红色矩形的"位置和大小"："X："设置为"275"，"Y："设置为"0"，"宽："设置为"1"，"高："设置为"400"，如图 7.3.1 所示。舞台上出现一条红色的细线。

（17）点击"幕布"图层的第 100 帧，点击窗口中的红色矩形，打开"属性"面板，设置红色矩形的"位置和大小"："X："设置为"0"，"Y："设置为"0"，"宽："设置为"550"，"高："设置为"400"，如图 7.3.2 所示。

图 7.3.1　在"属性"面板中设置红色
矩形的"位置和大小"

图 7.3.2　在"属性"面板中设置
红色矩形的"位置和大小"

（18）点击"幕布"图层的第 200 帧，点击舞台中的红色矩形，打开"属性"面板，设置红色矩形的"位置和大小"："X："设置为"275"，"Y："设置为"0"，"宽："设置为"1"，"高："设置为"400"。舞台上出现一条红色的细线。

（19）给"幕布"图层上锁。

（20）右击"幕布"图层，在弹出的选项列表中点击"插入图层"，新增图层"图层 3"。双击"图层 3"这几个字，使之处于可编辑状态，输入"左轴"，回车。

（21）点击"左轴"图层的第 1 帧，从库面板中把"轴.wmf"拖到舞台中，使得左轴的右侧贴着中间的那条红色细线。

（22）点击舞台上的左轴，打开"属性"面板，设置左轴的"位置和大小"："Y："

设置为"0","高："设置为"400"。"X："和"宽："的值保持不变。

（23）右击"左轴"图层的第 100 帧，在弹出的选项列表中点击"转换为关键帧"。

（24）右击"左轴"图层的第 200 帧，在弹出的选项列表中点击"转换为关键帧"。

（25）点击"左轴"图层的第 100 帧，点击舞台上的左轴，连续按向左的箭头，直到左轴平移到幕布的左侧。

（26）点击"左轴"图层的第 1 帧，点击"插入"→"补间形状"。

（27）点击"左轴"图层的第 100 帧，点击"插入"→"补间形状"。

（28）给"左轴"图层上锁。

（29）右击"左轴"图层，在弹出的选项列表中点击"插入图层"，新增图层"图层4"。双击"图层 4"这几个字，使之处于可编辑状态，输入"右轴"，回车。

（30）点击"右轴"图层的第 1 帧，从库面板中把"轴.wmf"拖到舞台中，使得右轴的左侧贴着舞台中间的那条红色细线。左右两个轴互相贴着。

（31）点击舞台上的右轴，打开"属性"面板，设置右轴的"位置和大小"："Y："设置为"0"，"高："设置为"400"。"X："和"宽："的值保持不变。

（32）右击"右轴"图层的第 100 帧，在弹出的选项列表中点击"转换为关键帧"。

（33）右击"右轴"图层的第 200 帧，在弹出的选项列表中点击"转换为关键帧"。

（34）点击"右轴"图层的第 100 帧，点击舞台上的右轴，连续按向右的箭头，直到右轴平移到幕布的右侧。

（35）点击"右轴"图层的第 1 帧，点击"插入"→"补间形状"。

（36）点击"右轴"图层的第 100 帧，点击"插入"→"补间形状"。

图 7.3.3 "时间轴"面板中的图层

（37）给"右轴"图层上锁。

（38）右击"幕布"图层，在弹出的选项列表中点击"遮罩层"。那么"海岛风光"图层向里缩。"时间轴"面板中的图层如图 7.3.3 所示。

（39）按"Ctrl+Enter"组合键，弹出"海岛遮罩.swf"窗口，幕布伴随这两条轴拉开，出现幕布后面的海岛风光，然后幕布伴随两条轴关闭。当前目录下出现 Swf 格式文件"海岛遮罩.swf"。

第四节　文　字　变　色

文字轮廓的颜色发生变化。

（1）点击"文件"→"新建"，或者按"Ctrl+N"组合键，新建一个文件。在弹出的"新建文档"对话框中，点击"ActionScript 3.0"，然后点击"确定"按钮。

（2）按"Ctrl+S"保存文件。"文件名"为"文字变色.fla"，"保存类型"为"Flash CS6文档（*.fla）"，点击"保存"按钮。

（3）在工具箱中点击"选择工具"，点击舞台，打开"属性"面板，设置"FPS"的值以及舞台的颜色。

（4）"时间轴"面板中目前只有一个图层"图层 1"，双击"图层 1"这几个字，使之处于可编辑状态，输入"彩虹"，回车。

（5）在工具箱中选择"矩形工具"，打开"属性"面板，设置"填充和笔触"：设置"笔触颜色"为"无"，设置"填充颜色"为彩虹色。

（6）点击"彩虹"图层的第 1 帧，按住鼠标左键不放，画一个矩形。

（7）在工具箱中点击"选择工具"，点击"彩虹"图层的第 1 帧，点击舞台上的彩虹矩形。打开"属性"面板，设置彩虹矩形的"位置和大小"："X："为–300，"Y："为 0，"宽："为 900，"高："为 500，如图 7.4.1 所示。

（8）右击"彩虹"图层的第 100 帧，在弹出的选项列表中点击"转换为关键帧"。

（9）右击"彩虹"图层的第 200 帧，在弹出的选项列表中点击"转换为关键帧"。

（10）点击"彩虹"图层的第 100 帧，点击舞台上的彩虹矩形。打开"属性"面板，设置彩虹矩形的"位置和大小"："X："为 0，"Y："为 0，"宽："为 900，"高："为 500，如图 7.4.2 所示。

图 7.4.1　在"属性"面板中设置彩虹矩形的"位置和大小"

图 7.4.2　在"属性"面板中设置彩虹矩形的"位置和大小"

（11）点击"彩虹"图层的第 1 帧，点击"插入"→"补间形状"。

（12）点击"彩虹"图层的第 100 帧，点击"插入"→"补间形状"。

（13）把"彩虹"图层隐藏起来，给"彩虹"图层上锁。

（14）右击"彩虹"图层，在弹出的选项列表中点击"插入图层"。新增"图层 2"，双击"图层 2"这几个字，使之处于可编辑状态，输入"文字"。

（15）在工具箱中点击"文本工具"。打开"属性"面板进行设置："文本引擎"选择"传统文本"，"文本类型"选择"静态文本"，"字符"选项中，"大小"为 72 点，颜色为黑色。

（16）点击"文字"图层的第一帧，在舞台上写 4 个字"经贸大学"。

（17）在工具箱中点击第 3 个工具"任意变形工具"，舞台上 4 个字被选中，字的周围有 8 个控制点。通过控制点，改变这 4 个字的大小。用鼠标拖动这 4 个字，可以使用上下左右键进行微调，使得这 4 个字位于舞台的中间，而且字的大小和舞台匹配。

（18）两次按"Ctrl+B"组合键，把这 4 个字打散。

（19）右击"文字"图层，在弹出的选项列表中点击"遮罩层"。那么"彩虹"图层向里缩。"时间轴"面板中的图层如图 7.4.3 所示。

图 7.4.3 "时间轴"面板中的图层

（20）按"Ctrl+Enter"组合键，弹出"文字变色.swf"窗口，4 个字保持不动，字的轮廓颜色不断发生变化。当前目录下出现 Swf 格式文件"文字变色.swf"。

第五节　Gif 高山遮罩

画布一片空白，大象从左向右移动，大象所经之处，可以看到大象后面的背景图片。

（1）点击"文件"→"新建"，或者按"Ctrl+N"组合键，新建一个文件。在弹出的"新建文档"对话框中，点击"ActionScript 3.0"，然后点击"确定"按钮。

（2）按"Ctrl+S"保存文件。"文件名"为"高山遮罩.fla"，"保存类型"为"Flash CS6 文档（*.fla)"，点击"保存"按钮。

（3）在工具箱中点击"选择工具"，点击舞台，打开"属性"面板，设置"FPS"的值以及舞台的颜色。

（4）"时间轴"面板中目前只有一个图层"图层 1"，双击"图层 1"这几个字，使之处于可编辑状态，输入"高山云雾"，回车。

（5）点击"文件"→"导入"→"导入到库"，在弹出的"导入到库"对话框中，从相关文件夹中点击"高山云雾.jpg"、"大象.gif"，然后点击"打开"按钮。库面板中有了图片"高山云雾.jpg"以及影片剪辑类型的元件"元件 2"。双击"元件 2"这几个字，使之处于可编辑状态，输入"大象"，回车。

（6）点击"高山云雾"图层的第 1 帧，从库面板中，把"高山云雾.jpg"拖到舞台上来。点击舞台上的图片"高山云雾.jpg"，打开"属性"面板，设置"位置和大小"：设置"X:"为"0"，设置"Y:"为"0"，"宽:"为"550"，"高:"为 400。

（7）右击"高山云雾"图层的第 200 帧，在弹出的选项列表中点击"转换为关键帧"。

（8）给"高山云雾"图层上锁。

（9）右击"高山云雾"图层，在弹出的选项列表中点击"插入图层"，新增图层"图层 2"。双击"图层 2"这几个字，使之处于可编辑状态，输入"大象"，回车。

（10）点击"大象"图层的第 1 帧，从库面板中，把影片剪辑类型的元件"大象"，用鼠标拖拽到舞台的左下角位置。

（11）右击"大象"图层的第 200 帧，在弹出的下拉列表中点击"转换为关键帧"。点击"大象"图层的第 200 帧，舞台左下角有一个大象，用鼠标把大象拖拽到舞台右上角。

（12）点击"大象"图层的第一帧，点击"插入"→"传统补间"，第 1 帧到第 200 帧之间，就有了一条实心的有向线段。

（13）给"大象"图层上锁。

（14）右击"大象"图层，在弹出的选项列表中点击"遮罩层"。那么"高山云雾"图层向里缩。"时间轴"面板中的图层如图 7.5.1 所示。

图 7.5.1　"时间轴"面板中的图层

（15）按"Ctrl+Enter"组合键，弹出"高山遮罩.swf"窗口，一个方块从左向右移动，所经之处，露出圆后面的背景图片。当前目录下出现 Swf 格式文件"高山遮罩.swf"。

第六节　倒影水波荡漾

一个图片有倒影，倒影水波荡漾。

（1）点击"文件"→"新建"，或者按"Ctrl+N"组合键，新建一个文件。在弹出的"新建文档"对话框中，点击"ActionScript 3.0"，然后点击"确定"按钮。

（2）按"Ctrl+S"保存文件。"文件名"为"水波荡漾.fla"，"保存类型"为"Flash CS6文档（*.fla）"，点击"保存"按钮。

（3）在工具箱中点击"选择工具"，点击舞台，打开"属性"面板，设置"FPS"的值以及舞台的颜色。

（4）点击"文件"→"导入"→"导入到库"，在弹出的"导入到库"对话框中，从相关文件夹中点击"湖光山色.jpg"，点击"打开"按钮。库面板中有了图片"湖光山色.jpg"。

（5）"时间轴"面板中目前只有一个图层"图层 1"，双击"图层 1"这几个字，使之处于可编辑状态，输入"湖光山色"，回车。

（6）点击"湖光山色"图层的第 1 帧，从库面板中，把"湖光山色.jpg"拖到舞台上来。点击舞台上的图片"湖光山色.jpg"，打开"属性"面板，设置"位置和大小"：设置"X："为"0"，设置"Y："为"0"，"宽："为"550"，"高："为 200。

（7）点击舞台上的图片"湖光山色.jpg"，点击"修改"→"转换为元件"，弹出"转换为元件"对话框，设置"名称"为"图片元件"，"类型"选择"图形"，点击"确定"按钮。库面板中多了一个图形类型元件"图片元件"。舞台上的图片元件，占据舞台的上半部分，中间有个圆圈。

（8）点击"湖光山色"图层的第 1 帧，从库面板中，把图形类型元件"图片元件"，拖到舞台上来，占据舞台的下半部分。点击舞台下半部分的图形类型元件"图片元件"，打开"属性"面板，设置"位置和大小"：设置"X："为"0"，设置"Y："为"200"，"宽："为"550"，"高："为 200。

（9）点击舞台下半部分的图形类型元件"图片元件"，点击"修改"→"变形"→"垂直翻转"。这样"湖光山色"图片占据舞台上半部分，倒影占据舞台下半部分。

（10）右击"湖光山色"图层的第 200 帧，在弹出的下拉列表中点击"转换为关键帧"。

（11）给"湖光山色"图层上锁。

（12）右击"湖光山色"图层，在弹出的选项列表中点击"插入图层"，新增图层"图层 2"。双击"图层 2"这几个字，使之处于可编辑状态，输入"模糊倒影"，回车。

（13）点击"模糊倒影"图层的第 1 帧，从库面板中，把图形类型元件"图片元件"，拖到舞台上来，占据舞台的下半部分。

（14）点击舞台下半部分的图形类型元件"图片元件"，打开"属性"面板，设置"位置和大小"：设置"X:"为"0"，设置"Y:"为"200"，"宽:"为"550"，"高:"为 200。设置"色彩效果"："样式"选择"Alpha"，"Alpha"的值设置为 35（%）。

（15）点击舞台下半部分元件"图片元件"，点击"修改"→"变形"→"垂直翻转"。点击舞台下半部分的"图片元件"，连续按几次向左的箭头，然后连续按几次向下的箭头。使得图片变得模糊起来。

（16）右击"模糊倒影"图层的第 200 帧，在弹出的下拉列表中点击"转换为关键帧"。给"模糊倒影"图层上锁。

（17）右击"模糊倒影"图层，在弹出的选项列表中点击"插入图层"，新增图层"图层 3"。双击"图层 3"这几个字，使之处于可编辑状态，输入"水纹遮罩"，回车。

（18）点击"插入"→"新建元件"。在弹出的"创建新元件"对话框中，"名称"为"水纹"，"类型"选择"图形"。点击"确定"按钮。当前窗口为创建新元件的窗口，窗口的中间，是一个加号。

（19）在工具箱中点击矩形工具，打开"属性"面板进行设置"填充和笔触"："笔触颜色"为无☑，填充颜色为蓝色，而且填充颜色的"Alpha：%"的值为"100"。

（20）画一个蓝色的横条。在工具箱中点击第一个工具"选择工具"，把这个横条变弯曲。

（21）选择这个弯曲的横条，按"Ctrl+C"复制，多次按"Ctrl+V"粘贴。

（22）将这些横条竖着排列。选择这些横条，点击"窗口"→"对齐"，弹出"对齐"浮动面板。在浮动面板中点击"左对齐"图标▤和"垂直居中分布"图标▤。

（23）点击工具箱中的第 3 个工具"任意变形工具"，选择这些横条。这些横条被选中，周围有 8 个控制点，中间有个白色的小圆圈，是这些横条的重心。用鼠标拖动这些横条，可以使用上下左右键进行微调，使得这些横条的重心，就是那个白色的小圆圈，和加号重合。图形类型元件"水纹"如图 7.6.1 所示。

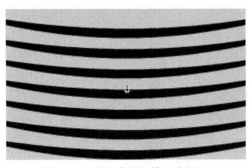

图 7.6.1 图形类型元件"水纹"

（24）点击左上角的"场景 1"。

（25）点击"水纹遮罩"图层的第一帧，从库面板中，把图形类型的元件"水纹"拖到舞台上来。拖到倒影的上方。

（26）右击"水纹遮罩"图层的第 200 帧，在弹出的选项列表中点击"转换为关键帧"。

（27）在工具箱中点击第 3 个工具"任意变形工具"，点击"水纹遮罩"图层的第 200 帧，舞台上的图形类型元件"水纹"被选中，

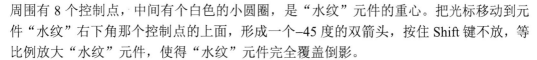

周围有 8 个控制点，中间有个白色的小圆圈，是"水纹"元件的重心。把光标移动到元件"水纹"右下角那个控制点的上面，形成一个–45 度的双箭头，按住 Shift 键不放，等比例放大"水纹"元件，使得"水纹"元件完全覆盖倒影。

（28）点击"水纹遮罩"图层的第 1 帧，点击"插入"→"传统补间"，从第一帧到第 200 帧之间，有了一条实心的有向线段。

（29）右击"水纹遮罩"图层，在弹出的选项列表中点击"遮罩层"。

（30）"时间轴"面板中层的次序为："水纹遮罩、模糊倒影、湖光山色"。

（31）按"Ctrl+Enter"组合键，弹出"水波荡漾.swf"窗口，有倒影水波荡漾的效果。当前目录下出现 Swf 格式文件"水波荡漾.swf"。

第七节　控　制　遮　罩

背景半透明，一个小球随着鼠标移动。小球所经之处，可以看到小球后面的清晰背景。

（1）点击"文件"→"新建"，或者按"Ctrl+N"组合键，新建一个文件。在弹出的"新建文档"对话框中，点击"ActionScript 2.0"（注意必须是 2.0），点击"确定"按钮。

（2）按"Ctrl+S"保存文件。"文件名"为"控制遮罩.fla"，"保存类型"为"Flash CS6文档（*.fla）"，点击"保存"按钮。

（3）在工具箱中点击"选择工具"，点击舞台，打开"属性"面板，设置"FPS"的值以及舞台的颜色。

（4）"时间轴"面板中目前只有一个图层"图层 1"，双击"图层 1"这几个字，使之处于可编辑状态，输入"运动场模糊"，回车。

（5）点击"文件"→"导入"→"导入到库"，在弹出的"导入到库"对话框中，从相关文件夹中点击"运动场.jpg"，然后点击"打开"按钮。库面板中有了图片"运动场.jpg"。

（6）点击"插入"→"新建元件"。在弹出的"创建新元件"对话框中，设置"名称"为"球"，"类型"选择"影片剪辑"。点击"确定"按钮。窗口的中间，是一个加号。

（7）在"工具箱"中，点击"椭圆工具"。点击"窗口"→"属性"，打开"属性"面板。在"属性"面板中设置"填充和笔触"颜色。设置"笔触颜色"为"无"，设置"填充颜色"为立体的红色。

（8）按住鼠标左键不放，在窗口工作区画一个椭圆。

（9）在工具箱中，点击"选择工具"，用鼠标选择这个椭圆。打开"属性"面板，在"位置和大小"选项中进行设置。"X:"为"–50"，"Y:"为"–50"，"宽:"为"100"，"高:"为"100"。这样一来，椭圆变成了正圆，重心和加号重合。

（10）点击左上角"场景 1"。库面板中有"运动场.jpg"及影片剪辑类型元件"球"。

（11）"时间轴"面板中只有一个图层"运动场模糊"。

（12）点击"运动场模糊"图层的第 1 帧，从库面板中，把"运动场.jpg"拖到舞台上来。

（13）点击舞台上的图片"运动场.jpg"，打开"属性"面板，设置"位置和大小"：设置"X："为"0"，设置"Y："为"0"，"宽："为"550"，"高："为 400。

（14）点击舞台上的图片"运动场.jpg"，点击"修改"→"转换为元件"，弹出"转换为元件"对话框，设置"名称"为"运动场元件"，"类型"选择"图形"，点击"确定"按钮。库面板中多了一个图形类型元件"运动场"。舞台上图形类型元件，中间有个圆圈。

（15）点击舞台上的元件，打开"属性"面板，设置"色彩效果"："样式"选择"Alpha"，"Alpha"的值，设置为 40（%）。

（16）右击"运动场模糊"图层第 200 帧，在弹出的选项列表中点击"转换为关键帧"。

（17）给"运动场模糊"图层上锁。

（18）右击"运动场模糊"图层，在弹出的选项列表中点击"插入图层"，新增图层"图层 2"。双击"图层 2"这几个字，使之处于可编辑状态，输入"运动场清晰"，回车。

（19）点击"运动场清晰"图层的第一帧，从库面板中，把"运动场.jpg"拖到舞台上来。

（20）点击舞台上的图片"运动场.jpg"，打开"属性"面板，设置"X："为"0"，设置"Y："为"0"，"宽："为"550"，"高："为 400。

（21）右击"运动场清晰"图层第 200 帧，在弹出选项列表中点击"转换为关键帧"。

（22）给"运动场清晰"图层上锁。

（23）右击"运动场清晰"图层，在弹出的选项列表中点击"插入图层"，新增图层"图层 3"。双击"图层 3"这几个字，使之处于可编辑状态，输入"球"，回车。

（24）点击"球"图层的第一帧，从库面板里面，把影片剪辑类型的元件"球"，拖到舞台上来，用鼠标把球拖到舞台的中间位置。

（25）点击舞台上的影片剪辑类型元件"球"，打开"属性"面板进行设置。"实例名称"对应的文本框输入"eye"，回车。"实例行为"选择"影片剪辑"，如图 7.7.1 所示。

图 7.7.1　在"属性"面板中设置影片剪辑类型的元件"球"

（26）点击"球"图层的第一帧，点击"窗口"→"动作"，弹出"动作"浮动面板，在右边的可编辑文本框中输入：startDrag（"eye"，true），如图 7.7.2 所示。

图 7.7.2　在"动作"面板中输入语句

（27）右击"球"图层，在弹出的选项列表中点击"遮罩层"。那么"广场清晰"图层向里缩。"时间轴"面板中的图层如图 7.7.3 所示。

（28）按"Ctrl+Enter"组合键，弹出"控制遮罩.swf"窗口，背景模糊，一个圆随着鼠标移动，所经之处，露出圆后面清晰的背景图片。当前目录下出现 Swf 格式文件"控制遮罩.swf"。

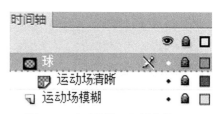

图 7.7.3 "时间轴"面板中的图层

第八节　简单水波

（1）点击"文件"→"新建"，或者按"Ctrl+N"组合键，新建一个文件。在弹出的"新建文档"对话框中，点击"ActionScript 3.0"，然后点击"确定"按钮。

（2）按"Ctrl+S"保存文件。"文件名"为"简单水波.fla"，"保存类型"为"Flash CS6 文档（*.fla)"，点击"保存"按钮。

（3）在工具箱中点击"选择工具"，点击舞台，打开"属性"面板，设置"FPS"的值以及舞台的颜色。

（4）点击"文件"→"导入"→"导入到库"，在弹出的"导入到库"对话框中，从相关文件夹中点击"湖光山色.jpg"，点击"打开"按钮。库面板中有了图片"湖光山色.jpg"。

（5）"时间轴"面板中目前只有一个图层"图层 1"，双击"图层 1"这几个字，使之处于可编辑状态，输入"湖光山色"，回车。

（6）点击"湖光山色"图层的第 1 帧，从库面板中，把"湖光山色.jpg"拖到舞台上来。点击舞台上的图片"湖光山色.jpg"，打开"属性"面板，设置"位置和大小"：设置"X："为"0"，设置"Y："为"0"，"宽："为"550"，"高："为 400。

（7）点击舞台上的图片"湖光山色.jpg"，点击"修改"→"转换为元件"，弹出"转换为元件"对话框，设置"名称"为"图片元件"，"类型"选择"图形"，点击"确定"按钮。库面板中多了一个图形类型元件"图片元件"。舞台上的图片元件，中间有个圆圈。

（8）右击"湖光山色"图层的第 200 帧，在弹出的下拉列表中点击"转换为关键帧"。

（9）给"湖光山色"图层上锁。

（10）右击"湖光山色"图层，在弹出的选项列表中点击"插入图层"，新增图层"图层 2"。双击"图层 2"这几个字，使之处于可编辑状态，输入"模糊图片"，回车。

（11）点击"模糊图片"图层的第 1 帧，从库面板中，把图形类型元件"图片元件"，拖到舞台上来。

（12）点击舞台上的"图片元件"，打开"属性"面板，设置"位置和大小"：设置"X："为"0"，设置"Y："为"0"，"宽："为"550"，"高："为 400。设置"色彩效果"："样式"选择"Alpha"，"Alpha"的值设置为 35（%）。

（13）点击舞台下半部分的"图片元件"，连续按几次向左的箭头，然后连续按几次向下的箭头。使得图片变得模糊起来。

（14）右击"模糊图片"图层的第 200 帧，在弹出的选项列表中点击"转换为关键帧"。给"模糊图片"图层上锁。

（15）点击"插入"→"新建元件"。在弹出的"创建新元件"对话框中，"名称"为"水纹"，"类型"选择"图形"。点击"确定"按钮。当前窗口为创建新元件的窗口，窗口的中间，是一个加号。

（16）在工具箱中点击矩形工具，打开"属性"面板进行设置"填充和笔触"："笔触颜色"为无☑，填充颜色为蓝色，而且填充颜色的"Alpha：%"的值为"100"。

（17）画一个蓝色的竖条。在工具箱中点击第一个工具"选择工具"，选择这个竖条，按"Ctrl+C"复制，多次按"Ctrl+V"粘贴，有多个蓝色的竖条。

（18）选择这些竖条，点击"窗口"→"对齐"，如图 7.8.1 所示。点击"顶对齐"图标▊▊和"水平居中分布"图标▊▊。

（19）点击工具箱中的第 3 个工具"任意变形工具"，选择这些竖条。这些竖条被选中，周围有 8 个控制点，中间有个白色的小圆圈，是这些竖条的重心。用鼠标拖动这些竖条，可以使用上下左右键进行微调，使得这些竖条的重心，就是那个白色的小圆圈，和加号重合。

（20）库面板中，多了一个图形类型的元件"水纹"，如图 7.8.2 所示。

图 7.8.1 "对齐"浮动面板

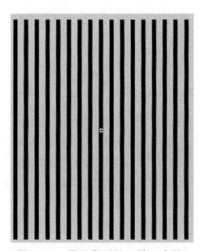

图 7.8.2 图形类型的元件"水纹"

（21）点击左上角的"场景 1"。

（22）右击"模糊图片"图层，在弹出的选项列表中点击"插入图层"，新增图层"图层 3"。双击"图层 3"这几个字，使之处于可编辑状态，输入"水纹遮罩"，回车。

（23）点击"水纹遮罩"图层第 1 帧，从库里把图形类型元件"水纹"，拖到舞台左侧。调整元件"水纹"大小和位置，使之处于湖面位置。

（24）右击"水纹遮罩"图层第 100 帧，在弹出的选项列表中点击"转换为关键帧"。右击"水纹遮罩"图层第 200 帧，在弹出的选项列表中点击"转换为关键帧"。

（25）点击"水纹遮罩"图层第 100 帧，舞台上有图形类型元件"水纹"。点击元件"水纹"，用鼠标拖动，或者连续按向右的箭头，将元件"水纹"水平平移到舞台右侧。

（26）点击"水纹遮罩"图层的第 1 帧，点击"插入"→"传统补间"。点击"水纹遮罩"图层的第 100 帧，点击"插入"→"传统补间"。

（27）右击"水纹遮罩"图层，在弹出的选项列表中点击"遮罩层"。

（28）"时间轴"面板中层的次序为："水纹遮罩、模糊图片、湖光山色"。

（29）按"Ctrl+Enter"组合键，弹出"简单水波.swf"窗口，有倒影水波荡漾的效果。当前目录下出现 Swf 格式文件"简单水波.swf"。

第九节 引 导 遮 罩

一个小球绕着引导线（椭圆线）运动，小球所经之处露出小球后面的图片。

（1）点击"文件"→"新建"，或者按"Ctrl+N"组合键，新建一个文件。在弹出的"新建文档"对话框中，点击"ActionScript 3.0"，然后点击"确定"按钮。

（2）按"Ctrl+S"保存文件。"文件名"为"引导遮罩.fla"，"保存类型"为"Flash CS6文档（*.fla）"，点击"保存"按钮。

（3）在工具箱中点击"选择工具"，点击舞台，打开"属性"面板，设置"FPS"的值以及舞台的颜色。

（4）点击"插入"→"新建元件"。在弹出的"创建新元件"对话框中，"名称"为"球"，"类型"选择"图形"。点击"确定"按钮。

（5）在"工具箱"中，点击"椭圆工具"。

（6）点击"窗口"→"属性"，打开"属性"面板。在"属性"面板中设置"填充和笔触"颜色。设置"笔触颜色"为"无"，设置"填充颜色"为立体的红色。

（7）按住鼠标左键不放，在窗口工作区画一个椭圆。

（8）在工具箱中，点击"选择工具"，用鼠标选择这个椭圆。打开"属性"面板，在"位置和大小"选项中进行设置。"X："为"−50"，"Y："为"−50"，"宽："为"100"，"高："为"100"。这样一来，椭圆变成了正圆，重心和加号重合。

（9）库面板中有一个图形类型的元件"球"。

（10）点击"插入"→"新建元件"。在弹出的"创建新元件"对话框中，"名称"为"球绕椭圆运动"，"类型"选择"影片剪辑"。

（11）创建影片剪辑类型元件，工作区域有一个加号。"时间轴"面板中只有一个图层"图层 1"。双击"图层 1"这几个字，使之处于可编辑状态，输入"球"，回车。

（12）在工具箱中点击选择第三个工具"任意变形工具"。点击"球"图层第 1 帧，把图形类型的元件"球"，从库面板拖拽到舞台中央位置。"球"元件的中间有个白色的小圆圈，是"球"元件的重心。用鼠标拖动球，可以使用上下左右键进行微调，使得"球"元件的重心，就是那个白色的小圆圈，和加号重合。

（13）右击"球"图层的第 200 帧，在弹出的选项列表中点击"转换为关键帧"。

（14）点击"球"图层的第 1 帧，点击"插入"→"传统补间"。

（15）给"球"图层上锁。

（16）右击"球"图层，在弹出的选项列表中点击"添加传统运动引导层"。"球"

图层的上面新增一个图层"引导层：球"，而且下面的"球"图层向内缩进。

（17）在工具箱中点击椭圆工具，打开"属性"面板，设置填充颜色为"无" ![icon]，笔触颜色为红色，而且笔触颜色"Alpha：%"的值为"100"。笔触高度输入"10"，回车。笔触样式选择"实线"。点击"引导层：球"图层的第一帧。按住鼠标左键不放，在舞台上画一条椭圆线。

（18）选择工具箱中的第 3 个工具"任意变形工具"，点击"引导层：球"图层的第一帧。舞台上的椭圆线被选中，椭圆线的周围有 8 个控制点，椭圆线的中间有一个白色的小圆圈，是椭圆线的重心。通过 8 个控制点可以改变椭圆线的大小，通过鼠标移动椭圆线，以及通过上下左右键进行微调，可以改变椭圆线的位置，使得它的中心（白色小圆圈）和加号重合。

（19）点击"引导层：球"图层的第一帧，椭圆线被选中，按"Ctrl+C"复制。

（20）给"引导层：球"层上锁。

（21）右击"引导层：球"图层，在弹出的选项列表中点击"插入图层"，新增图层3。上级"图层 3"这几个字，使之处于可编辑状态，输入"椭圆线"，回车。

（22）点击"椭圆线"图层的第一帧，按"Ctrl+Shift+V"。

（23）给"椭圆线"图层上锁，把"椭圆线"图层隐藏起来。

（24）点击"引导层：球"图层，把这个图层解锁。

（25）点击"引导层：球"图层的第一帧，在工具箱中选择橡皮擦工具，将椭圆线擦开一个小的缺口。

（26）给"引导层：球"图层上锁。

（27）点击"球"图层，把"球"图层解锁。

（28）在工具箱中点击第 3 个工具"任意变形工具"，点击"球"图层的第一帧，球被选中，球的周围有 8 个控制点，中间有个白色的小圆圈，是球的重心。用鼠标移动球，可以使用上下左右键进行微调，使得球的重心，就是那个白色的小圆圈，在红色的椭圆线上，在缺口的右侧。

（29）点击"球"图层的第 200 帧，球被选中，球的周围有 8 个控制点，中间有个白色的小圆圈，是球的重心。用鼠标移动球，可以使用上下左右键进行微调，使得球的重心，就是那个白色的小圆圈，在红色的椭圆线上，在缺口的左侧。

（30）点击"控制"→"播放"，可以查看影片剪辑类型元件的运行效果。库面板中有一个影片剪辑类型的元件"球绕椭圆运动"，在库中点击这个影片剪辑类型的元件，上面出现这个元件的缩略图，缩略图右上方有个黑色的三角，点击这个黑色的三角，可以看到这个影片剪辑类型元件的运行效果。

（31）点击左上角的"场景 1"。

（32）点击"文件"→"导入"→"导入到库"，在相应目录中选择"运动场.jpg"，点击"打开"按钮。

（33）目前"时间轴"只有一个图层"图层 1"。双击"图层 1"这几个字，使之处于可编辑状态，输入"运动场"，点击回车键。

（34）点击"运动场"图层的第 1 帧，从库面板中，把"运动场.jpg"拖到舞台上来。

点击舞台上的图片“运动场.jpg”，打开“属性”面板，设置“位置和大小”：设置“X：”为“0”，设置“Y：”为“0”，“宽：”为“550”，“高：”为 400。

（35）右击“运动场”图层的第 200 帧，在弹出的选项列表中点击“转换为关键帧”。

（36）给“运动场”图层上锁。

（37）右击“运动场”图层，在弹出的选项列表中点击“插入图层”。新增图层“图层 2”。双击“图层 2”这几个字，使之处于可编辑状态，输入“球绕椭圆运动”。

（38）点击“球绕椭圆运动”图层的第一帧，从库里面把影片剪辑类型的元件“球绕椭圆运动”，拖到舞台上来。

（39）点击工具箱中的第 3 个工具“任意变形工具”，点击“球绕椭圆运动”图层的第一帧，舞台上的影片剪辑类型元件被选中，周围有 8 个控制点，中间有个白色的小圆圈，还有一个加号，用鼠标移动白色的小圆圈，使得白色的小圆圈和加号重合。通过控制点改变元件的大小，用鼠标拖动元件，可以使用上下左右键进行微调，使元件处于舞台中间位置。

（40）右击“球绕椭圆运动”图层，在弹出的选项列表中点击“遮罩层”。

（41）按“Ctrl+Enter”组合键，弹出“引导遮罩.swf”窗口。当前目录下出现 Swf 格式文件“引导遮罩.swf”。

第十节 光线聚焦

（1）点击“文件”→“新建”，或者按“Ctrl+N”组合键，新建一个文件。在弹出的“新建文档”对话框中，点击“ActionScript 3.0”，然后点击“确定”按钮。

（2）按“Ctrl+S”保存文件。“文件名”为“光线聚焦.fla”，“保存类型”为“Flash CS6 文档（*.fla）”，点击“保存”按钮。

（3）点击“插入”→“新建元件”。在弹出的“创建新元件”对话框中，“名称”为“挡板”，“类型”选择“图形”。点击“确定”按钮。当前窗口为创建新元件的窗口，窗口的中间，是一个加号。

（4）在工具箱中点击矩形工具，打开“属性”面板进行设置“填充和笔触”：“笔触颜色”为无⧄，填充颜色为蓝色，而且填充颜色的“Alpha：%”的值为“100”。

（5）画一个蓝色的竖条。在工具箱中点击第一个工具“选择工具”，选择这个竖条，按“Ctrl+C”复制，多次按“Ctrl+V”粘贴。有多个蓝色的竖条。

（6）选择这些竖条，点击“窗口”→“对齐”。在弹出的“对齐”对话框中，点击“顶对齐”图标⫪和“水平居中分布”图标⫵。

（7）点击工具箱中的第 3 个工具“任意变形工具”，选择这些竖条。这些竖条被选中，周围有 8 个控制点，中间有个白色的小圆圈，是这些竖条的重心。用鼠标拖动这些竖条，可以使用上下左右键进行微调，使得这些竖条的重心，就是那个白色的小圆圈，和加号重合。

（8）库面板中，多了一个图形类型的元件“挡板”。

（9）在工具箱中选择“矩形工具”，打开“属性”面板设置“填充和笔触”：“笔触颜色"为无▢，填充颜色为立体的绿色。

（10）"时间轴"面板中只有一个图层："图层 1"，双击"图层 1"这几个字，使之处于可编辑状态，输入"光线聚焦"，回车。

（11）点击"光线聚焦"图层的第一帧，在舞台右侧画一个矩形。

（12）在工具箱中点击第一个工具"选择工具"，把光标移动到矩形右边缘的旁边，光标的后面出现一个弯曲的线段，向右拖动，使得矩形的右边缘向右弯曲。

（13）把光标移动到矩形左边缘的旁边，光标的后面出现一个弯曲的线段，向右拖动，使得矩形的左边缘向右弯曲。矩形变成一个透镜模样。

（14）在工具箱中点击"线条工具"，打开"属性"面板进行设置"填充和笔触"："笔触颜色"为蓝色。点击"光线聚焦"图层的第一帧，画几条横线，为了保证每条横线都是笔直的，在画每条横线的时候，按住 Shift 键不放。从每条横线的终点，继续画线，所有线段聚焦在透镜后面的一点。这是透镜的焦点。

（15）右击"光线聚焦"图层的第 60 帧，在弹出的选项列表中点击"转换为关键帧"。

（16）给"光线聚焦"图层上锁。

（17）右击"光线聚焦"图层，在弹出的选项列表中点击"插入图层"，新增"图层 2"，双击"图层 2"这几个字，使之处于可编辑状态，输入"挡板"，回车。

（18）点击"挡板"图层的第一帧，从库面板中，把图形类型的元件"挡板"，拖到舞台上面来，拖到光线的左侧。

（19）右击"挡板"图层的第 60 帧，在弹出的选项列表中点击"转换为关键帧"。

（20）点击"挡板"图层的第 60 帧，点击舞台上的"挡板"元件，用鼠标拖拽，或者连续按向右的箭头，使得"挡板"元件平移到舞台右边透镜焦点的右边。

（21）点击"挡板"图层的第一帧，点击"插入"→"传统补间"。

（22）。右击"挡板"图层，在弹出的选项列表中点击"遮罩层"。

（23）按"Ctrl+Enter"组合键，弹出"光线聚焦.swf"窗口。当前目录下出现 Swf 格式文件"光线聚焦.swf"。

第十一节　放大镜效果

（1）点击"文件"→"新建"，或者按"Ctrl+N"组合键，新建一个文件。在弹出的"新建文档"对话框中，点击"ActionScript 2.0"（注意必须是 2.0），点击"确定"按钮。

（2）按"Ctrl+S"保存文件。"文件名"为"控制遮罩.fla"，"保存类型"为"Flash CS6 文档（*.fla）"，点击"保存"按钮。

（3）在工具箱中点击"选择工具"，点击舞台，打开"属性"面板，设置"FPS"的值以及舞台的颜色。

（4）"时间轴"面板中目前只有一个图层"图层 1"，双击"图层 1"这几个字，使之处于可编辑状态，输入"运动场模糊"，回车。

（5）点击"文件"→"导入"→"导入到库"，在弹出的"导入到库"对话框中，从相关文件夹中点击"运动场.jpg"，然后点击"打开"按钮。库面板中有了图片"运动场.jpg"。

（6）点击"插入"→"新建元件"。在弹出的"创建新元件"对话框中，设置"名称"为"球"，"类型"选择"影片剪辑"。点击"确定"按钮。窗口的中间，是一个加号。

（7）在"工具箱"中，点击"椭圆工具"。点击"窗口"→"属性"，打开"属性"面板。在"属性"面板中设置"填充和笔触"颜色。设置"笔触颜色"为"无" ，设置"填充颜色"为立体的红色███。

（8）按住鼠标左键不放，在窗口工作区画一个椭圆。

（9）在工具箱中，点击"选择工具"，用鼠标选择这个椭圆。打开"属性"面板，在"位置和大小"选项中进行设置。"X："为"−50"，"Y："为"−50"，"宽："为"100"，"高："为"100"。这样一来，椭圆变成了正圆，重心和加号重合。

（10）点击左上角"场景 1"。库面板中有"运动场.jpg"及影片剪辑类型元件"球"。

（11）"时间轴"面板中只有一个图层"运动场模糊"。

（12）点击"运动场模糊"图层的第 1 帧，从库面板中，把"运动场.jpg"拖到舞台上来。

（13）点击舞台上的图片"运动场.jpg"，打开"属性"面板，设置"位置和大小"：设置"X："为"0"，设置"Y："为"0"，"宽："为"550"，"高："为 400。

（14）点击舞台上的图片"运动场.jpg"，点击"修改"→"转换为元件"，弹出"转换为元件"对话框，设置"名称"为"运动场元件"，"类型"选择"图形"，点击"确定"按钮。库面板中多了一个图形类型元件"运动场"。舞台上图形类型元件，中间有个圆圈。

（15）点击舞台上的元件，打开"属性"面板，设置"色彩效果"："样式"选择"Alpha"，"Alpha"的值设置为 35（%）。

（16）右击"运动场模糊"图层第 200 帧，在弹出的选项列表中点击"转换为关键帧"。

（17）给"运动场模糊"图层上锁。

（18）右击"运动场模糊"图层，在弹出的选项列表中点击"插入图层"，新增图层"图层 2"。双击"图层 2"这几个字，使之处于可编辑状态，输入"运动场清晰"，回车。

（19）点击"运动场清晰"图层的第一帧，从库面板中，把"运动场.jpg"拖到舞台上来。

（20）点击舞台上的图片"运动场.jpg"，打开"属性"面板，设置"X："为"−275"，设置"Y："为"−200"，"宽："为"1100"，"高："为 800。

（21）右击"运动场清晰"图层第 200 帧，在弹出选项列表中点击"转换为关键帧"。

（22）给"运动场清晰"图层上锁。

（23）右击"运动场清晰"图层，在弹出的选项列表中点击"插入图层"，新增图层"图层 3"。双击"图层 3"这几个字，使之处于可编辑状态，输入"球"，回车。

（24）点击"球"图层的第一帧，从库面板里面，把影片剪辑类型的元件"球"，拖到舞台上来，用鼠标把球拖到舞台的中间位置。

（25）点击舞台上的小球，打开"属性"面板进行设置。点击"实例名称"对应的文本框，输入"eye"，回车。"实例行为"选择"影片剪辑"。

（26）点击"球"图层的第一帧，点击"窗口"→"动作"，弹出"动作"浮动面板，在右边的可编辑文本框中输入：startDrag（"eye"，true）。

（27）右击"球"图层，在弹出的选项列表中点击"遮罩层"。那么"广场清晰"图层向里缩。

（28）按"Ctrl+Enter"组合键，弹出"放大镜效果.swf"窗口，背景模糊，一个圆随着鼠标移动，所经之处，露出圆后面清晰的背景图片，有放大效果。当前目录下出现Swf格式文件"放大镜效果.swf"。

第八章

Flash 高级进阶

因为要写代码，本章中所建文件类型都是"ActionScript 2.0"，注意，文件类型必须是"ActionScript 2.0"。

第一节 切 换 帧

（1）点击"文件"→"新建"，或者按"Ctrl+N"组合键，新建一个文件。在弹出的"新建文档"对话框中，点击"ActionScript 2.0"，然后点击"确定"按钮。

（2）按"Ctrl+S"保存文件。"文件名"为"切换帧.fla"，"保存类型"为"Flash CS6文档（*.fla）"，点击"保存"按钮。

（3）"时间轴"面板中目前只有一个图层"图层 1"，双击"图层 1"这几个字，使之处于可编辑状态，输入"切换帧"，回车。

（4）点击"插入"→"新建元件"，设置弹出的"创建新元件"对话框。"名称"右边文本框输入"返回目录"，"类型"选择"按钮"，点击"确定"按钮，如图 8.1.1 所示。

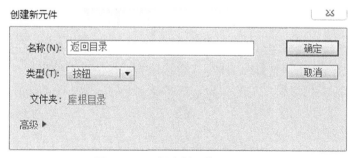

图 8.1.1 "创建新元件"对话框

（5）窗口的中间，是一个加号。在"工具箱"中，点击"矩形工具"。点击"窗口"→"属性"，打开"属性"面板。在"属性"面板中设置"填充和笔触"颜色。设置"笔触颜色"为"无" ，设置"填充颜色"为立体的红色 。

（6）按住鼠标左键不放，在窗口工作区画一个矩形。

（7）在工具箱中选择第三个工具"任意变形工具"，点击舞台上的矩形。舞台上的矩形被选中，周围有 8 个控制点，中间有个白色的小圆圈，是矩形的重心。打开"属性"面板，设置矩形的"位置和大小"：设置"X："为"−100"，设置"Y："为"−30"，"宽："为"200"，"高："为 60。

（8）在工具箱中选择"文本工具"，打开"属性"面板进行设置。"文本引擎"选择"传统文本"，"文本类型"选择"静态文本"，"字符"选项中，"大小"为 72 点，颜色为黄色。点击舞台上的矩形，输入"返回目录"4 个字。

（9）在工具箱中点击第 3 个工具"任意变形工具"，"返回目录"这 4 个字的周围出现 8 个控制点，中间有个白色的小圆圈，是这 4 个字的重心。用鼠标移动这 4 个字，可以使用上下左右键进行微调，使得这 4 个字的重心，就是那个白色小圆圈，和加号重合。把光标移动到右下角那个控制点的上面，形成一个−45 度的双箭头，等比例缩放这 4 个字，使得这 4 个字和矩形大小匹配。

（10）在工具箱中点击"选择工具"，选择矩形以及里面的字。按"Ctrl+C"复制。

（11）点击"插入"→"新建元件"，弹出"创建新元件"对话框，进行设置。"名称"右边文本框输入"红色舞台"，"类型"选择"按钮"，点击"确定"按钮。

（12）按"Ctrl+Shift+V"粘贴，不但粘贴矩形以及里面的字，而且粘贴位置信息。

（13）在工具箱中点击"文本工具"。选择"返回目录"这几个字，输入"红色舞台"。

（14）点击"插入"→"新建元件"，弹出"创建新元件"对话框，进行设置。"名称"右边文本框输入"绿色舞台"，"类型"选择"按钮"，点击"确定"按钮。

（15）按"Ctrl+Shift+V"粘贴。

（16）在工具箱中点击"文本工具"。选择"返回目录"这几个字，输入"绿色舞台"。

（17）点击"插入"→"新建元件"，弹出"创建新元件"对话框，进行设置。"名称"右边文本框输入"蓝色舞台"，"类型"选择"按钮"，点击"确定"按钮。

（18）按"Ctrl+Shift+V"粘贴。

（19）在工具箱中点击"文本工具"。选择"返回目录"这几个字，输入"蓝色舞台"。

（20）库面板中有 4 个按钮类型的元件："红色舞台、绿色舞台、蓝色舞台、返回目录"。

（21）点击"切换帧"图层的第 1 帧，从库面板中，将按钮类型的元件："红色舞台、绿色舞台、蓝色舞台"，拖到舞台上来。3 个按钮类型元件垂直排列。

（22）在工具箱中点击"选择工具"，选择舞台上的 3 个按钮类型的元件。点击"窗口"→"对齐"，在弹出的"对齐"浮动面板中点击"左对齐"图标 ，点击"垂直居中分布"图标 。

（23）右击"切换帧"图层的第 5 帧，在弹出的选项列表中点击"转换为空白关键帧"。

（24）点击"切换帧"图层的第 5 帧，在工具箱中点击"文本工具"，打开"属性"面板进行设置。"文本引擎"选择"传统文本"，"文本类型"选择"静态文本"，"字符"选项中，"大小"为 72 点，颜色为红色。点击舞台，输入 "红色舞台"，调整字的大小和位置。

（25）从库面板中，将按钮类型元件"返回目录"拖到舞台上来。

（26）右击"切换帧"图层的第 10 帧，点击弹出选项列表中的"转换为空白关键帧"。

（27）点击"切换帧"图层的第 10 帧，在工具箱中点击"文本工具"，打开"属性"面板进行设置。"文本引擎"选择"传统文本"，"文本类型"选择"静态文本"，"字符"选项"大小"为 72 点，颜色为绿色。点击舞台，输入 "绿色舞台"，调整字的大小和位置。

（28）从库面板中，将按钮类型元件"返回目录"拖到舞台上来。

（29）右击"切换帧"图层的第 15 帧，点击弹出选项列表中的"转换为空白关键帧"。

（30）点击"切换帧"图层的第 15 帧，在工具箱中点击"文本工具"，打开"属性"面板进行设置。"文本引擎"选择"传统文本"，"文本类型"选择"静态文本"，"字符"选项"大小"为 72 点，颜色为蓝色。点击舞台，输入 "蓝色舞台"，调整字的大小和位置。

（31）从库面板中，将按钮类型元件"返回目录"拖到舞台上来。

（32）点击"切换帧"图层的第 1 帧，点击"窗口"→"动作"，在弹出的"动作"可编辑浮动面板中，输入语句 "stop();"，如图 8.1.2 所示。

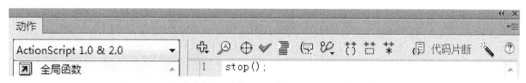

图 8.1.2　在弹出的"动作"可编辑浮动面板中，输入语句

（33）点击舞台空白处，点击舞台上的按钮元件"红色舞台"，点击"窗口"→"动作"，在弹出的"动作"可编辑浮动面板中，输入语句：

```
on(press)
{
    gotoAndStop(5);
}
```

（34）点击舞台空白处，点击舞台上的按钮元件"绿色舞台"，点击"窗口"→"动作"，在弹出的"动作"可编辑浮动面板中，输入语句：

```
on(press)
{
    gotoAndStop(10);
}
```

（35）点击舞台空白处，点击舞台上的按钮元件"蓝色舞台"，点击"窗口"→"动作"，在弹出的"动作"可编辑浮动面板中，输入语句：

```
on(press)
{
```

```
    gotoAndStop(15);
}
```

（36）点击"切换帧"图层的第 5 帧。点击舞台空白处，点击"返回目录"按钮，点击"窗口"→"动作"，在弹出的"动作"可编辑浮动面板中，输入语句：

```
on(press)
{
    gotoAndStop(1);
}
```

（37）点击"切换帧"图层的第 10 帧。点击舞台空白处，点击"返回目录"按钮，点击"窗口"→"动作"，在弹出的"动作"可编辑浮动面板中，输入语句：

```
on(press)
{
    gotoAndStop(1);
}
```

（38）点击"切换帧"图层的第 15 帧。点击舞台空白处，点击"返回目录"按钮，点击"窗口"→"动作"，在弹出的"动作"可编辑浮动面板中，输入语句：

```
on(press)
{
    gotoAndStop(1);
}
```

（39）按"Ctrl+Enter"组合键，弹出"切换帧.swf"窗口，当前目录下出现 Swf 格式文件"切换帧.swf"。

开始界面有 3 个按钮："红色舞台、绿色舞台、蓝色舞台"。

在开始界面中，点击按钮"红色舞台"，到达一个界面，有四个红色字"红色舞台"，还有一个按钮"返回目录"。点击按钮"返回目录"，就返回到开始界面。

在开始界面中，点击按钮"绿色舞台"，到达一个界面，有四个绿色字"绿色舞台"，还有一个按钮"返回目录"。点击按钮"返回目录"，就返回到开始界面。

在开始界面中，点击按钮"蓝色舞台"，到达一个界面，有四个蓝色字"蓝色舞台"，还有一个按钮"返回目录"。点击按钮"返回目录"，就返回到开始界面。

第二节　控制整体舞台动画

通过按钮，控制整体舞台动画的播放、暂停、回到开头。

（1）点击"文件"→"新建"，或者按"Ctrl+N"组合键，新建一个文件。在弹出的"新建文档"对话框中，点击"ActionScript 2.0"，然后点击"确定"按钮。

（2）按"Ctrl+S"保存文件。"文件名"为"控制舞台动画.fla"，"保存类型"为"Flash CS6 文档（*.fla）"，点击"保存"按钮。

（3）在工具箱中点击"选择工具"，点击舞台，打开"属性"面板，设置"FPS"的值以及舞台的颜色。

（4）"时间轴"面板中目前只有一个图层"图层1"，双击"图层1"这几个字，使之处于可编辑状态，输入"方圆变换"，回车。

（5）在工具箱中选择"矩形工具"，打开"属性"面板进行设置。设置"笔触颜色"为"无" ，设置"填充颜色"为立体的绿色。

（6）点击"方圆变换"图层的第1帧，在舞台上画一个矩形。

（7）在工具箱中点击"选择工具"，选择舞台上的矩形，打开"属性"面板设置"位置和大小"："X："为"50"，"Y："为"50"，"宽："为"100"，"高："为"100"。

（8）右击"方圆变换"图层第100帧，在弹出选项列表中点击"转换为空白关键帧"。

（9）在工具箱中选择"椭圆工具"，打开"属性"面板进行设置。设置"笔触颜色"为"无" ，设置"填充颜色"为立体的黑白色。

（10）点击"方圆变换"图层的第100帧，在舞台上画一个椭圆。

（11）在工具箱中点击"选择工具"，选择舞台上的椭圆，打开"属性"面板，设置"位置和大小"："X："为"50"，"Y："为"50"，"宽："为"100"，"高："为"100"。

（12）点击"方圆变换"图层的第1帧，点击"插入"→"补间形状"。

（13）给"方圆变换"图层上锁。

（14）右击"方圆变换"图层，在弹出的选项列表中点击"插入图层"，新增"图层2"。双击"图层2"这几个字，使之处于可编辑状态，输入"星形变换"。

（15）在工具箱中选择"椭圆工具"，打开"属性"面板进行设置。设置"笔触颜色"为"无" ，设置"填充颜色"为立体的蓝色。

（16）点击"星形变换"图层的第1帧，在舞台上画一个椭圆。

（17）在工具箱中点击"选择工具"，选择舞台上的椭圆，打开"属性"面板，设置"位置和大小"："X："为"300"，"Y："为"50"，"宽："为"100"，"高："为"100"。

（18）右击"星形变换"图层第100帧，在弹出选项列表中点击"转换为空白关键帧"。

（19）在工具箱中选择"多角星形工具"，打开"属性"面板进行设置。设置"笔触颜色"为"无" ，设置"填充颜色"为立体的红色。

（20）在工具箱中点击"选择工具"，选择舞台上多角星形工具，设置"属性"面板的"位置和大小"："X："为"300"，"Y："为"50"，"宽："为"100"，"高："为"100"。

（21）点击"星形变换"图层的第1帧，点击"插入"→"补间形状"。

（22）给"星形变换"图层上锁。

（23）点击"插入"→"新建元件"，弹出"创建新元件"对话框，进行设置。"名称"右边文本框输入"播放"，"类型"选择"按钮"，点击"确定"按钮。

（24）窗口的中间，是一个加号。在"工具箱"中，点击"矩形工具"。点击"窗口"→"属性"，打开"属性"面板。在"属性"面板中设置"填充和笔触"颜色。设置"笔触颜色"为"无" ，设置"填充颜色"为立体的红色 。

（25）按住鼠标左键不放，在窗口工作区画一个矩形。

（26）在工具箱中选择第三个工具"任意变形工具"，点击舞台上的矩形。舞台上的矩形被选中，周围有 8 个控制点，中间有个白色的小圆圈，是矩形的重心。打开"属性"面板，设置矩形的"位置和大小"：设置"X："为"-60"，设置"Y："为"-30"，"宽："为"120"，"高："为 60。

（27）在工具箱中选择"文本工具"，打开"属性"面板进行设置。"文本引擎"选择"传统文本"，"文本类型"选择"静态文本"，"字符"选项中，"大小"为 72 点，颜色为黄色。点击舞台上的矩形，输入"播放"两个字。

（28）在工具箱中点击第 3 个工具"任意变形工具"，"播放"这两个字的周围出现 8 个控制点，中间有个白色的小圆圈，是这两个字的重心。用鼠标移动这两个字，可以使用上下左右键进行微调，使得这两个字的重心，就是那个白色小圆圈，和加号重合。把光标移动到右下角那个控制点的上面，形成一个-45 度的双箭头，等比例缩放这两个字，使得这两个字和矩形大小匹配。

（29）在工具箱中点击"选择工具"，选择矩形以及里面的字。按"Ctrl+C"复制。

（30）点击"插入"→"新建元件"，弹出"创建新元件"对话框，进行设置。"名称"右边文本框输入"暂停"，"类型"选择"按钮"，点击"确定"按钮。

（31）按"Ctrl+Shift+V"粘贴，不但粘贴矩形以及里面的字，而且粘贴位置信息。

（32）在工具箱中点击"文本工具"。选择"播放"这几个字，输入"暂停"。

（33）点击"插入"→"新建元件"，弹出"创建新元件"对话框，进行设置。"名称"右边文本框输入"开头"，"类型"选择"按钮"，点击"确定"按钮。

（34）按"Ctrl+Shift+V"粘贴，不但粘贴矩形以及里面的字，而且粘贴位置信息。

（35）在工具箱中点击"文本工具"。选择"播放"这几个字，输入"开头"。

（36）库面板中有按钮类型的元件"暂停、开头、播放"，点击左上角的"场景 1"。在工具箱中点击"选择工具"。

（37）右击"星形变换"图层，在弹出的选项列表中点击"插入图层"，新增"图层3"。双击"图层 3"这几个字，使之处于可编辑状态，输入"控制按钮"。

（38）点击"控制按钮"图层的第 1 帧，从库面板中，将按钮类型的元件"暂停、开头、播放"，拖到舞台上来。3 个按钮类型元件水平排列，放在舞台的下方。

（39）同时选择舞台上 3 个按钮类型元件。点击"窗口"→"对齐"，在"对齐"浮动面板中点击"顶对齐"图标，点击"水平居中分布"图标。

（40）点击"控制按钮"图层的第 1 帧，点击"窗口"→"动作"，在弹出的"动作"可编辑浮动面板中，输入语句：

```
stop();
```

（41）点击舞台空白处，点击舞台上的按钮元件"播放"，点击"窗口"→"动作"，在弹出的"动作"可编辑浮动面板中，输入语句：

```
on(press)
{
    play();
}
```

（42）点击舞台空白处，点击舞台上的按钮元件"暂停"，点击"窗口"→"动作"，

在弹出的"动作"可编辑浮动面板中，输入语句：

```
on(press)
{
    stop();
}
```

（43）点击舞台空白处，点击舞台上的按钮元件"开头"，点击"窗口"→"动作"，在弹出的"动作"可编辑浮动面板中，输入语句：

```
on(press)
{
    gotoAndStop(1);
}
```

（44）按"Ctrl+Enter"组合键，弹出"控制舞台动画.swf"窗口，当前目录下出现Swf格式文件"控制舞台动画.swf"。舞台有3个按钮："播放、暂停、开始"。舞台上有一个矩形和一个圆形。

点击按钮"播放"，舞台上两个图形同时开始运动。

点击按钮"暂停"，舞台上两个图形同时暂停。

点击按钮"开头"，舞台上两个图形同时回到开始状态。

第三节 控制影片剪辑元件

通过按钮，控制影片剪辑类型元件的播放、暂停、回到开头。

（1）点击"文件"→"新建"，或者按"Ctrl+N"组合键，新建一个文件。在弹出的"新建文档"对话框中，点击"ActionScript 2.0"，然后点击"确定"按钮。

（2）按"Ctrl+S"保存文件。"文件名"为"控制影片剪辑.fla"，"保存类型"为"Flash CS6 文档（*.fla）"，点击"保存"按钮。

（3）在工具箱中点击"选择工具"，点击舞台，打开"属性"面板，设置"FPS"的值以及舞台的颜色。

（4）"时间轴"面板中目前只有一个图层"图层1"，双击"图层1"这几个字，使之处于可编辑状态，输入"控制影片剪辑"，回车。

（5）下面做一个影片剪辑类型的元件。点击"插入"→"新建元件"。设置"创建新元件"对话框："名称"为"图形变化"，"类型"选择"影片剪辑"。点击"确定"按钮。

（6）目前"图形变化"编辑窗口中有一个加号，"时间轴"面板中只有一个图层"图层1"。双击"图层1"这几个字，使之处于可编辑状态，输入"图形"，回车。

（7）在工具箱中选择"矩形工具"，打开"属性"面板进行设置。设置"笔触颜色"为"无" ，设置"填充颜色"为立体的红色。

（8）点击"图形"图层的第1帧，在影片剪辑编辑窗口画一个矩形。

（9）在工具箱中点击"选择工具"，选择编辑窗口中的矩形，打开"属性"面板，

设置"位置和大小"："X:"为"-100"，"Y:"为"-100"，"宽:"为"200"，"高:"为
"200"。这样一来，矩形变成了正方形，矩形的重心和加号重合。

（10）右击"图形"图层的第 100 帧，在弹出的选项列表中点击"转换为空白关键
帧"。

（11）在工具箱中选择"椭圆工具"，打开"属性"面板进行设置。设置"笔触颜色"
为"无" ☑ ，设置"填充颜色"为立体的蓝色。

（12）点击"图形"图层的第 100 帧，在影片剪辑编辑窗口画一个椭圆。

（13）在工具箱中点击"选择工具"，选择编辑窗口中的矩形，打开"属性"面板，
设置"位置和大小"："X:"为"-100"，"Y:"为"-100"，"宽:"为"200"，"高:"为
"200"。这样一来，矩形变成了正方形，矩形的重心和加号重合。

（14）点击"图形"图层的第 1 帧，点击"插入"→"补间形状"。

（15）点击"控制"→"播放"，可以查看影片剪辑类型元件的运行效果。

（16）点击"插入"→"新建元件"，弹出"创建新元件"对话框，进行设置。"名
称"右边文本框输入"播放"，"类型"选择"按钮"，点击"确定"按钮。

（17）窗口的中间，是一个加号。在"工具箱"中，点击"矩形工具"。点击"窗
口"→"属性"，打开"属性"面板。在"属性"面板中设置"填充和笔触"颜色。设
置"笔触颜色"为"无" ☑ ，设置"填充颜色"为立体的红色 ■ 。

（18）按住鼠标左键不放，在窗口工作区画一个矩形。

（19）在工具箱中选择第三个工具"任意变形工具"，点击舞台上的矩形。舞台上的
矩形被选中，周围有 8 个控制点，中间有个白色的小圆圈，是矩形的重心。打开"属性"
面板，设置矩形的"位置和大小"：设置"X:"为"-60"，设置"Y:"为"-30"，"宽:"
为"120"，"高:"为 60。

（20）在工具箱中选择"文本工具"，打开"属性"面板进行设置。"文本引擎"选
择"传统文本"，"文本类型"选择"静态文本"，"字符"选项中，"大小"为 72 点，颜
色为黄色。点击舞台上的矩形，输入"播放"两个字。

（21）在工具箱中点击第 3 个工具"任意变形工具"，"播放"这两个字的周围出现 8
个控制点，中间有个白色的小圆圈，是这两个字的重心。用鼠标移动这两个字，可以使
用上下左右键进行微调，使得这两个字的重心，就是那个白色小圆圈，和加号重合。把
光标移动到右下角那个控制点的上面，形成一个-45 度的双箭头，等比例缩放这两个字，
使得这两个字和矩形大小匹配。

（22）在工具箱中点击"选择工具"，选择矩形以及里面的字。按"Ctrl+C"复制。

（23）点击"插入"→"新建元件"，弹出"创建新元件"对话框，进行设置。"名
称"右边文本框输入"暂停"，"类型"选择"按钮"，点击"确定"按钮。

（24）按"Ctrl+Shift+V"粘贴，不但粘贴矩形以及里面的字，而且粘贴位置信息。

（25）在工具箱中点击"文本工具"。选择"播放"这几个字，输入"暂停"。

（26）点击"插入"→"新建元件"，弹出"创建新元件"对话框，进行设置。"名
称"右边文本框输入"开头"，"类型"选择"按钮"，点击"确定"按钮。

（27）按"Ctrl+Shift+V"粘贴，不但粘贴矩形以及里面的字，而且粘贴位置信息。

（28）在工具箱中点击"文本工具"。选择"播放"这几个字，输入"开头"。

（29）库面板中有按钮类型的元件"暂停、开头、播放"，有影片剪辑类型的元件"图形变化"。点击左上角的"场景 1"。在工具箱中点击"选择工具"。

（30）点击"控制影片剪辑"图层的第 1 帧，从库面板中，将按钮类型的元件："暂停"、"开头"、"播放"，拖到舞台上来。3 个按钮类型元件水平排列，放在舞台的下方。

（31）同时选择舞台上 3 个按钮类型元件。点击"窗口"→"对齐"，在"对齐"浮动面板中点击"顶对齐"图标 ，点击"水平居中分布"图标 。

（32）从库面板中，将影片剪辑类型元件"图形变化"，拖到舞台中间位置。

（33）点击舞台上影片剪辑类型元件"图形变化"，打开"属性"面板进行设置。"实例名称"对应的文本框输入"movie"。"实例行为"选择"影片剪辑"，如图 8.3.1 所示。

图 8.3.1　在"属性"面板中设置影片剪辑类型的元件"图形变化"

（34）点击"控制影片剪辑"图层的第 1 帧，点击"窗口"→"动作"，在弹出的"动作"可编辑浮动面板中，输入语句：

```
movie.stop();
```

（35）点击舞台空白处，点击舞台上的按钮元件"播放"，点击"窗口"→"动作"，在弹出的"动作"可编辑浮动面板中，输入语句：

```
on(press)
{
    movie.play();
}
```

（36）点击舞台空白处，点击舞台上的按钮元件"暂停"，点击"窗口"→"动作"，在弹出的"动作"可编辑浮动面板中，输入语句：

```
on(press)
{
    movie.stop();
}
```

（37）点击舞台空白处，点击舞台上的按钮元件"开头"，点击"窗口"→"动作"，在弹出的"动作"可编辑浮动面板中，输入语句：

```
on(press)
{
    movie.gotoAndStop(1);
}
```

（38）按"Ctrl+Enter"组合键，弹出"控制影片剪辑.swf"窗口，当前目录下出现 Swf 格式文件"控制影片剪辑.swf"。舞台有 3 个按钮："播放、暂停、开始"。舞台上有影片剪辑类型元件"图形变化"。

点击按钮"播放"，影片剪辑类型元件"图形变化"开始运动。

点击按钮"暂停"，影片剪辑类型元件"图形变化"运动暂停。

点击按钮"开头"，影片剪辑类型元件"图形变化"回到开始状态。

第四节　控制大象运动

通过按钮，控制影片剪辑类型元件大象的播放、暂停、回到开头。

（1）点击"文件"→"新建"，或者按"Ctrl+N"组合键，新建一个文件。在弹出的"新建文档"对话框中，点击"ActionScript 2.0"，然后点击"确定"按钮。

（2）按"Ctrl+S"保存文件。"文件名"为"控制大象运动.fla"，"保存类型"为"Flash CS6 文档（*.fla）"，点击"保存"按钮。

（3）在工具箱中点击"选择工具"，点击舞台，打开"属性"面板，设置"FPS"的值以及舞台的颜色。

（4）"时间轴"面板中目前只有一个图层"图层 1"，双击"图层 1"这几个字，使之处于可编辑状态，输入"控制大象运动"，回车。

（5）点击"文件"→"导入"→"导入到库"，在弹出的"导入到库"对话框中，从相关文件夹中点击"大象.gif"，然后点击"打开"按钮。

（6）打开库面板。库面板中有一个影片剪辑类型的元件"元件 1"。双击"元件 1"这几个字，使之处于可编辑状态，输入"大象"，回车。

（7）点击图层的第一帧，从库面板中，把影片剪辑类型的元件"大象"，用鼠标拖拽到舞台的中间位置。

（8）点击"插入"→"新建元件"，弹出"创建新元件"对话框，进行设置。"名称"右边文本框输入"运动"，"类型"选择"按钮"，点击"确定"按钮。

（9）窗口的中间，是一个加号。在"工具箱"中，点击"矩形工具"。点击"窗口"→"属性"，打开"属性"面板。在"属性"面板中设置"填充和笔触"颜色。设置"笔触颜色"为"无"，设置"填充颜色"为立体的红色。

（10）按住鼠标左键不放，在窗口工作区画一个矩形。

（11）在工具箱中选择第三个工具"任意变形工具"，点击舞台上的矩形。舞台上的矩形被选中，周围有 8 个控制点，中间有个白色的小圆圈，是矩形的重心。打开"属性"面板，设置矩形的"位置和大小"：设置"X："为"-60"，设置"Y："为"-30"，"宽："为"120"，"高："为 60。

（12）在工具箱中选择"文本工具"，打开"属性"面板进行设置。"文本引擎"选择"传统文本"，"文本类型"选择"静态文本"，"字符"选项中，"大小"为 72 点，颜色为黄色，颜色 Alpha 值为 100。点击舞台上的矩形，输入"运动"两个字。

（13）在工具箱中点击第 3 个工具"任意变形工具"，"运动"这两个字的周围出现 8 个控制点，中间有个白色的小圆圈，是这两个字的重心。用鼠标移动这两个字，可以使用上下左右键进行微调，使得这两个字的重心，就是那个白色小圆圈，和加号重合。把光标移动到右下角那个控制点的上面，形成一个-45 度的双箭头，等比例缩放这两个字，使得这两个字和矩形大小匹配。

（14）在工具箱中点击"选择工具"，选择矩形以及里面的字。按"Ctrl+C"复制。

（15）点击"插入"→"新建元件"，弹出"创建新元件"对话框，进行设置。"名称"右边文本框输入"暂停"，"类型"选择"按钮"，点击"确定"按钮。

（16）按"Ctrl+Shift+V"粘贴，不但粘贴矩形以及里面的字，而且粘贴位置信息。

（17）在工具箱中点击"文本工具"。选择"运动"这几个字，输入"暂停"。

（18）点击"插入"→"新建元件"，弹出"创建新元件"对话框，进行设置。"名称"右边文本框输入"开头"，"类型"选择"按钮"，点击"确定"按钮。

（19）按"Ctrl+Shift+V"粘贴，不但粘贴矩形以及里面的字，而且粘贴位置信息。

（20）在工具箱中点击"文本工具"。选择"运动"这几个字，输入"开头"。

（21）库面板中有按钮类型的元件"暂停、开头、运动"，有影片剪辑类型的元件"大象"。点击左上角的"场景1"。在工具箱中点击"选择工具"。

（22）点击"控制大象"图层的第1帧，从库面板中，将按钮类型的元件："暂停"、"开头"、"播放"，拖到舞台上来。3个按钮类型元件水平排列，放在舞台的下方。

（23）同时选择舞台上3个按钮类型元件。点击"窗口"→"对齐"，在"对齐"浮动面板中点击"顶对齐"图标，点击"水平居中分布"图标。

（24）点击舞台上影片剪辑类型元件"大象"，打开"属性"面板进行设置。"实例名称"文本框输入"daxiang"，回车。"实例行为"选择"影片剪辑"，如图8.4.1所示。

图 8.4.1　在"属性"面板中设置影片剪辑类型的元件"大象"

（25）点击"控制大象运动"图层的第1帧，点击"窗口"→"动作"，在弹出的"动作"可编辑浮动面板中，输入语句：

```
daxiang.stop();
```

（26）点击舞台空白处，然后点击舞台上的按钮元件"运动"，点击"窗口"→"动作"，在弹出的"动作"可编辑浮动面板中，输入语句：

```
on(press)
{
    daxiang.play();
}
```

（27）点击舞台空白处，点击舞台上的按钮元件"暂停"，点击"窗口"→"动作"，在弹出的"动作"可编辑浮动面板中，输入语句：

```
on(press)
{
    daxiang.stop();
}
```

（28）点击舞台空白处，点击舞台上的按钮元件"开头"，点击"窗口"→"动作"，在弹出的"动作"可编辑浮动面板中，输入语句：

```
on(press)
```

```
{
    daxiang.gotoAndStop(1);
}
```

（29）按"Ctrl+Enter"组合键，弹出"控制大象运动.swf"窗口，当前目录下出现Swf格式文件"控制大象运动.swf"。舞台有 3 个按钮："运动、暂停、开始"。舞台上有影片剪辑类型元件"大象"。

点击按钮"运动"，影片剪辑类型元件"大象"开始运动。

点击按钮"暂停"，影片剪辑类型元件"大象"运动暂停。

点击按钮"开头"，影片剪辑类型元件"大象"回到开始状态。

第五节　控 制 运 动

通过按钮，控制影片剪辑类型元件的播放、暂停、回到开头。

（1）点击"文件"→"新建"，或者按"Ctrl+N"组合键，新建一个文件。在弹出的"新建文档"对话框中，点击"ActionScript 2.0"，然后点击"确定"按钮。

（2）按"Ctrl+S"保存文件。"文件名"为"控制运动.fla"，"保存类型"为"Flash CS6文档（*.fla）"，点击"保存"按钮。

（3）在工具箱中点击"选择工具"，点击舞台，打开"属性"面板，设置"FPS"的值以及舞台的颜色。

（4）"时间轴"面板中目前只有一个图层"图层 1"，双击"图层 1"这几个字，使之处于可编辑状态，输入"控制运动"，回车。

（5）点击"文件"→"导入"→"导入到库"，在弹出的"导入到库"对话框中，从相关文件夹中点击"豹子.gif"、"大象.gif"、"鸟.gif"、"高山流水.mp3"、"同桌的你.mp3"、"为了谁.mp3"，然后点击"打开"按钮。

（6）库面板中有影片剪辑类型元件"元件 1、元件 2、元件 3"。把"元件 1"改名为"豹子动画"，把"元件 2"改名为"大象动画"，把"元件 3"改名为"飞鸟动画"。

（7）点击"插入"→"新建元件"，弹出"创建新元件"对话框，进行设置。"名称"右边文本框输入"运动"，"类型"选择"按钮"，点击"确定"按钮。

（8）窗口的中间，是一个加号。在"工具箱"中，点击"矩形工具"。点击"窗口"→"属性"，打开"属性"面板。在"属性"面板中设置"填充和笔触"颜色。设置"笔触颜色"为"无"，设置"填充颜色"为立体的红色。

（9）按住鼠标左键不放，在窗口工作区画一个矩形。

（10）在工具箱中选择第三个工具"任意变形工具"，点击舞台上的矩形。舞台上的矩形被选中，周围有 8 个控制点，中间有个白色的小圆圈，是矩形的重心。打开"属性"面板，设置矩形的"位置和大小"：设置"X："为"–60"，设置"Y："为"–30"，"宽："为"120"，"高："为 60。

（11）在工具箱中选择"文本工具"，打开"属性"面板进行设置。"文本引擎"选择"传统文本"，"文本类型"选择"静态文本"，"字符"选项中，"大小"为 72 点，颜

色为黄色，颜色 Alpha 值为 100。点击舞台上的矩形，输入"运动"两个字。

（12）在工具箱中点击第 3 个工具"任意变形工具"，"运动"这两个字的周围出现 8 个控制点，中间有个白色的小圆圈，是这两个字的重心。用鼠标移动这两个字，可以使用上下左右键进行微调，使得这两个字的重心，就是那个白色小圆圈，和加号重合。把光标移动到右下角那个控制点的上面，形成一个–45 度的双箭头，等比例缩放这两个字，使得这两个字和矩形大小匹配。

（13）在工具箱中点击"选择工具"，选择矩形以及里面的字。按"Ctrl+C"复制。

（14）点击"插入"→"新建元件"，弹出"创建新元件"对话框，进行设置。"名称"右边文本框输入"暂停"，"类型"选择"按钮"，点击"确定"按钮。

（15）按"Ctrl+Shift+V"粘贴，不但粘贴矩形以及里面的字，而且粘贴位置信息。

（16）在工具箱中点击"文本工具"。选择"运动"这几个字，输入"暂停"。

（17）点击"插入"→"新建元件"，弹出"创建新元件"对话框，进行设置。"名称"右边文本框输入"开头"，"类型"选择"按钮"，点击"确定"按钮。

（18）按"Ctrl+Shift+V"粘贴，不但粘贴矩形以及里面的字，而且粘贴位置信息。

（19）在工具箱中点击"文本工具"。选择"运动"这几个字，输入"开头"。

（20）点击"插入"→"新建元件"，弹出"创建新元件"对话框，进行设置。"名称"右边文本框输入"大象"，"类型"选择"按钮"，点击"确定"按钮。

（21）按"Ctrl+Shift+V"粘贴，不但粘贴矩形以及里面的字，而且粘贴位置信息。

（22）在工具箱中点击"文本工具"。选择"运动"这几个字，输入"大象"。

（23）点击"插入"→"新建元件"，弹出"创建新元件"对话框，进行设置。"名称"右边文本框输入"豹子"，"类型"选择"按钮"，点击"确定"按钮。

（24）按"Ctrl+Shift+V"粘贴，不但粘贴矩形以及里面的字，而且粘贴位置信息。

（25）在工具箱中点击"文本工具"。选择"运动"这几个字，输入"豹子"。

（26）点击"插入"→"新建元件"，弹出"创建新元件"对话框，进行设置。"名称"右边文本框输入"飞鸟"，"类型"选择"按钮"，点击"确定"按钮。

（27）按"Ctrl+Shift+V"粘贴，不但粘贴矩形以及里面的字，而且粘贴位置信息。

（28）在工具箱中点击"文本工具"。选择"运动"这几个字，输入"飞鸟"。

（29）点击"插入"→"新建元件"，弹出"创建新元件"对话框，进行设置。"名称"右边文本框输入"目录"，"类型"选择"按钮"，点击"确定"按钮。

（30）按"Ctrl+Shift+V"粘贴，不但粘贴矩形以及里面的字，而且粘贴位置信息。

（31）在工具箱中点击"文本工具"。选择"运动"这几个字，输入"目录"。

（32）库面板中有影片剪辑类型元件"豹子动画、大象动画、飞鸟动画"，有按钮类型元件"运动、暂停、开头、目录、大象、豹子、飞鸟"。

（33）点击左上角的"场景 1"。在工具箱中点击"选择工具"。

（34）点击"控制运动"图层的第 1 帧，从库面板中，将按钮类型元件"大象、豹子、飞鸟"，拖到舞台上来，这 3 个按钮类型元件垂直排列。

（35）用鼠标选择这 3 个按钮类型元件，点击"窗口"→"对齐"，在弹出的"对齐"浮动面板中点击"左对齐"图标，点击"垂直居中分布"图标。

（36）点击"控制运动"图层的第 1 帧，点击"窗口"→"动作"，在弹出的"动作"可编辑浮动面板中，输入语句：

```
stop();
```

点击舞台上的空白处，然后点击舞台上的按钮类型元件"大象"，点击"窗口"→"动作"，在弹出的"动作"可编辑浮动面板中，输入语句：

```
on(press)
{
    gotoAndStop(10);
}
```

点击舞台上的空白处，然后点击舞台上的按钮类型元件"豹子"，点击"窗口"→"动作"，在弹出的"动作"可编辑浮动面板中，输入语句：

```
on(press)
{
    gotoAndStop(20);
}
```

点击舞台上的空白处，然后点击舞台上的按钮类型元件"飞鸟"，点击"窗口"→"动作"，在弹出的"动作"可编辑浮动面板中，输入语句：

```
on(press)
{
    gotoAndStop(30);
}
```

图 8.5.1 在"属性"面板中设置"声音"

（37）右击"控制运动"图层第 10 帧，点击弹出选项列表中的"转换为空白关键帧"。

点击"控制运动"图层的第 10 帧，打开"属性"面板，设置"声音"。在"名称"右边的下拉列表中，选择"高山流水.mp3"；在"效果"右边的下拉列表中，选择"无"；在"同步"右边的下拉列表中，选择"开始"，在"开始"下面的下拉列表中，选择"重复"，点击右边的数字，输入"65535"，如图 8.5.1 所示。

点击图层第 10 帧，从库面板中，将影片剪辑类型元件"大象动画"拖到舞台中间位置。点击舞台上的影片剪辑类型元件"大象动画"，打开"属性"面板进行设置。"实例名称"文本框输入"daxiang"，回车。"实例行为"选择"影片剪辑"。

点击图层的第 10 帧，从库面板中，将按钮类型的元件："运动、暂停、开头、目录"，拖到舞台上来。4 个按钮类型元件水平排列，放在舞台的下方。

同时选择舞台上 4 个按钮类型元件："运动、暂停、开头、目录"。点击"窗口"→

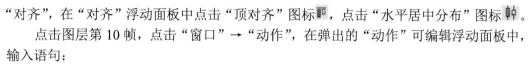

"对齐",在"对齐"浮动面板中点击"顶对齐"图标▊,点击"水平居中分布"图标▊。

点击图层第 10 帧,点击"窗口"→"动作",在弹出的"动作"可编辑浮动面板中,输入语句:

```
daxiang.stop();
```

点击舞台空白处,然后点击舞台上的按钮元件"运动",点击"窗口"→"动作",在弹出的"动作"可编辑浮动面板中,输入语句:

```
on(press)
{
daxiang.play();
}
```

点击舞台空白处,点击舞台上的按钮元件"暂停",点击"窗口"→"动作",在弹出的"动作"可编辑浮动面板中,输入语句:

```
on(press)
{
    daxiang.stop();
}
```

点击舞台空白处,点击舞台上的按钮元件"开头",点击"窗口"→"动作",在弹出的"动作"可编辑浮动面板中,输入语句:

```
on(press)
{
    daxiang.gotoAndStop(10);
}
```

点击舞台空白处,点击舞台上的按钮元件"目录",点击"窗口"→"动作",在弹出的"动作"可编辑浮动面板中,输入语句:

```
on(press)
{
    stopAllSounds();
    gotoAndStop(1);
}
```

(38)右击"控制运动"图层第 20 帧,点击弹出选项列表中的"转换为空白关键帧"。

点击"控制运动"图层的第 20 帧,打开"属性"面板,设置"声音"。在"名称"右边的下拉列表中,选择"同桌的你.mp3";在"效果"右边的下拉列表中,选择"无";在"同步"右边的下拉列表中,选择"开始",在"开始"下面的下拉列表中,选择"重复",点击右边的数字,输入"65535",如图 8.5.2 所示。

图 8.5.2　在"属性"面板中设置"声音"

点击图层第 20 帧，从库面板中，将影片剪辑类型元件"豹子动画"拖到舞台中间位置。点击舞台上的影片剪辑类型元件"豹子动画"，打开"属性"面板进行设置。"实例名称"文本框输入"baozi"，回车。"实例行为"选择"影片剪辑"。

点击图层的第 20 帧，从库面板中，将按钮类型的元件："运动、暂停、开头、目录"，拖到舞台上来。4 个按钮类型元件水平排列，放在舞台的下方。

同时选择舞台上 4 个按钮类型元件："运动、暂停、开头、目录"。点击"窗口"→"对齐"，在"对齐"浮动面板中点击"顶对齐"图标■，点击"水平居中分布"图标■。

点击图层第 20 帧，点击"窗口"→"动作"，在弹出的"动作"可编辑浮动面板中，输入语句：

```
baozi.stop();
```

点击舞台空白处，然后点击舞台上的按钮元件"运动"，点击"窗口"→"动作"，在弹出的"动作"可编辑浮动面板中，输入语句：

```
on(press)
{
    baozi.play();
}
```

点击舞台空白处，点击舞台上的按钮元件"暂停"，点击"窗口"→"动作"，在弹出的"动作"可编辑浮动面板中，输入语句：

```
on(press)
{
    baozi.stop();
}
```

点击舞台空白处，点击舞台上的按钮元件"开头"，点击"窗口"→"动作"，在弹出的"动作"可编辑浮动面板中，输入语句：

```
on(press)
{
    baozi.gotoAndStop(20);
}
```

点击舞台空白处，点击舞台上的按钮元件"目录"，点击"窗口"→"动作"，在弹出的"动作"可编辑浮动面板中，输入语句：

```
on(press)
{
    stopAllSounds();
    gotoAndStop(1);
}
```

（39）右击"控制运动"图层第 30 帧，点击弹出选项列表中的"转换为空白关键帧"。

点击"控制运动"图层的第 30 帧，打开"属性"面板，设置"声音"。在"名称"右边的下拉列表中，选择"为了谁.mp3"；在"效果"右边的下拉列表中，选择"无"；

在"同步"右边的下拉列表中，选择"开始"，在"开始"下面的下拉列表中，选择"重复"，点击右边的数字，输入"65535"，如图 8.5.3 所示。

点击图层第 30 帧，从库面板中，将影片剪辑类型元件"飞鸟动画"拖到舞台中间位置。点击舞台上的影片剪辑类型元件"飞鸟动画"，打开"属性"面板进行设置。"实例名称"文本框输入"feiniao"，回车。"实例行为"选择"影片剪辑"。

点击图层的第 30 帧，从库面板中，将按钮类型的元件："运动"、"暂停"、"开头"、"目录"，拖到舞台上来。4 个按钮类型元件水平排列，放在舞台的下方。

图 8.5.3 在"属性"面板中设置"声音"

同时选择舞台上 4 个按钮类型元件："运动、暂停、开头、目录"。点击"窗口"→"对齐"，在"对齐"浮动面板中点击"顶对齐"图标🔳，点击"水平居中分布"图标⬌。

点击图层第 30 帧，点击"窗口"→"动作"，在弹出的"动作"可编辑浮动面板中，输入语句：

```
feiniao.stop();
```

点击舞台空白处，然后点击舞台上的按钮元件"运动"，点击"窗口"→"动作"，在弹出的"动作"可编辑浮动面板中，输入语句：

```
on(press)
{
    feiniao.play();
}
```

点击舞台空白处，点击舞台上的按钮元件"暂停"，点击"窗口"→"动作"，在弹出的"动作"可编辑浮动面板中，输入语句：

```
on(press)
{
        feiniao.stop();
}
```

点击舞台空白处，点击舞台上的按钮元件"开头"，点击"窗口"→"动作"，在弹出的"动作"可编辑浮动面板中，输入语句：

```
on(press)
{
    feiniao.gotoAndStop(30);
}
```

点击舞台空白处，点击舞台上的按钮元件"目录"，点击"窗口"→"动作"，在弹出的"动作"可编辑浮动面板中，输入语句：

```
on(press)
```

```
{
    stopAllSounds();
    gotoAndStop(1);
}
```

（40）按"Ctrl+Enter"组合键，弹出"控制运动.swf"窗口，当前目录下出现 Swf 格式文件"控制运动.swf"。舞台有 3 个按钮："大象、豹子、飞鸟"。

点击按钮"大象"，到了控制大象运动界面。

点击按钮"豹子"，到了控制豹子运动界面。

点击按钮"飞鸟"，到了控制飞鸟运动界面。

第六节　切换 Swf 动画

通过按钮，切换 Swf 动画，并控制 Swf 动画的播放、暂停、停止。

（1）点击"文件"→"新建"，或者按"Ctrl+N"组合键，新建一个文件。在弹出的"新建文档"对话框中，点击"ActionScript 2.0"，然后点击"确定"按钮。

（2）按"Ctrl+S"保存文件。"文件名"为"切换 swf 动画.fla"，"保存类型"为"Flash CS6 文档（*.fla）"，点击"保存"按钮。

（3）当前目录下，有如下几个 Swf 格式的动画："ballwang.swf"、"ballzhao.swf"、"ballli.swf"。在工具箱中点击"选择工具"，点击舞台，打开"属性"面板，设置"FPS"的值以及舞台的颜色。

（4）"时间轴"面板中目前只有一个图层"图层 1"，双击"图层 1"这几个字，使之处于可编辑状态，输入"控制 swf 动画"，回车。

（5）点击"插入"→"新建元件"，弹出"创建新元件"对话框，进行设置。"名称"右边文本框输入"播放"，"类型"选择"按钮"，点击"确定"按钮。

（6）窗口的中间，是一个加号。在"工具箱"中，点击"矩形工具"。点击"窗口"→"属性"，打开"属性"面板。在"属性"面板中设置"填充和笔触"颜色。设置"笔触颜色"为"无" ⬜，设置"填充颜色"为立体的红色。按住鼠标左键不放，画一个矩形。

（7）在工具箱中选择第三个工具"任意变形工具"，点击舞台上的矩形。舞台上的矩形被选中，周围有 8 个控制点，中间有个白色的小圆圈，是矩形的重心。打开"属性"面板，设置矩形的"位置和大小"：设置"X："为"–60"，设置"Y："为"–30"，"宽："为"120"，"高："为 60。

（8）在工具箱中选择"文本工具"，打开"属性"面板进行设置。"文本引擎"选择"传统文本"，"文本类型"选择"静态文本"，"字符"选项中，"大小"为 72 点，颜色为黄色，颜色 Alpha 值为 100。点击舞台上的矩形，输入"播放"两个字。

（9）在工具箱中点击第 3 个工具"任意变形工具"，"播放"这两个字的周围出现 8 个控制点，中间有个白色的小圆圈，是这两个字的重心。用鼠标移动这两个字，可以使用上下左右键进行微调，使得这两个字的重心，就是那个白色小圆圈，和加号重合。把光标移动到右下角那个控制点的上面，形成一个–45 度的双箭头，等比例缩放这两个字，使得这两个字和矩形大小匹配。

（10）在工具箱中点击"选择工具"，选择矩形以及里面的字。按"Ctrl+C"复制。

（11）点击"插入"→"新建元件"，弹出"创建新元件"对话框，进行设置。"名称"右边文本框输入"暂停"，"类型"选择"按钮"，点击"确定"按钮。

（12）按"Ctrl+Shift+V"粘贴，不但粘贴矩形以及里面的字，而且粘贴位置信息。

（13）在工具箱中点击"文本工具"。选择"播放"这几个字，输入"暂停"。

（14）点击"插入"→"新建元件"，弹出"创建新元件"对话框，进行设置。"名称"右边文本框输入"开头"，"类型"选择"按钮"，点击"确定"按钮。

（15）按"Ctrl+Shift+V"粘贴，不但粘贴矩形以及里面的字，而且粘贴位置信息。

（16）在工具箱中点击"文本工具"。选择"播放"这几个字，输入"开头"。

（17）点击"插入"→"新建元件"，弹出"创建新元件"对话框，进行设置。"名称"右边文本框输入"王"，"类型"选择"按钮"，点击"确定"按钮。

（18）窗口的中间，是一个加号。在"工具箱"中，点击"矩形工具"。点击"窗口"→"属性"，打开"属性"面板。在"属性"面板中设置"填充和笔触"颜色。设置"笔触颜色"为"无"，设置"填充颜色"为立体的绿色。在窗口工作区画一个矩形。

（19）在工具箱中选择第三个工具"任意变形工具"，点击舞台上的矩形。舞台上的矩形被选中，周围有 8 个控制点，中间有个白色的小圆圈，是矩形的重心。打开"属性"面板，设置矩形的"位置和大小"：设置"X:"为"–60"，设置"Y:"为"–30"，"宽:"为"120"，"高:"为 60。

（20）在工具箱中选择"文本工具"，打开"属性"面板进行设置。"文本引擎"选择"传统文本"，"文本类型"选择"静态文本"，"字符"选项中，"大小"为 72 点，颜色为红色，颜色 Alpha 值为 100。点击舞台上的矩形，输入"王"。

（21）在工具箱中点击第 3 个工具"任意变形工具"，"王"这个字周围出现 8 个控制点，中间有个白色的小圆圈，是这个字的重心。用鼠标移动这个字，可以使用上下左右键进行微调，使得这个字的重心，就是那个白色小圆圈，和加号重合。把光标移动到右下角控制点的上面，形成一个–45 度的双箭头，等比例缩放这个字，使得这个字和矩形大小匹配。

（22）在工具箱中点击"选择工具"，选择矩形以及里面的字。按"Ctrl+C"复制。

（23）点击"插入"→"新建元件"，弹出"创建新元件"对话框，进行设置。"名称"右边文本框输入"李"，"类型"选择"按钮"，点击"确定"按钮。

（24）按"Ctrl+Shift+V"粘贴，不但粘贴矩形以及里面的字，而且粘贴位置信息。

（25）在工具箱中点击"文本工具"。选择"王"这个字，输入"李"。

（26）点击"插入"→"新建元件"，弹出"创建新元件"对话框，进行设置。"名称"右边文本框输入"赵"，"类型"选择"按钮"，点击"确定"按钮。

（27）按"Ctrl+Shift+V"粘贴，不但粘贴矩形以及里面的字，而且粘贴位置信息。

（28）在工具箱中点击"文本工具"。选择"王"这个字，输入"赵"。

（29）点击"插入"→"新建元件"，弹出"创建新元件"对话框，进行设置。"名

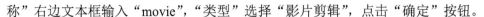

称"右边文本框输入"movie","类型"选择"影片剪辑",点击"确定"按钮。

（30）窗口的中间，是一个加号。在"工具箱"中，点击"椭圆工具"。点击"窗口"→"属性"，打开"属性"面板。在"属性"面板中设置"填充和笔触"颜色。设置"笔触颜色"为"无" ，设置"填充颜色"为立体的红色。画一个椭圆。

（31）在工具箱中选择第三个工具"任意变形工具"，点击舞台上的矩形。舞台上的矩形被选中，周围有 8 个控制点，中间有个白色的小圆圈，是矩形的重心。打开"属性"面板，设置矩形的"位置和大小"：设置"X："为"-30"，设置"Y："为"-30"，"宽："为"60"，"高："为 60。

（32）库面板中有按钮类型元件"播放、暂停、开头、王、李、赵"。有影片剪辑类型的元件"movie"。

（33）点击窗口左上角的"场景 1"。在工具箱中点击"选择工具"。

（34）从库面板中，将按钮类型的元件："播放"、"暂停"、"开头"，拖到舞台上来。3 个按钮类型元件水平排列，放在舞台的下方。同时选择舞台上 3 个按钮类型元件："播放、暂停、开头"。点击"窗口"→"对齐"，在"对齐"浮动面板中点击"顶对齐"图标 ，点击"水平居中分布"图标 。

（35）从库面板中，将按钮类型的元件："王、李、赵"，拖到舞台上来。3 个按钮类型元件垂直排列。3 个按钮类型元件垂直排列，放在舞台的右方。在工具箱中点击"选择工具"，选择舞台上的 3 个按钮类型的元件。点击"窗口"→"对齐"，在弹出的"对齐"浮动面板中点击"左对齐"图标 ，点击"垂直居中分布"图标 。

（36）从库面板中，将影片剪辑类型的元件 Movie，拖到舞台的中间位置。点击舞台上影片剪辑类型元件"movie"，打开"属性"面板进行设置。"实例名称"对应的文本框输入"movie"。"实例行为"选择"影片剪辑"。

（37）点击舞台空白处，然后点击舞台上的按钮元件"王"，点击"窗口"→"动作"，在弹出的"动作"可编辑浮动面板中，输入语句：

```
on(press)
{
    movie.loadMovie("ballwang.swf");
    movie._x=0;
    movie._y=0;
}
```

（38）点击舞台空白处，然后点击舞台上的按钮元件"李"，点击"窗口"→"动作"，在弹出的"动作"可编辑浮动面板中，输入语句：

```
on(press)
{
    movie.loadMovie("ballli.swf");
    movie._x=0;
    movie._y=0;
}
```

（39）点击舞台空白处，然后点击舞台上的按钮元件"赵"，点击"窗口"→"动作"，在弹出的"动作"可编辑浮动面板中，输入语句：

```
on(press)
{
    movie.loadMovie("ballzhao.swf");
    movie._x=0;
    movie._y=0;
}
```

（40）点击舞台空白处，然后点击舞台上的按钮元件"播放"，点击"窗口"→"动作"，在弹出的"动作"可编辑浮动面板中，输入语句：

```
on(press)
{
    movie.play();
}
```

（41）点击舞台空白处，然后点击舞台上的按钮元件"暂停"，点击"窗口"→"动作"，在弹出的"动作"可编辑浮动面板中，输入语句：

```
on(press)
{
    movie.stop();
}
```

（42）点击舞台空白处，然后点击舞台上的按钮元件"开头"，点击"窗口"→"动作"，在弹出的"动作"可编辑浮动面板中，输入语句：

```
on(press)
{
    movie.gotoAndStop(1);
}
```

（43）按"Ctrl+Enter"组合键，弹出"切换 Swf 动画.swf"窗口，当前目录下出现 Swf 格式文件"切换 swf 动画.swf"。

第七节　控制音乐播放

（1）点击"文件"→"新建"，或者按"Ctrl+N"组合键，新建一个文件。在弹出的"新建文档"对话框中，点击"ActionScript 2.0"，然后点击"确定"按钮。

（2）按"Ctrl+S"保存文件。"文件名"为"控制音乐.fla"，"保存类型"为"Flash CS6 文档（*.fla）"，点击"保存"按钮。在工具箱中点击"选择工具"。

（3）"时间轴"面板中目前只有一个图层"图层 1"，双击"图层 1"这几个字，使之处于可编辑状态，输入"控制音乐"，回车。

（4）点击"文件"→"导入"→"导入到库"，在弹出的"导入到库"对话框中，从相关文件夹中点击"为了谁.mp3",然后点击"打开"按钮。

（5）点击"插入"→"新建元件",弹出"创建新元件"对话框,进行设置。"名称"右边文本框输入"播放","类型"选择"按钮",点击"确定"按钮。

（6）窗口的中间,是一个加号。在"工具箱"中,点击"矩形工具"。点击"窗口"→"属性",打开"属性"面板。在"属性"面板中设置"填充和笔触"颜色。设置"笔触颜色"为"无" ，设置"填充颜色"为立体的红色。按住鼠标左键不放,画一个矩形。

（7）在工具箱中选择第三个工具"任意变形工具",点击舞台上的矩形。舞台上的矩形被选中,周围有 8 个控制点,中间有个白色的小圆圈,是矩形的重心。打开"属性"面板,设置矩形的"位置和大小":设置"X:"为"-60",设置"Y:"为"-30","宽:"为"120","高:"为 60。

（8）在工具箱中选择"文本工具",打开"属性"面板进行设置。"文本引擎"选择"传统文本","文本类型"选择"静态文本","字符"选项中,"大小"为 72 点,颜色为黄色,颜色 Alpha 值为 100。点击舞台上的矩形,输入"播放"两个字。

（9）在工具箱中点击第 3 个工具"任意变形工具","播放"这两个字的周围出现 8 个控制点,中间有个白色的小圆圈,是这两个字的重心。用鼠标移动这两个字,可以使用上下左右键进行微调,使得这两个字的重心,就是那个白色小圆圈,和加号重合。把光标移动到右下角那个控制点的上面,形成一个-45 度的双箭头,等比例缩放这两个字,使得这两个字和矩形大小匹配。

（10）在工具箱中点击"选择工具",选择矩形以及里面的字。按"Ctrl+C"复制。

（11）点击"插入"→"新建元件",弹出"创建新元件"对话框,进行设置。"名称"右边文本框输入"暂停","类型"选择"按钮",点击"确定"按钮。

（12）按"Ctrl+Shift+V"粘贴,不但粘贴矩形以及里面的字,而且粘贴位置信息。

（13）在工具箱中点击"文本工具"。选择"播放"这几个字,输入"暂停"。

（14）点击"插入"→"新建元件",弹出"创建新元件"对话框,进行设置。"名称"右边文本框输入"开头","类型"选择"按钮",点击"确定"按钮。

图 8.7.1　在"属性"面板中设置"声音"

（15）按"Ctrl+Shift+V"粘贴,不但粘贴矩形以及里面的字,而且粘贴位置信息。

（16）在工具箱中点击"文本工具"。选择"播放"这几个字,输入"开头"。

（17）点击"控制音乐"图层的第 1 帧,打开"属性"面板,设置"声音"。在"名称"右边的下拉列表中,选择"为了谁.mp3";在"效果"右边的下拉列表中,选择"无";在"同步"右边的下拉列表中,选择"数据流",在"开始"下面的下拉列表中,选择"循环",如图 8.7.1 所示。

（18）从库面板中,将按钮类型的元件:"播

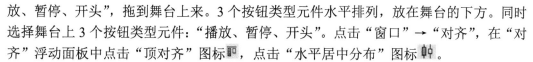

放、暂停、开头",拖到舞台上来。3 个按钮类型元件水平排列,放在舞台的下方。同时选择舞台上 3 个按钮类型元件:"播放、暂停、开头"。点击"窗口"→"对齐",在"对齐"浮动面板中点击"顶对齐"图标 ，点击"水平居中分布"图标 。

（19）点击"控制音乐"图层的第 1 帧,点击"窗口"→"动作",在弹出的"动作"可编辑浮动面板中,输入语句:

```
playFrame=1;
```

（20）点击舞台空白处,然后点击舞台上的按钮元件"播放",点击"窗口"→"动作",在弹出的"动作"可编辑浮动面板中,输入语句:

```
on (press)
{
    gotoAndPlay(playFrame);
}
```

（21）点击舞台空白处,然后点击舞台上的按钮元件"暂停",点击"窗口"→"动作",在弹出的"动作"可编辑浮动面板中,输入语句:

```
on (press)
{
    playFrame=_currentframe;
    stopAllSounds();
}
```

（22）点击舞台空白处,然后点击舞台上的按钮元件"开头",点击"窗口"→"动作",在弹出的"动作"可编辑浮动面板中,输入语句:

```
on (press)
{
    gotoAndPlay(1);
}
```

（23）按"Ctrl+Enter"组合键,弹出"控制音乐.swf"窗口,当前目录下出现 Swf 格式文件"控制音乐.swf"。开始就播放音乐,点击"暂停"就会暂停,点击"播放"就继续播放,点击"开头"就从头开始播放。

第八节　做计算器

步骤如下:

点击"文件"→"新建",或者按"Ctrl+N"组合键,新建一个文件。在弹出的"新建文档"对话框中,点击"ActionScript 2.0",然后点击"确定"按钮。

（1）做按钮"0",按钮"1",按钮"2"……按钮"9"。

（2）做按钮"+",按钮"-",按钮"*",按钮"/"。

（3）做按钮"清除"。

（4）做按钮"计算"。

（5）做"小数点"按钮。

（6）做"上一步"按钮。

（7）做一个文本，在属性面板中，类型为"输入文本"，var（变量）为"showResult"，点击"显示边框"。

（8）将上述按钮进行布局。

（9）点击舞台，添加动作：

```
x="";
y="";
flag=0;
```

（10）点击"清除"按钮，添加动作：

```
on (release) {
 x = "";
 y = "";
 showResult="";
 flag = 0;
}
```

（11）点击按钮"+"，添加动作：

```
on (release)
{
 flag = 1;
}
```

（12）点击按钮"–"，添加动作：

```
on (release)
{
flag = 2;
}
```

（13）点击按钮"*"，添加动作：

```
on (release)
{
flag = 3;
}
```

（14）点击按钮"/"，添加动作：

```
on (release)
{
flag = 4;
}
```

（15）点击按钮1，添加动作：

```
on (release)
```

```
{
if (flag==0){
  x+=1;
  showResult=x;
}
 else{
  y+=1;
  showResult=y;
 }
}
```

（16）点击按钮 2，添加动作：

```
on (release) {
if (flag==0){
  x+=2;
  showResult=x;
}
 else{
  y+=2;
  showResult=y;
}
}
```

（17）点击计算按钮，添加动作：

```
on (release) {
if(flag == 1){
  showResult=parseFloat(x)+parseFloat(y);
 }
 else if(flag == 2){
  showResult=parseFloat(x)-parseFloat(y);
}
 else if(flag == 3){
  showResult=parseFloat(x)*parseFloat(y);
}
 else if(flag ==4){
  showResult=parseFloat(x)/parseFloat(y);
}
 else{
  showResult=showResult;
 }
```

```
x = showResult+"";
 y = "";
 flag = 0;
}
```

（18）点击小数点按钮，添加动作：

```
on (release) {
if (flag==0){
  x+=".";
  showResult=x;
}
 else{
  y+=".";
  showResult=y;
}
}
```

（19）点击上一步按钮，添加动作：

```
on (release) {
if (flag==0){
  len = x.length;
  x = x.substr(0,len-1);
  showResult = x;
}
 else{
  len = y.length;
  y = y.substr(0,len-1);
  showResult = y;
}
}
```

（20）点击 0 按钮，添加动作：

```
on (release) {
if (flag==0){
  x+=0;
  showResult=x;
}
 else{
  y+=0;
  showResult=y;
}
}
```

（21）点击 3 按钮，添加动作：

```
on (release) {
if (flag==0){
  x+=3;
  showResult=x;
}
 else{
  y+=3;
  showResult=y;
}
}
```

（22）点击 4 按钮，添加动作：

```
on (release) {
if (flag==0){
  x+=4;
  showResult=x;

 }
 else{
  y+=4;
  showResult=y;
}
}
```

（23）点击 5 按钮，添加动作：

```
on (release) {
if (flag==0){
  x+=5;
  showResult=x;
}
 else{
  y+=5;
  showResult=y;
}
}
```

（24）点击 6 按钮，添加动作：

```
on (release) {
if (flag==0){
  x+=6;
```

```
  showResult=x;
 }
 else{
  y+=6;
  showResult=y;
 }
 }
```

（25）点击 7 按钮，添加动作：

```
on (release) {
if (flag==0){
  x+=7;
  showResult=x;
}
 else{
  y+=7;
  showResult=y;
}
 }
```

（26）点击 8 按钮，添加动作：

```
on (release) {
if (flag==0){
  x+=8;
  showResult=x;
}
 else{
   y+=8;
  showResult=y;
}
 }
```

（27）点击 9 按钮，添加动作：

```
on (release) {
if (flag==0){
  x+=9;
  showResult=x;
}
 else{
  y+=9;
  showResult=y;
}
 }
```

第九节　做　时　钟

步骤如下：

点击"文件"→"新建"，或者按"Ctrl+N"组合键，新建一个文件。在弹出的"新建文档"对话框中，点击"ActionScript 2.0"，然后点击"确定"按钮。

需要用到动态文本，用于显示年、月、日、时、分、秒等动态信息，需要给每个动态文本设定一个变量名，日历是使用了窗口→组件→User Interface 中的 Date Chooser，闹钟设定的组件是 User Interface 中的 Numeric Stepper，需要给每个 Numeric Stepper 组件设置一个实例名称，便于读取其中设定的值。

闹钟声音的设置：导入声音文件到库面板，然后在库面板中选中声音文件，点击鼠标右键，在弹出菜单中选"链接"，在弹出窗口中选中"为 ActionScript 导出"，输入一个标识符。

1. 创建一个新层，在第一个关键帧中加入如下代码

```
onEnterFrame = function () {
 var now:Date = new Date();
 var year = now.getFullYear();
 var month = now.getMonth();
 var day = now.getDate();
 var week = now.getDay();
 var hour = now.getHours();
 var minute = now.getMinutes();
 var second = now.getSeconds();
  _global.flag = true;   //缺省时闹钟设定为关闭
//首先获得系统的时,分,秒,年、月、日
 hc._rotation = hour*30; //hc 为时针原件
 mc._rotation = minute*6; //mc 为分针原件
 sc._rotation = second*6; //sc 为秒针原件
 /*小时:一圈是 360 度,共 12 小时,每一小时 30 度
   分钟:一圈是 360 度,共 60 分钟,每一分钟 6 度
   秒钟:一圈是 360 度,共 60 秒钟,每一秒钟 6 度*/
hn = hour;   //hn 为显示小时数的动态文本的变量名称
mn = minute;
sn = second;
wn = week;
yt = year;
mt = month+1;
dt = day;
```

```
gugu = new Sound();
gugu.attachSound("闹铃");
if (flag == false){ //设定闹钟开关打开
if (hn == hh.value && mn == mm.value && sn == ss.value){ //hh、mm、ss 为设
```
定闹钟的组件
```
//的实例名称
    gugu.start();
}
}
delete now; //删除 now 变量,以获取当前时间的新的值
if(wn == 0) wn = "星期天";
if(wn == 1) wn = "星期一";
if(wn == 2) wn = "星期二";
if(wn == 3) wn = "星期三";
if(wn == 4) wn = "星期四";
if(wn == 5) wn = "星期五";
if(wn == 6) wn = "星期六";
if (hour <10) {
hn = "0"+ hn;
}
if (minute <10) {
mn = "0"+ mn;
}
if (second <10) {
sn = "0"+ sn;
}
if (month <10) {
mt = "0"+ mt;
}
if (day <10) {
dt = "0"+ dt;
}
};
```

2. 闹钟设定按钮

```
on (release) {
    flag = false;
}
```

3. 闹钟取消按钮

```
on (release) {
    flag = true;
}
```

4. 动画控制

（1）动画选择按钮（ani 为舞台元件的名称）

```
on (release) {
    unloadMovie(ani);
    loadMovie("ball.swf", ani);
    ani._x = -50;
    ani._y = 20;
}
```

（2）播放按钮

```
on (release) {
    ani.play();
}
```

（3）停止按钮

```
on (release) {
    ani.stop();
}
```

参 考 资 料

http://www.w3school.com.cn/
http://www.cnblogs.com/
http://www.codefans.net/jscss/code/5100.shtml
http://baike.haosou.com/doc
http://www.techug.com/superclass-14-world-s-best-living-programmers
http://www.360doc.com/